첫걸음
소방CAD

동영상 강좌

백승주 · 강경원 · 함은구

AutoCAD for Fire Fighting

지우북스

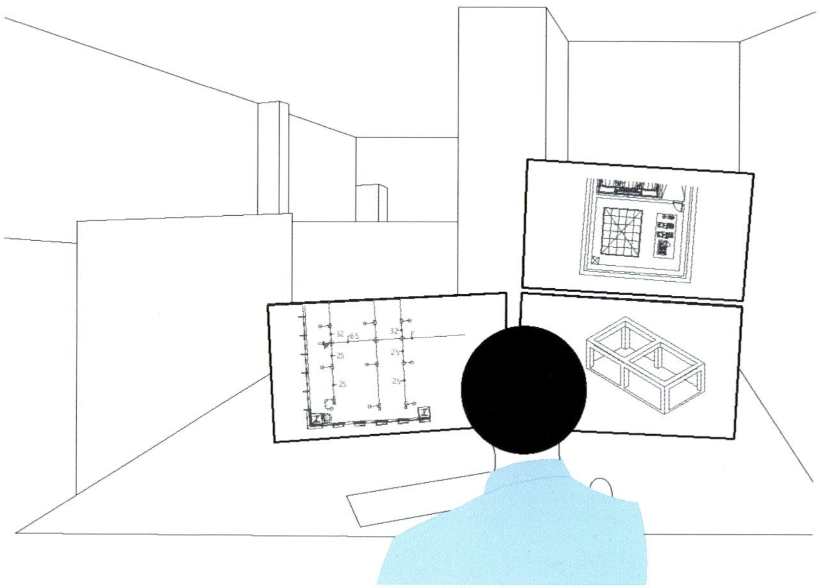

CAD가 보급되면서 설계자가 직접 제도까지 하게 되었습니다. 제도자의 일자리를 줄였지만 설계자의 일은 늘어났습니다. 개발사들은 점점 더 쓰기 편한 제품을 경쟁적으로 개발합니다. 그래서 CAD는 조금만 노력하면 쉽게 사용할 수 있게 되었습니다.

본 교재는 총 13장으로 엮었습니다. 앞에서는 AutoCAD의 사용법을 설명했고, 뒤에서는 이를 이용한 소방설계를 설명했습니다. 이를 통해 소방설계자의 첫걸음을 안내하려 합니다. 저자의 미흡함으로 곳곳의 부족한 부분은 꾸준히 개선하겠습니다.

내 삶의 근원이 되는 인혁, 은주, 채아에게 사랑을 전합니다. 편집과 교정에 꾸준히 도움을 준 최예진 연구원에게도 감사를 전합니다. 무엇보다 본 교재의 기획부터 발행까지 애정으로 이끌어 주신 존경하는 서철종 사장님께 늘 깊은 감사를 드립니다.

2023.2 저자

목차

CHAPTER 05 투상도

CHAPTER 06 소방시설의 도시

CHAPTER 07 소방시설 설계자

CHAPTER 08 소방시설 설치계획

CHAPTER 09 실시설계

CHAPTER 10 소화설비 실시설계

CHAPTER 11 경보설비 실시설계

CHAPTER 12 제연설비 실시설계

CHAPTER 13 소화용수 및 활동설비 실시설계

CHAPTER
01

AutoCAD 시작하기

학습목표

1. AutoCAD의 목적을 이해하고 구축할 수 있다.
2. AutoCAD의 화면구성을 이해하고 사용할 수 있다.
3. AutoCAD의 명령리본을 사용할 수 있다.

학습목차

1. AutoCAD란?
2. AutoCAD 환경
3. AutoCAD 명령리본

1-1 AutoCAD란?

1. 설계와 제도	#설계 #제도 #설계자 #제도자 #CAD
2. CAD 소프트웨어	#AutoCAD #인텔리캐드 #캐디안 #마이다스 캐드 #ZWCAD #대안 CAD
3. AutoCAD 2023 권장사양	#기본사양 #권장사양 #운영체제 #프로세서 #메모리 #그래픽 카드

1 설계와 제도

수작업으로 진행되던 과거의 설계(1956년 제너럴모터스)

- 종이에 문자를 쓰는 인쇄술은 인류 역사상 가장 위대한 발명품이다.
- 개인이 지혜를 독점하지 않고 공유할 수 있게 되었기 때문이다.
- 이는 생각할 수 있는 존재로써의 개인이 창조해 낸 지혜를 개인이 독점하지 않고 종이를 통해 공유함으로써 보다 발전된 문명을 이뤄내는 것이 가능하게 되었기 때문이다.

1) 설계(Design)

- 목적물을 만들어 내는 일에 대한 계획을 세우는 과정을 통틀어 이른다.
- 이를 위한 설계도서에는 설계도면을 포함하여 계산서, 산출내역서, 시방서 등이 포함된다.

2) 제도(Draft, Drawing)

- 도면을 작성하는 일이다.
- 설계 의도를 도면에 표현하는 것으로써 외형선, 해치, 문자와 같은 도면 요소들을 사용한다.

컴퓨터를 이용해 제도중인 설계자

3) 설계자와 제도자

(1) 설계자

- 설계자는 설계도서의 창조를 주도한다.
- 목적물을 만드는 계획을 구상하고 수정한다.
- 결국에는 완성시키는 과정까지 이끌게 된다.

(2) 제도자

- 제도자는 도면을 만들어 낸다.
- 도면은 설계 의도를 정확하게 표현하여 해당 프로젝트에 참여하는 모두에게 오류 없이 그 의도를 전달하는 매개물이 된다.
- 과거에는 설계사와 제도사의 업무가 명확히 구분되었다.
- 제도작업은 숙련된 기능을 요구한다.
- 설계자의 제도기능이 부족한 경우가 많았기 때문이다.
- 설계자는 제도자에게 설계 의도를 설명하고 제도자는 이를 이해하고 도면에 표현하여 결과적으로는 최종 성과물을 만들어 내는 역할을 하였다.

(3) CAD의 출현

- CAD의 개발로 설계자의 제도가 가능해졌다.

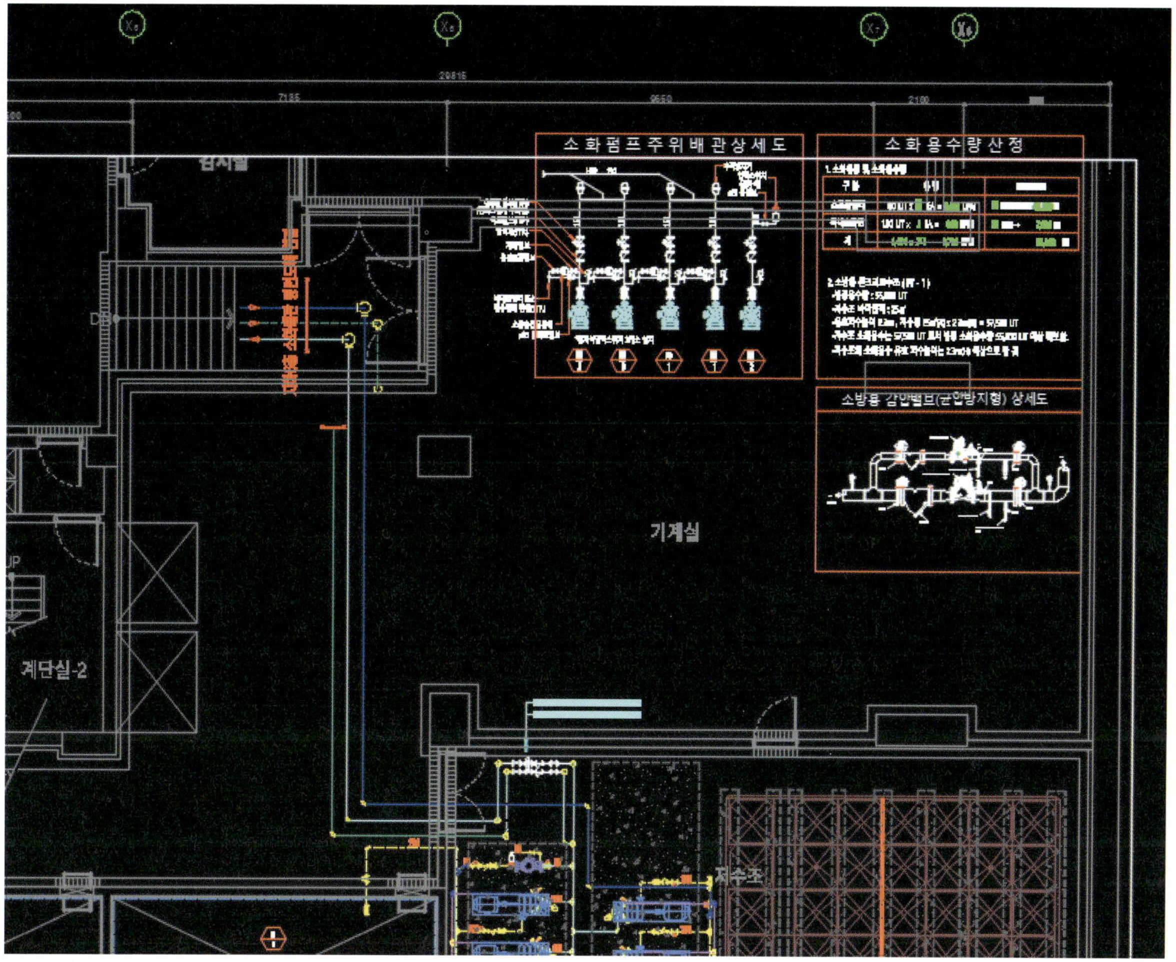

CAD로 작성한 소방도면

4) CAD(Computer Aided Design or Drafting)

- 설계도나 기술문서 작업을 컴퓨터를 통해 자동화한 프로세스로 대체한 것이다.
- 2D를 기본으로 해서 3D, 사실적 랜더링과 시뮬레이션까지 구현할 수 있다.
  - 제도기능의 상당 부분을 컴퓨터로 대체할 수 있는 데다가 종래에는 표현해낼 수 없었던 것들까지 표현하고 구현할 수 있게 되었다.
- 디자이너, 건축가 또는 엔지니어들이 보편적으로 사용하고 있다.
- 이제는 설계자와 제도자의 명확했던 구분이 모호해졌다.
  - 설계기술과 제도기능을 함께 가질 수 있게 되었기 때문이다.

2 CAD 소프트웨어

AutoCAD 2023 프로그램 구동

1) AutoCAD

- 미국의 AUTODESK 社에서 1982년에 처음 발표한 소프트웨어이다.
- 2D, 3D 제도는 물론 다양한 시뮬레이션이 가능하도록 지속적으로 발전되어 왔다.
- 세계적으로 점유율이 가장 높고 확장성, 운용성이 폭넓고 안정적이다.

CADian, ZWCAD 프로그램 (출처 : 개발사 홈페이지)

2) 기타 CAD 소프트웨어

- 전 세계의 여러 캐드 소프트웨어가 인텔리캐드(intelliCAD.org) 엔진을 사용하고 있다.
  - 인텔리캐드의 ITC(IntelliCAD Technology Consortium) 회원이 되면 인텔리캐드 엔진을 이용해 캐드를 개발할 수 있다.
  - 국내에서 개발된 캐디안(CADian)과 마이다스 캐드(midas CAD)도 인텔리캐드 엔진을 기반으로 한다.
  - 이외에 중국에서 개발된 ZWCAD가 니트로소프트 社를 통해 국내 유통되고 있다.
- 이러한 대안 CAD 프로그램들은 모두 AutoCAD의 사용 환경과 거의 비슷하게 구성된다는 공통점이 있다.

3 AutoCAD 2023 권장사양

1) AUTODESK 社 공식

구분	기본사양	권장사양	비고
운영체제	64 비트 Microsoft® Windows® 11 및 Windows 10		
프로세서	2.5 GHz 이상	3 GHz 이상 (기준), 4 GHz 이상 (터보)	
메모리	8 GB	16 GB	
해상도	일반 디스플레이: 1920 x 1080(트루컬러)	고해상도 4K 디스플레이: 최대 3840 x 2160(지원 디스플레이 카드 탑재)	
디스크 공간	10 GB	SSD	
네트워크	Windows용 Autodesk Network License Manager 참조		
포인팅 장치	MS 마우스 호환		
.NET Framework	.NET Framework 버전 4.8 이상		
그래픽 카드	1 GB GPU, 29 GB/s 대역폭 및 DirectX 11 호환	4 GB GPU, 106 GB/s 대역폭 및 DirectX 12 호환	DirectX 12는 음영처리(고속) 및 모서리로 음영처리(고속) 비주얼 스타일에 필요하다.

AutoCAD 2023 권장사양 (출처 : AUTODESK 社 홈페이지)

구분	기본
운영체제	64비트 Microsoft Windows 8 이상
프로세서	2.0 GHz 이상
메모리	8 GB 이상
해상도	1920 x 1080 이상
그래픽 카드	1 GB GPU 이상
디스크 공간	10 GB 이상
포인팅 장치	일반적인 마우스

2) 소방CAD 최소사양

- 소방시설에 대한 CAD 설계는 2D 작업이면 충분하다.
- 학습하는 경우는 높은 수준의 PC 사양이 필요하지는 않으므로 표에서 제시하는 최소사양이면 충분히 학습할 수 있다.
- 혹시 프로세서, 메모리, 해상도 및 그래픽 카드가 이보다도 조금은 부족한 사양이라 할지라도 다소의 불편함은 있겠으나 불가능하지는 않다.

1-2 AutoCAD 환경

1. 시작화면 #앱버튼 #빠른 실행 #리본 메뉴 #파일 및 프로젝트 #계정 #탬플릿
2. 작업화면 #View Cube 화면탐색 #작업 창 #명령 줄 #신속접근 도구막대 #앱버튼

1 시작화면

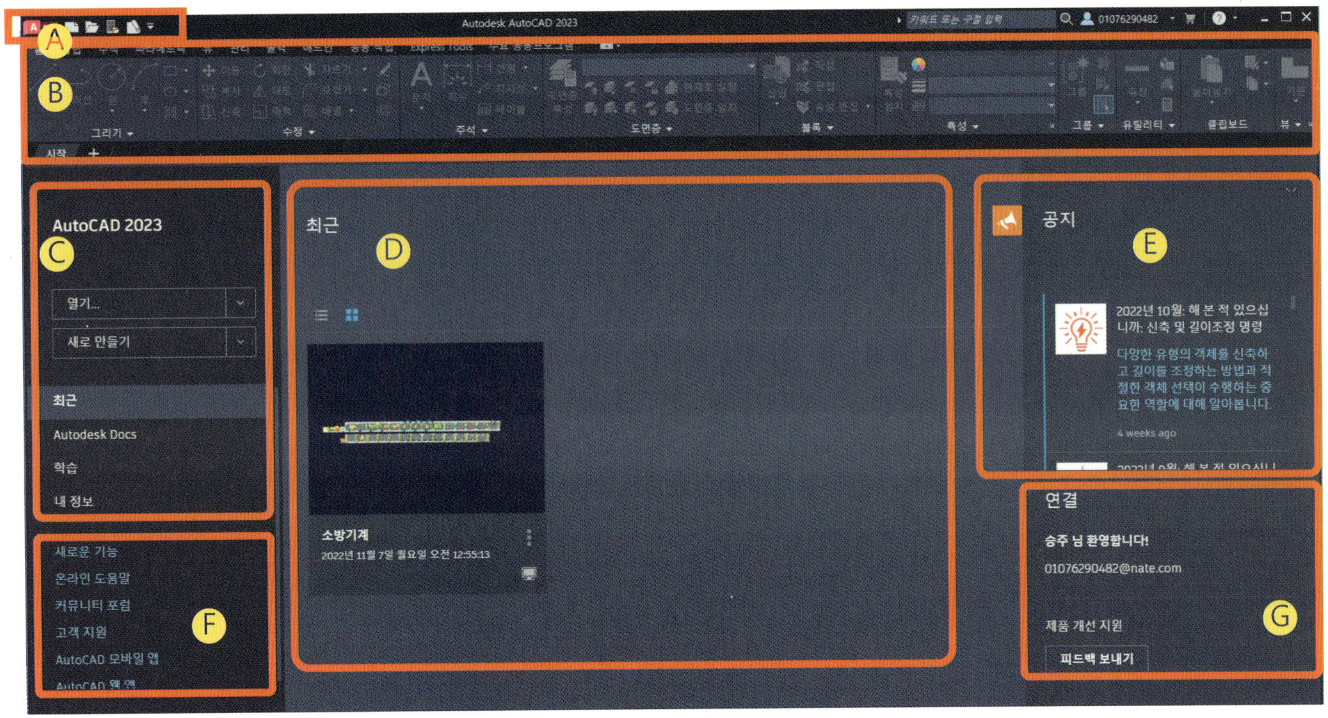

AutoCAD 시작화면

• AutoCAD를 처음 실행하면 새로운 도면을 작성하거나 기존의 도면을 열 수 있는 '시작 화면'이 나타난다.

1) 시작화면의 구성

Ⓐ 앱버튼 및 빠른 실행
Ⓑ 탭 및 리본 메뉴(비활성)
Ⓒ 파일 및 프로젝트 메뉴
Ⓓ 파일 및 프로젝트 선택
Ⓔ 공지 및 알림
Ⓕ 커뮤니티 및 고객지원
Ⓖ 계정 및 피드백

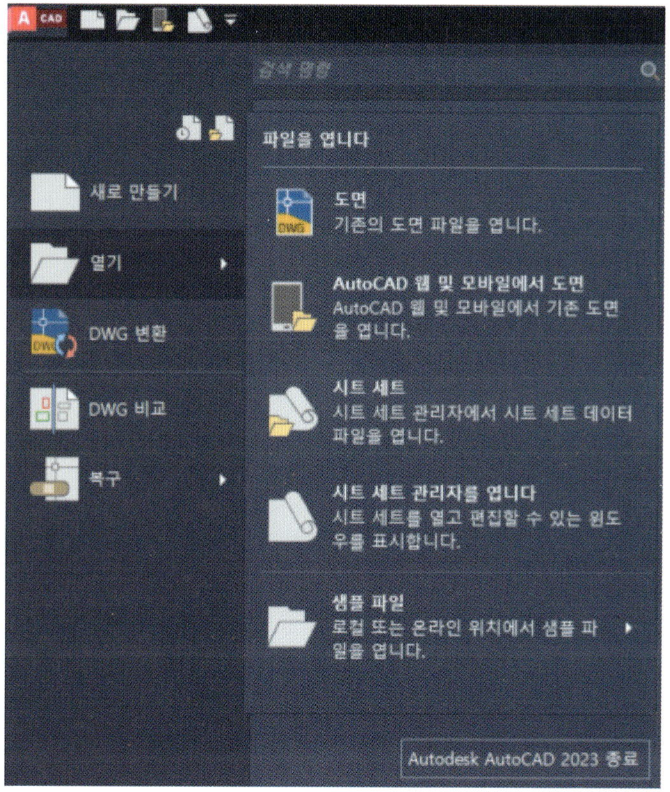

AutoCAD 시작화면

2) 열기

- Ⓓ에서 최근의 작업파일을 선택한다.
- Ⓐ 또는 Ⓒ에서 '열기'를 통해 작업파일을 선택한다.
- 그림처럼 Ⓐ에서 앱 버튼을 사용할 수도 있고 빠른실행 메뉴에서 아이콘을 클릭하면 즉시 파일 선택창을 열 수 있다.
- '복구' 아이콘을 클릭하면 손상된 파일을 복구하거나 '도면 복구 관리자 열기'를 통해 비정상적으로 중단되거나 저장하지 않은 파일을 복구할 수도 있다.

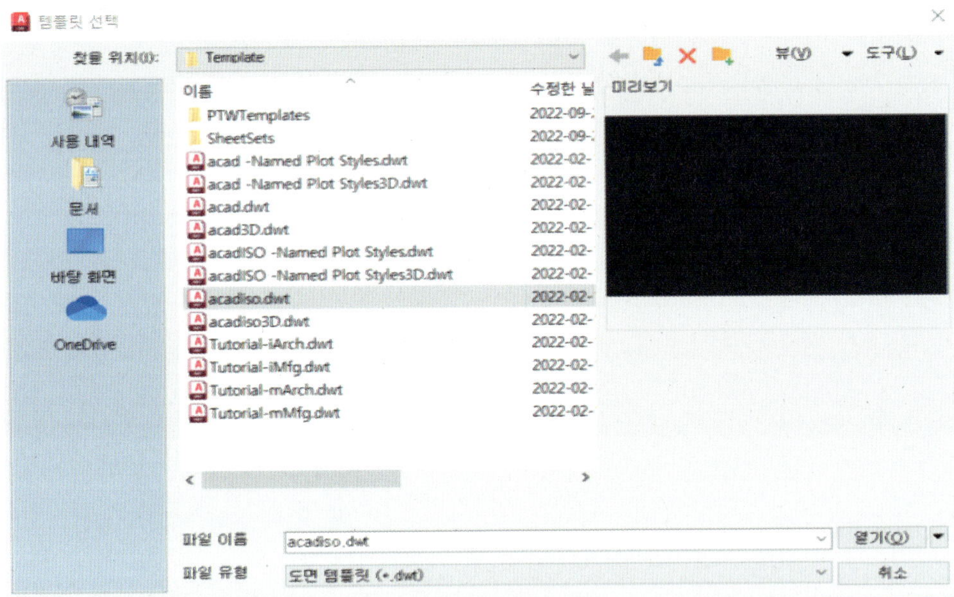

템플릿 선택화면

2) 새로 만들기

- Ⓐ 또는 Ⓒ에서 '새로 만들기'를 선택할 수 있다.

Ⓐ 앱버튼에서 선택	Ⓒ 프로젝트 메뉴에서 선택
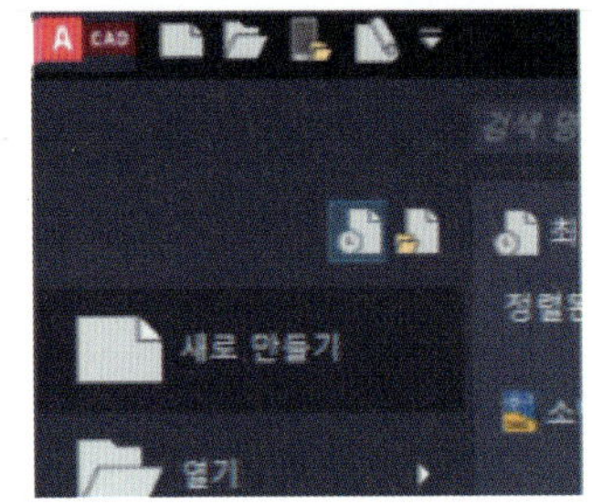 AutoCAD 시작화면	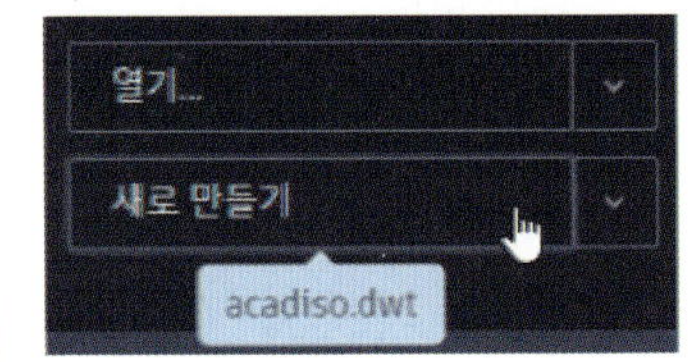 AutoCAD 시작화면
• '템플릿 선택' 창을 보여준다.	• 마우스를 가까이 가져가면 템플릿 파일 이름이 말풍선으로 나타난다. • 클릭 시 해당 템플릿을 즉시 연다.

- 템플릿 도면은 문자, 치수, 단위 등 기본 설정들을 미리 지정된 대로 시작할 수 있도록 한 파일로서 확장자는 'dwt' 이다.

2 작업화면

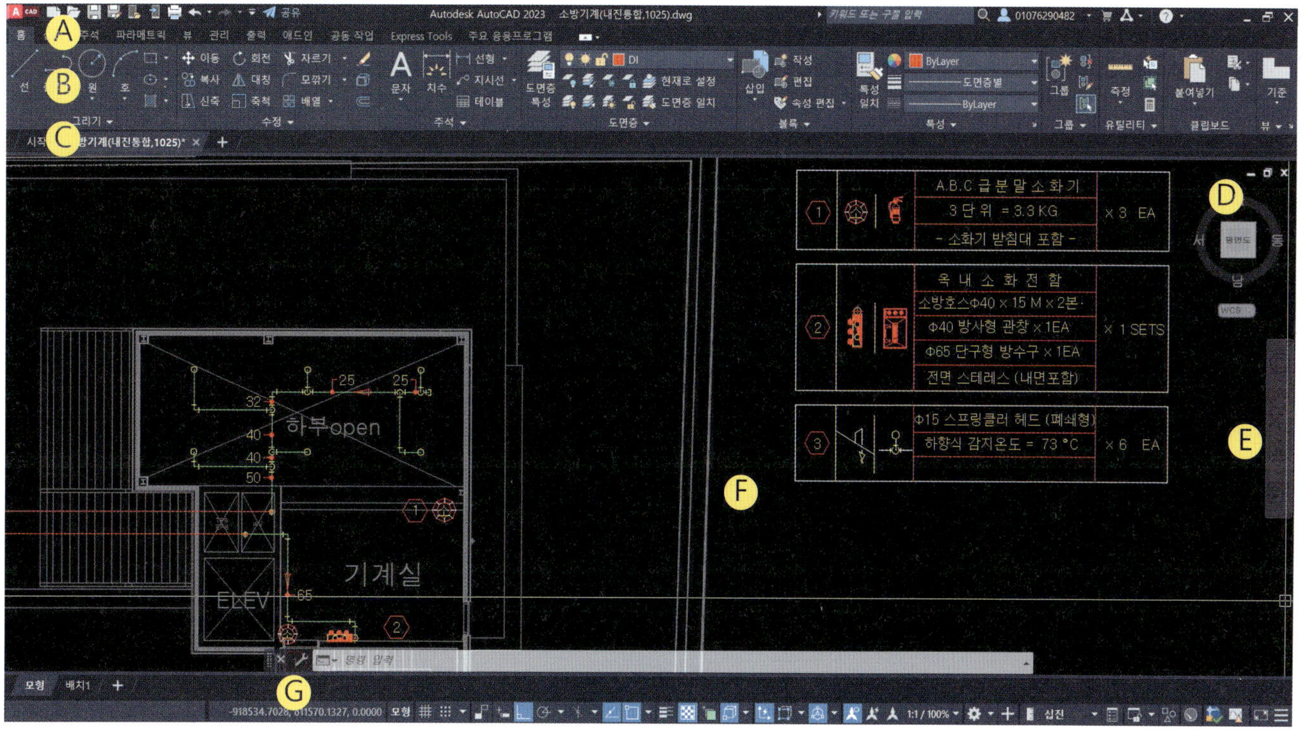

AutoCAD 작업화면

도면을 열거나 새로 시작하면 작업 화면으로 바뀌게 된다.

1) 작업화면의 구성

- Ⓐ '앱버튼' 및 '신속접근 도구막대'
- Ⓑ '탭' 및 '리본 메뉴'(활성)
- Ⓒ 파일 탭
- Ⓓ View Cube
- Ⓔ 화면탐색 메뉴
- Ⓕ 작업 창
- Ⓖ 명령 줄

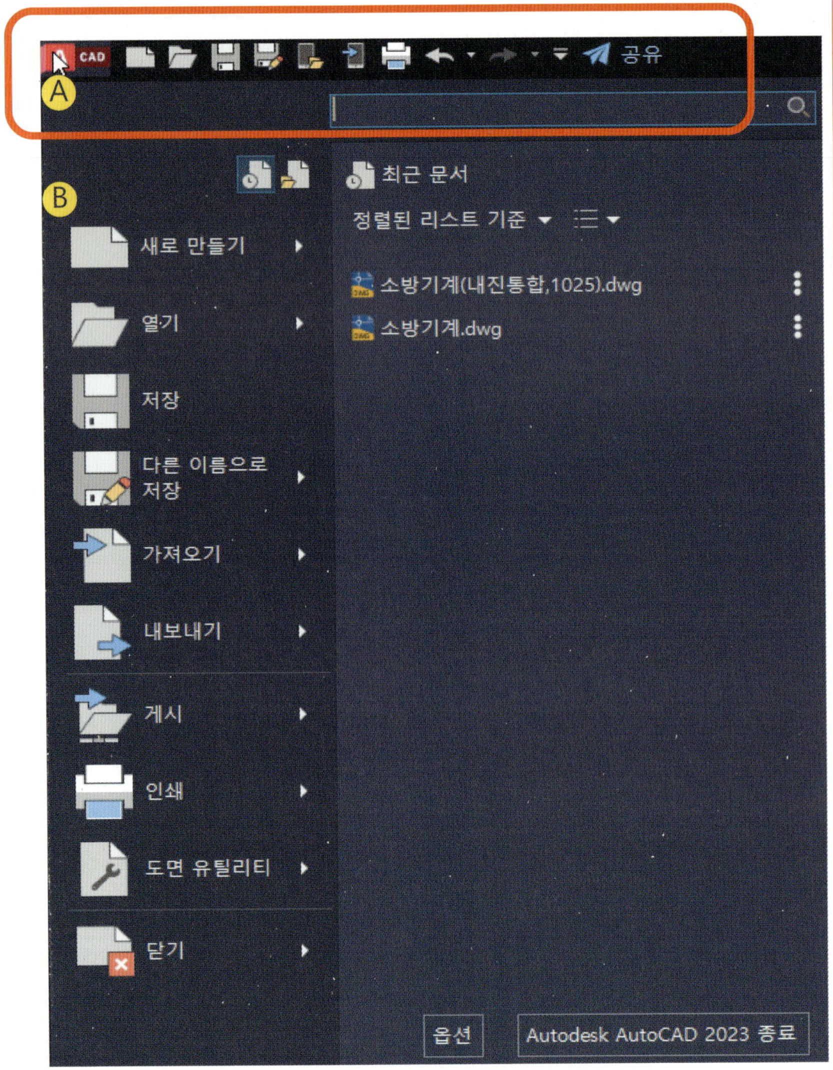

AutoCAD 작업화면

2) 신속접근 도구막대

아이콘	설명
A	• 신속접근 도구막대
A CAD	• 앱버튼 - 클릭하면 ❸와 같이 파일관리 명령들이 펼쳐진다.
	• 새로만들기
	• 파일열기
	• 저장하기
	• 다른 이름으로 저장
	• 웹 및 모바일에서 열기 - 클라우드에 저장된 파일을 열 수 있다.
	• 웹 및 모바일에 저장 - 클라우드에 파일을 저장할 수 있다.
	• 인쇄하기(=플롯하기)
	• '명령취소' 및 '명령복구'
	• '신속접근 도구막대'에 포함할 명령 선택 - 기본명령 외에 모든 명령 중에서 선택할 수 있다.
공유	• 이 도면에 대한 링크 공유 - 이 도면의 현재 버전 사본을 7일간 링크로 공유할 수 있다.

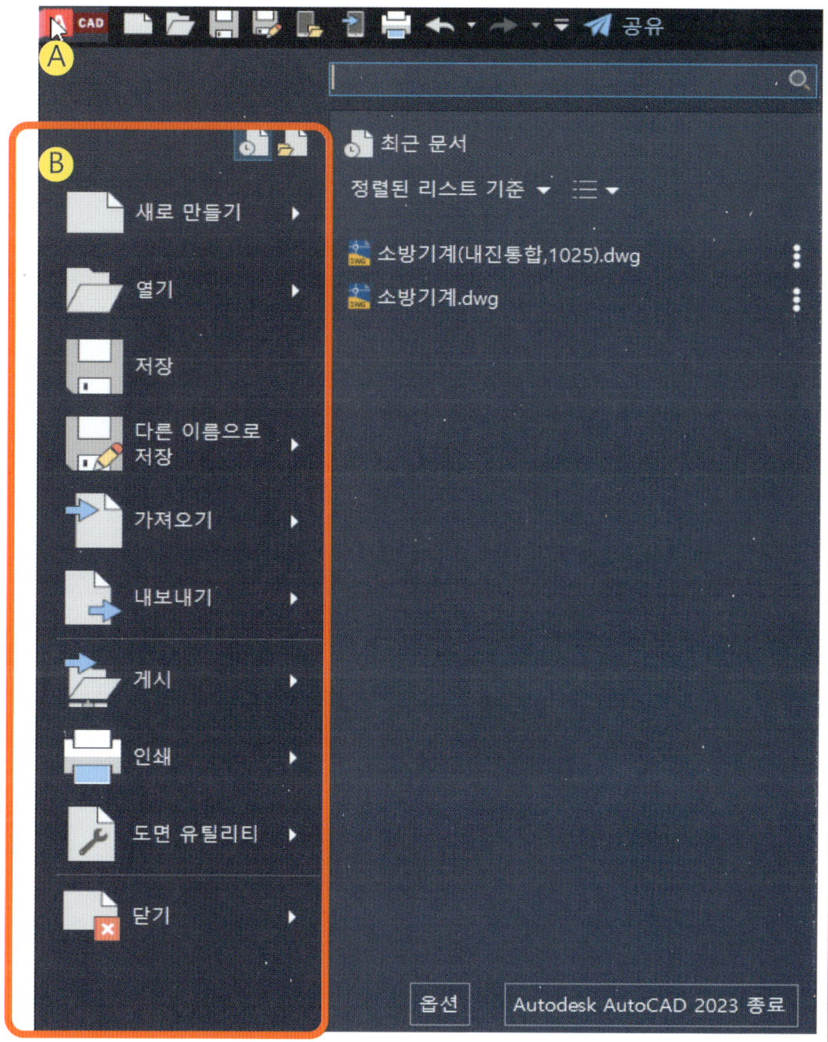

AutoCAD 작업화면

3) 앱버튼

- B
  - 파일관리 명령들
  - 앱버튼을 클릭하면 펼쳐진다.
- 새로 만들기
- 파일 열기
- 저장하기
- 다른 이름으로 저장
- 가져오기
  - pdf 등 다른 형식의 파일을 객체로 가져온다.
- 내보내기
  - pdf, dwf 등 다른 형식의 파일로 내보낸다.
- 게시
  - 클라우드, 메일 등 도면을 공유한다.
- 인쇄(=플롯)
- 도면 유틸리티
  - 도면 특성, 단위, 감사, 상태, 소거, 복구 등 도면을 유지관리한다.
- 닫기

1-3 AutoCAD 명령리본

1. 리본 탭 #명령어 #숙련도 #도구모음 #아이콘 #리본메뉴
2. 홈 패널 #그리기 #수정 #주석 #도면층 #블록 #특성 #그룹 #유틸리티 #클립보드 #뷰
3. 리본 패널 #삽입 패널 #주석 패널 #파라메트릭 패널 #뷰 패널 #관리 패널 #출력 패널

1 리본 탭

- AutoCAD는 명령어를 많이 알고 다루는 능력이 숙련도를 평가하는 주요 기준이 된다.
- 종래에는 명령어를 직접 입력하거나 한 줄의 도구모음을 이용하였으나 근래에는 연관된 명령어와 아이콘이 있는 패널로 구성된 '리본 탭'을 이용하면 여러 기능에 접근하기가 더 쉬워졌다.
- 숙련자들은 종래의 방식이 편리하겠지만 '리본 탭'을 통해 향상된 기능이 적용되므로 앞으로는 '리본 메뉴'에 익숙해져야겠다.

AutoCAD 리본 탭

홈 패널	• AutoCAD의 기본적이고 필수로 하는 기능들을 모아 두었다.
삽입 패널	• 블록과 속성을 다루고 외부 데이터를 참조, 인식, 링크하거나 업로드 할 수 있는 기능을 담았다.
주석 패널	• 문자, 치수, 지시선과 표(Table)와 같은 주석 객체를 다루는 기능을 담았다.
파라메트릭 패널	• 객체에 구속되거나 연관되는 조건들을 표시하고 다루는 기능을 담았다.
뷰 패널	• 뷰(View)를 작성하고 관리하는 기능과 여러 가지 팔레트 및 인터페이스를 다루는 기능을 담았다.
관리 패널	• 작업을 녹화하고, 사용자화하거나 응용프로그램을 관리하고 감사하는 등 작성된 도면을 관리하는 기능을 담았다.
출력 패널	• 도면을 원래의 의도대로 인쇄물이나 파일로 인쇄할 수 있는 기능을 담았다.
애드인 패널	• App Manager를 통해 응용프로그램을 관리할 수 있다.
공동 작업 패널	• 하나의 프로젝트를 공유하는 경우에 쓸 수 있는 기능들이다.
Express Tools 패널	• 그리기, 수정, 블록, 주석 등 여러 가지 기본 기능에서 보다 확장된 부가기능을 제공한다.
주요 응용프로그램 패널	• App Store에서 응용프로그램을 다운받을 수 있다.

2 홈 패널

- AutoCAD의 기본적이고 필수로 하는 기능들을 모아 두었다.
- 이 탭의 기능만 능숙히 사용한다면 대부분의 CAD 작업이 가능해진다.

AutoCAD 홈 패널

그리기	• 선, 폴리선, 원, 호 • 직사각형, 폴리곤, 타원, 타원형 호, 해치, 그라데이션, 경계 • 스플라인, 구성선, 광선, 다중점, 등분할, 길이 분할, 영역, 객체 가리기, 3D 폴리선, 나선, 도넛, 구름형 리비전
수정	• 이동, 회전, 자르기, 복사, 대칭, 모깎기, 신축, 축척, 배열, 지우기, 분해, 간격 띄우기 • ByLayer로 설정, 공간 변경, 길이 조정, 폴리선 편집, 스플라인 편집, 해치 편집, 스플라인 편집, 배열 편집, 정렬, 끊기, 점에서 끊기, 결합, 반전, 중첩된 객체 복사, 중복 객체 삭제, 겹치기 순서
주석	• 여러줄 문자, 치수, 선형, 지시선, 테이블, 문자 스타일, 치수 스타일, 다중 지시선 스타일, 테이블 스타일
도면층	• 도면층 특성, 도면층, 현재로 설정, 도면층 일치 • 도면층 끄기, 모든 도면층 켜기, 도면층 분리, 분리 해제, 도면층 동결, 모든 도면층 동결해제, 도면층 잠금, 잠금해제 • 도면층 상태, 이전, 현재 도면층으로 변경, 새 도면층으로 객체 복사, 도면층별 보기, VP 동결, 도면층 병합, 도면층 삭제, 도면층 페이드

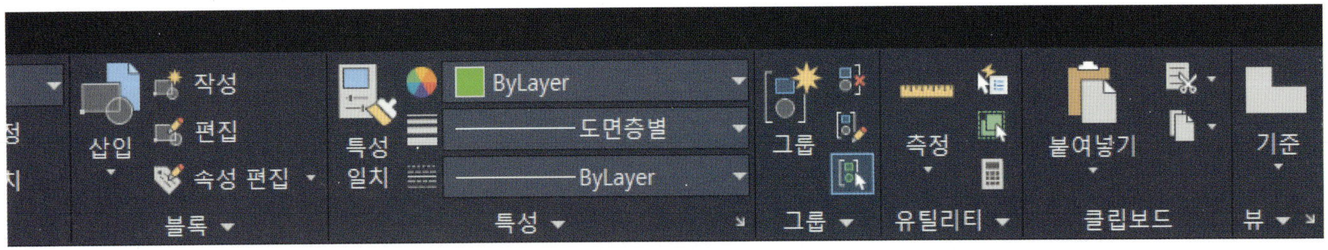

AutoCAD 홈 패널

블록	• 블록 삽입, 블록 작성, 블록 편집, 속성 편집, 속성 정의, 속성 관리자, 속성 동기화, 속성 표시, 속성 숨기기, 기준점 설정
특성	• 특성 일치, 객체 색상, 선가중치, 선종류, 플롯 스타일, 투명도, 리스트, 특성 팔레트
그룹	• 그룹, 그룹 해제, 그룹 편집, 그룹 선택 켜기/끄기, 그룹 관리자, 그룹 경계 상사
유틸리티	• 측정, 신속 선택, 모두 선택, 빠른 계산기, ID 점, 점 스타일
클립보드	• 붙여넣기, 잘라내기, 클립 복사
뷰	• 기준, 단면 뷰 스타일, 상세 뷰 스타일

3 리본 패널

1) 삽입 패널

- 블록과 속성을 다루고 외부 데이터를 참조, 인식, 링크하거나 업로드 할 수 있는 기능을 담았다.

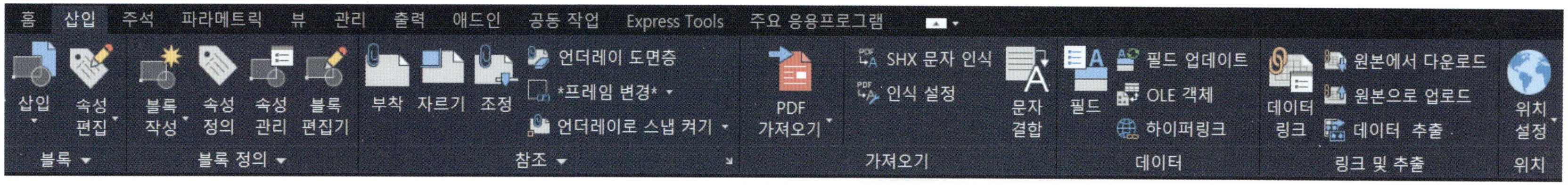

AutoCAD 리본 패널

블록	• 삽입, 속성편집, 속성 화면표시 유지
블록 정의	• 블록작성, 속성 정의, 속성관리, 블록편집기, 기준점 설정, 동기화
참조	• 부착, 자르기, 조정, 언더레이 도면층, 프레임 변경, 언더레이로 스냅 켜기, 참조 편집, 외부 참조 페이드, 외부 참조 팔레트
가져오기	• PDF 가져오기, SHX 문자 인식, 인식 설정, 문자 결합
데이터	• 필드, 필드 업데이트, OLE 객체, 하이퍼링크
링크 및 추출	• 데이터 링크, 원본에서 다운로드, 원본으로 업로드, 데이터 추출
위치	• 맵에서 위치설정, 파일에서 위치설정

2) 주석 패널

• 문자, 치수, 지시신과 표(Table)와 같은 주석 객체를 다루는 기능을 담았다.

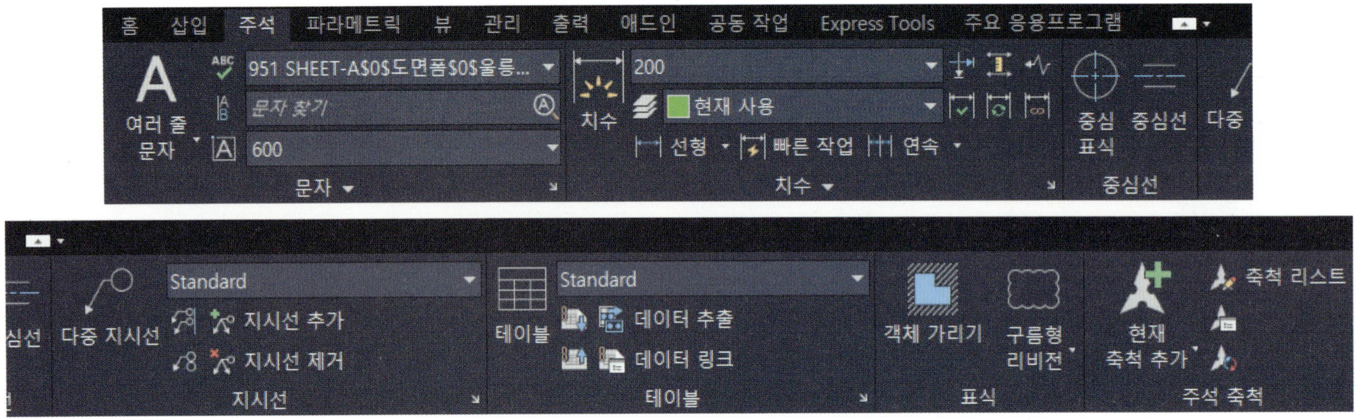

AutoCAD 리본 패널

문자	• 여러 줄 문자, 철자검사, 문자정렬, 자리맞추기, 문자 스타일, 문자 찾기, 주석 문자 높이, 축척, 문자 도면층 재지정
치수	• 치수, 치수 스타일, 치수 도면층 재지정, 선형 치수, 빠른 작업 치수, 연속 치수 • 치수 끊기, 치수 공간조정, 치수 꺾기선, 치수 검사, 치수 업데이트, 재연관 • 치수 공차, 치수 기울기, 치수 문자각도, 치수 자리맞추기, 치수 재지정, 치수 스타일 관리자 팔레트
중심선	• 중심표식, 중심선
지시선	• 다중 지시선, 다중 지시선 스타일, 지시선 추가, 지시선 제거, 지시선 정렬, 지시선 수집, 다중 지시선 관리자 팔레트
테이블	• 테이블, 테이블 스타일, 원본에서 다운로드, 원본으로 업로드, 데이터 추출, 데이터 링크, 테이블 스타일 팔레트
표시	• 객체 가리기, 구름형 리비전
주석 축척	• 현재 축척 추가, 축척 리스트, 축척 추가/삭제, 축척 위치 동기화

3) 파라메트릭 패널

- 객체에 구속되거나 연관되는 조건들을 표시하고 다루는 기능을 담았다.

AutoCAD 리본 패널

기하학적	• 자동 구속, 일치, 동일선상, 동심, 고정, 평행, 직교, 수평, 수직, 접점, 부드러움, 대칭, 같음 • 기하학적 구속조건 표시/숨기기, 전체 표시, 전체 숨기기, 구속조건 설정 팔레트
치수	• 선형 치수, 치수 정렬, 반지름 치수, 지름 치수, 각도 치수, 치수 변환 • 동적구속조건 표시/숨기기, 전체 표시, 전체 숨기기, 동적구속조건 모드, 주석구속조건 모드, 구속조건 설정 팔레트
관리	• 구속조건 삭제, 매개변수 관리자

4) 뷰 패널

• 뷰(View)를 작성하고 관리하는 기능과 여러 가지 팔레트 및 인터페이스를 다루는 기능을 담았다.

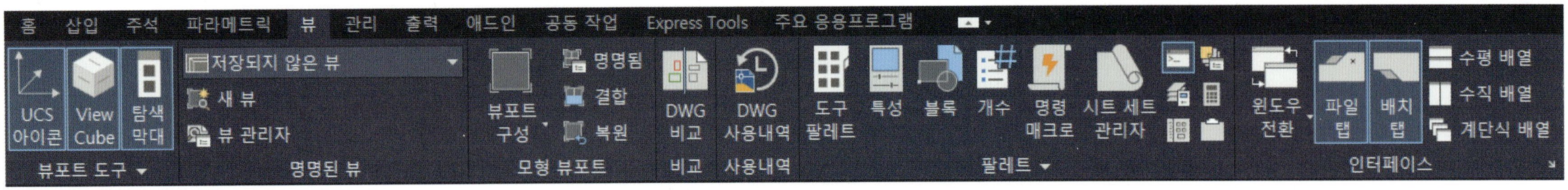

AutoCAD 리본 패널

뷰포트 도구	• UCS 아이콘, View Cube, 탐색막대, 동작 표시
명명된 뷰	• 뷰 복원, 새 뷰, 뷰 관리자
모형 뷰포트	• 뷰포트 구성, 명명된 뷰포트, 뷰포트 결합, 뷰포트 복원
비교	• DWG 비교
사용내역	• DWG 사용내역
팔레트	• 도구 팔레트, 특성 팔레트, 블록 팔레트, 개수 팔레트, 명령 팔레트, 시트 세트 관리자 • 명령행, 표식 세트 관리자, 도면층 특성, 빠른 계산기, Design Center, 외부 참조 팔레트 • 문자 윈도우, 재료 검색기, 재료 편집기, 비주얼 스타일, 고급 랜더 설정, 모형의 라이트 팔레트, 햇빛 특성 팔레트
인터페이스	• 윈도우 전환, 파일탭, 배치탭, 수평 배열, 수직 배열, 계단식 배열, 옵션 창

5) 관리 패널

- 작업을 녹화하고, 사용자화 하거나 응용프로그램을 관리하고 감사하는 등 작성된 도면을 관리하는 기능을 담았다.

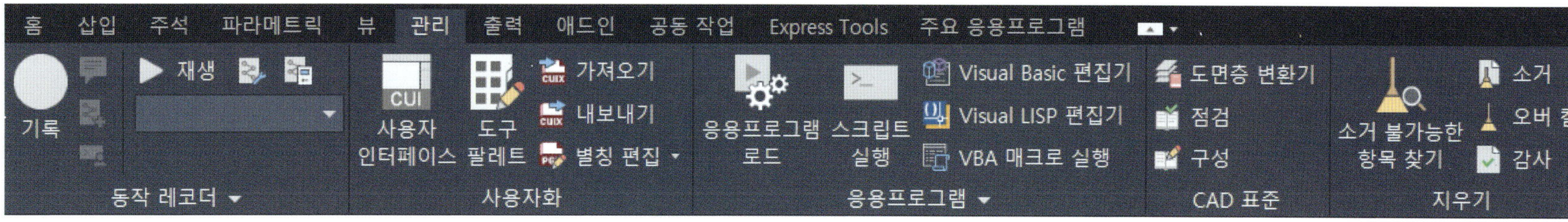

AutoCAD 리본 패널

동작 레코더	• 기록, 메시지 삽입, 기준점 삽입, 사용자 기록을 위해 일시 중지, 재생, 기본 설정, 동작 매크로 관리, 사용 가능한 동작 매크로
사용자화	• 사용자 인터페이스, 도구 팔레트, 사용자 설정 가져오기, 사용자 설정 내보내기, 별칭 편집, 자동 수정 리스트 편집, 동의어 리스트 편집
응용프로그램	• 응용프로그램 로드, 스크립트 실행, Visual Basic 편집기, Visual LISP 편집, VBA 매크로 실행, 프로젝트 로드, VBA 관리자
CAD 표준	• 도면층 변환기, 점검, 구성
지우기	• 소거 불가능한 항목 찾기, 소거, 오버 킬, 감사

6) 출력 패널

- 도면을 원래의 의도대로 인쇄물이나 파일로 인쇄할 수 있는 기능을 담았다.

AutoCAD 리본 패널

플롯	• 플롯, 배치플롯, 미리보기, 페이지 설정 관리자, 상세 정보 보기, 플로터 관리자, 옵션 창
DWF/PDF로 내보내기	• 내보내기, 내보낼 항목, 페이지 설정, 내보내기, DWF로 내보내기 옵션, PDF로 내보내기 옵션

7) 기타 패널

- 이 외에 애드인, 공동 작업, Express Tools, 주요 응용프로그램 패널이 있다.
- 기타 패널들은 어느 정도의 숙련도에 도달하여 전문성이 깊어진 후에 프로젝트를 공유하여 개발하는 경우에 사용하면 유용할 것들이다.

애드인	• App Manager를 통해 응용프로그램을 관리할 수 있다.
공동 작업	• 하나의 프로젝트를 공유하는 경우에 쓸 수 있는 기능들이다. • 새로운 버전이 개발될수록 영역이 확장되고 있다.
Express Tools	• 그리기, 수정, 블록, 주석 등 여러 가지 기본 기능에서 보다 확장된 부가기능을 제공한다.
주요 응용프로그램	• App Store에서 응용프로그램을 다운받을 수 있다. • 전문적인 직종에서의 응용프로그램들이 유통된다.

1-4 화면녹화 실습

YouTube 첫걸음 소방CAD

1 시작화면, 작업화면

연습문제

01 설계도서를 작성하는 계획을 구상하고 완성시키는 전체적인 과정을 주도하는 사람 또는 조직을 이르는 것은?

① 건축주
② 설계자
③ 제도자
④ 관계인

정답 ②
해설 설계자는 설계도서를 창조하는 전 과정을 주도한다.

02 다음 중 '템플릿 도면' 파일의 확장자는 무엇인가?

① dwt
② dwg
③ dxf
④ pdf

정답 ①
해설 도면의 기본설정을 미리 지정된 대로 사용할 수 있도록 한 '템플릿 도면' 파일의 확장자는 'dwt'이다.

03 다음 설명 중에서 잘못된 것은?

① 뷰 패널에는 뷰(View)를 작성하고 관리하는 기능이 담겨 있다.
② 리본 탭은 연관된 명령들을 묶어두어 기억하고 사용하기가 용이하다.
③ 홈 패널에는 기본적이고 필수적인 기능들이 많이 담겨 있다.
④ AutoCAD의 명령어는 키보드를 이용하여 직접 입력하는 방법이 유일하다.

정답 ④
해설 AutoCAD의 명령어는 직접 입력하거나 리본 탭에서 해당 아이콘을 클릭하여 입력하는 등 여러 방법이 있다.

학습정리

01 AutoCAD란?

1) 설계자는 설계도서의 창조를 주도한다.
2) 제도자는 설계도면을 작성한다.
3) CAD는 도면작업을 컴퓨터를 통해 자동화한 것이다.
4) 설계자의 제도가 가능해져 이제는 설계자와 제도자의 구분이 모호해졌다.
5) AutoCAD는 AUTODESK 社에서 개발한 소프트웨어이다.

02 AutoCAD 환경

1) AutoCAD를 처음 실행하면 '시작화면'이 나타난다.
2) '시작화면'에서 새로운 도면이나 기존의 도면을 선택하면 '작업화면'으로 이어진다.
3) '작업화면'은 작업창 이외에 앱버튼, 리본메뉴, 명령창 등으로 구성된다.
4) '앱버튼'을 클릭하면 파일관리 명령들이 펼쳐진다.

03 AutoCAD 명령리본

1) '리본 탭'은 연관된 명령어와 아이콘이 모아진 '리본 패널'들을 구분하여 선택할 수 있게 하였다.
2) '홈 패널'에는 AutoCAD의 기본적이고 필수로 하는 기능들을 모아 두었다.
3) '리본 메뉴'는 종래에 '명령어'를 직접 입력하던 방식보다 접근하기 쉬우며 기능들도 향상되고 있다.

CHAPTER

02

AutoCAD로 그리기

학습목표

1. 좌표계를 이해하고 이에 따라 작성할 수 있다.
2. 여러 가지 형태의 선형객체를 그릴 수 있다.
3. 화면으로 녹화한 대로 실습하여 활용할 수 있다.

학습목차

1. AutoCAD 좌표계
2. 선형객체 그리기
3. 화면녹화 실습

복습점검

문제 1. 설계도서의 작성을 전반적으로 주도하는 자를 '제도자'라 한다.

정답 ×

해설 설계도서의 작성을 전반적으로 주도하는 자는 '설계자'라 한다.

문제 2. 탬플릿 도면은 기본설정을 미리 지정해놓은 도면 파일로써 확장자는 'dwt'이다.

정답 ○

해설 확장자가 'dwt'인 탬플릿 도면을 지정해 두면 기본설정이 미리 지정되어 있어 편리하다.

문제 3. AutoCAD의 명령어는 키보드를 이용하여 직접 입력하는 방법이 유일하다.

정답 ×

해설 명령어를 직접 입력하거나 리본 패널에서 해당 아이콘을 클릭하여 지시할 수도 있다.

2-1 AutoCAD 좌표계

1. 기본제어 #마우스 왼쪽버튼 #마우스 오른쪽버튼 #마우스 휠버튼 #마우스 휠 #Zoom #키보드
2. 좌표계 #좌표계의 3요소 #원점 #반시계방향 #각도법 #절대좌표 #상대좌표
3. 선 그리기 #명령줄 #LINE #절대좌표 #상대좌표 #상대극좌표

1 기본제어

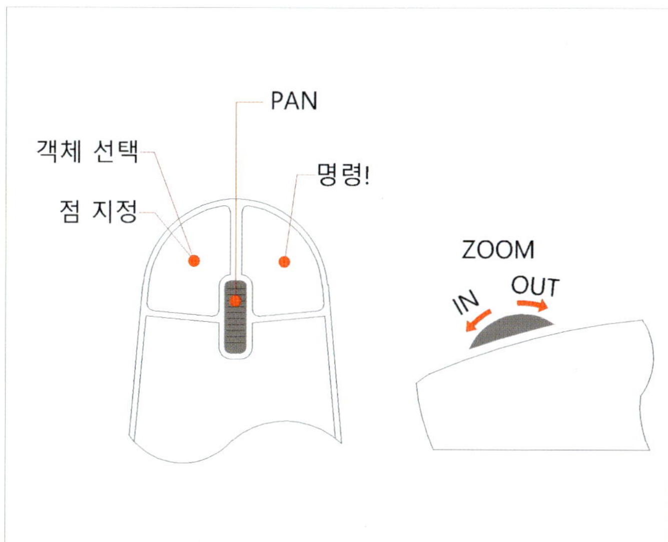

마우스로 AutoCAD 제어하기

1) 마우스 왼쪽버튼

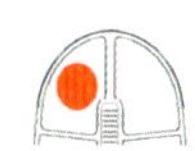

- 그리기 작업 등에서 좌표를 지정할 때 클릭한다.
- 선택모드일 때는 객체, 아이콘, 명령줄을 클릭하여 선택한다.

2) 마우스 오른쪽버튼

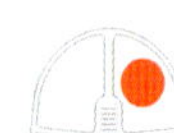

- 입력한 명령어를 지시할 때 클릭한다.
- 엔터키, 스페이스바와 같은 기능으로 사용된다.
- 명령어가 입력되지 않았을 경우는 '직전명령'을 지시할 수 있다.

3) 마우스 휠버튼

- 빠르게 두 번 클릭하면 전체화면으로 Zoom-Out 한다.
- 누른 상태로 이동하면 PAN(=초점이동) 기능을 한다.
- Shift 키와 같이 휠버튼을 누를 때는 3D 초점이동 기능을 한다.

4) 마우스 휠

- 화면 쪽으로 밀어 돌리면 Zoom-IN 기능을 한다.
- 내쪽으로 당겨 돌리면 Zoom-OUT 기능을 한다.

5) 키보드

키보드로 AutoCAD 제어하기

Ctrl + 1(특성) 특성 : 모든 객체는 '일반적 특성'과 '유형별 특성'을 갖는다.

Ctrl + 8(계산기) 계산기 : 간단한 계산을 할 수 있다.

Ctrl + 9(명령창) 명령창 : 명령창을 작업화면에서 없애거나 나타낼 수 있다.

Ctrl + 0(화면정리) 화면정리 : 작업화면에서 메뉴, 리본패널을 숨기고 나타낸다.

F1(도움말) 도움말 : 아이콘, 명령어를 이해할 수 있도록 정보를 제공한다.

F3(객체스냅) 객체스냅 : 객체의 특정위치를 지정하는 OSNAP을 켜고 끌 수 있다.

F7(모눈) 모눈 : 작업화면에 모눈을 나타내고 숨길 수 있다.

F8(직교) 직교 : 커서의 이동을 수평, 수직의 4방향으로 잠그거나 풀 수 있다.

F9(스냅) 스냅 : 커서의 위치 이동을 모눈점으로 잠그거나 풀 수 있다.

F12(동적입력) 동적입력 : 커서에 따라 상대거리, 각도 및 명령 입력창을 나타낸다.

2 좌표계

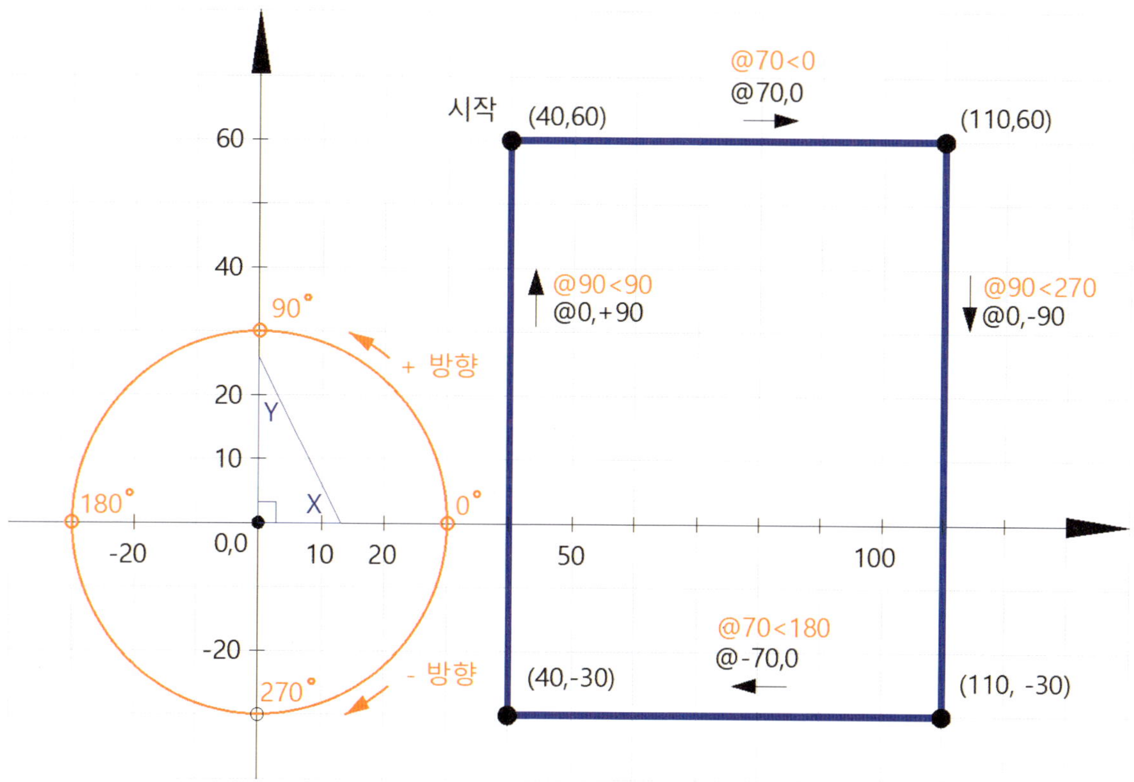

AutoCAD의 좌표계

1) 좌표계의 3요소

- 원점, 방향, 거리
- 3요소를 통해 정확한 점을 지정할 수 있다.

2) 원점

- 도면상에 하나뿐인 절대점이다.
- 2D에서는 X,Y 좌표로 (0,0)이 된다.
- 3D에서는 X,Y,Z 좌표계로 (0,0,0)이 된다.

3) 방향

- 반시계방향을 +방향으로 하는 각도법(Degree)을 쓴다.

4) 거리

- 원점에서의 좌표는 절대좌표가 된다.
- 이전 점에서의 좌표는 상대좌표가 된다.

3 선 그리기

1) 절대좌표로 그리기

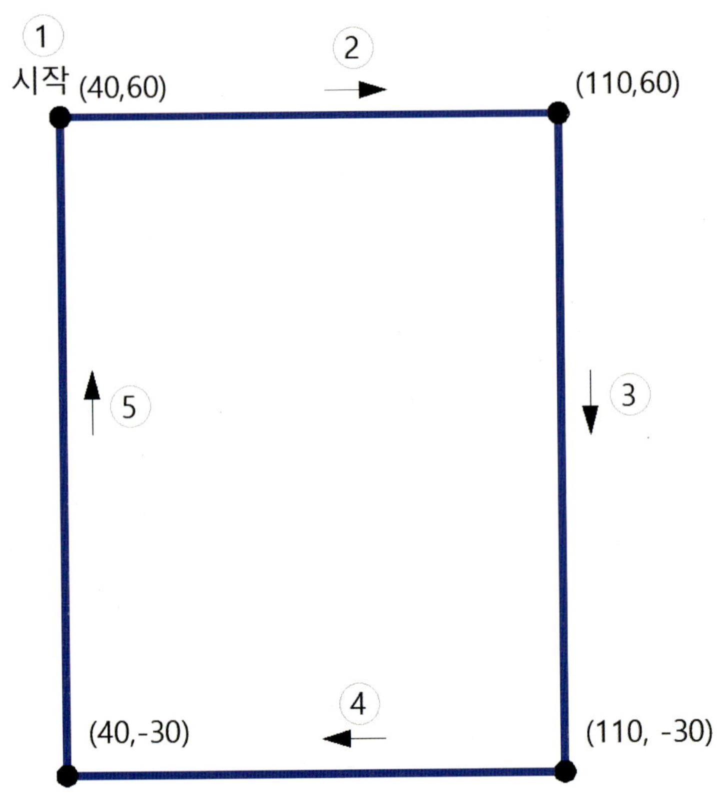

절대좌표로 그리기

(1) • '명령 줄'에 'LINE' 입력 후 Enter ↵

• LINE 첫 번째 점 지정: 40,60 Enter ↵

(2) • LINE 다음 점 지정 또는 [명령 취소(U)]: 110,60 Enter ↵

• DYNMODE[동적 입력]는 OFF[꺼짐] 상태이어야 한다. [동적 입력]을 켜고 쓰려면 좌표 앞에 '#'을 붙여 입력하면 된다.

(3) • LINE 다음 점 지정 또는 [명령 취소(U)]: 110,−30 Enter ↵

(4) • LINE 다음 점 지정 또는 [명령 취소(U)]: 40,−30 Enter ↵

(5) • LINE 다음 점 지정 또는 [명령 취소(U)]: 40,60 Enter ↵

2) 상대좌표로 그리기

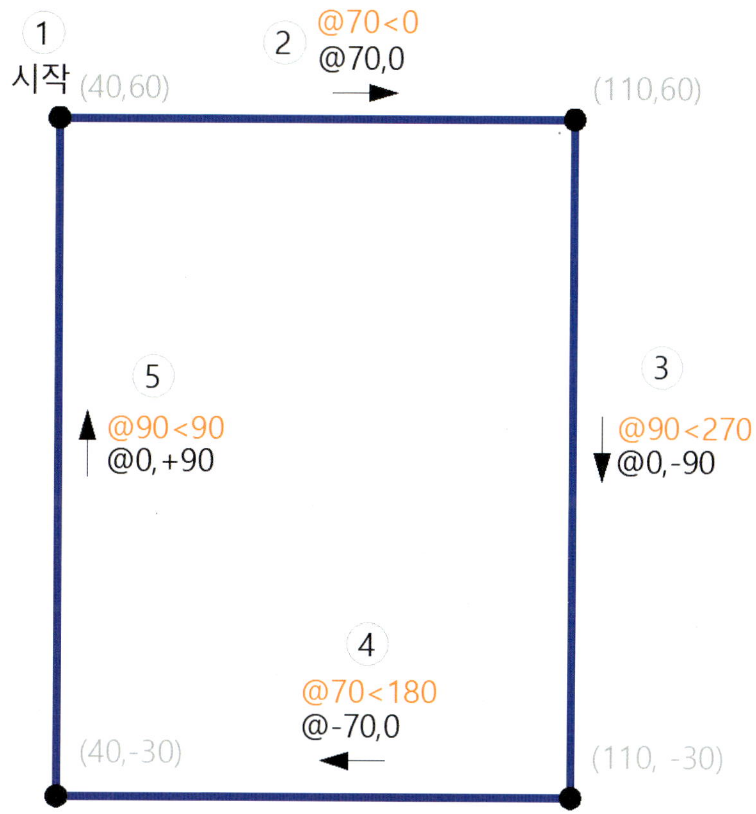

상대좌표로 그리기

(1) • '명령 줄'에 'LINE' 입력 후 Enter ↵

• LINE 첫 번째 점 지정: 40,60 Enter ↵

(2) • LINE 다음 점 지정 또는 [명령 취소(U)]: @70,0 Enter ↵

• DYNMODE[동적 입력]는 OFF[꺼짐] 상태이어야 한다. [동적 입력]을 켜고 쓸 때는 '@'를 입력할 필요가 없다.

(3) • LINE 다음 점 지정 또는 [명령 취소(U)]: @0,–90 Enter ↵

(4) • LINE 다음 점 지정 또는 [명령 취소(U)]: @–70,0 Enter ↵

(5) • LINE 다음 점 지정 또는 [명령 취소(U)]: @0,90 Enter ↵

3) 상대극좌표로 그리기

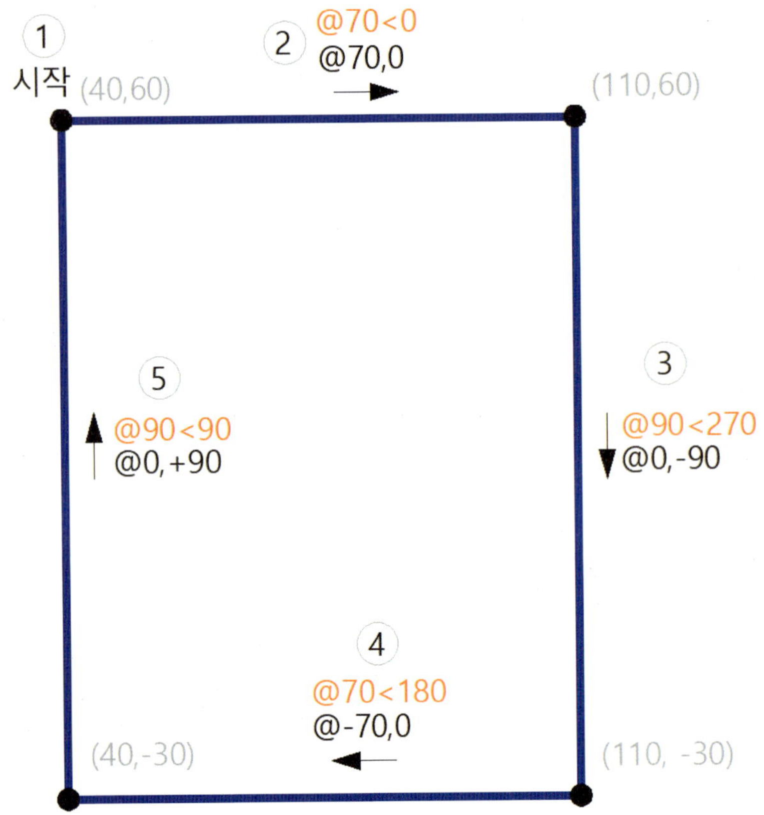

상대극좌표로 그리기

(1) • '명령 줄'에 'LINE' 입력 후 Enter ↵

LINE 첫 번째 점 지정: 40,60 Enter ↵

(2) • LINE 다음 점 지정 또는 [명령 취소(U)]: @70<0 Enter ↵

• DYNMODE[동적 입력]는 OFF[꺼짐] 상태이어야 한다. [동적 입력]을 켜고 쓸 때는 '@'를 입력할 필요가 없다.

(3) • LINE 다음 점 지정 또는 [명령 취소(U)]: @090<270 Enter ↵

(4) • LINE 다음 점 지정 또는 [명령 취소(U)]: @70<180 Enter ↵

(5) • LINE 다음 점 지정 또는 [명령 취소(U)]: @90<90 Enter ↵

2-2 선형객체 그리기

1. 선과 폴리선 #선 #폴리선 #PLINE #스플라인 #SPLINE #SPLINEDIT
2. 원 그리기 #중심점 #반지름 #2점 #3점 #접선
3. 호 그리기 #호 #ARC #3점 #중심점 #시작점 #끝점
4. 기타의 선형객체 #직사각형 #폴리곤 #내접 #외접 #구성선 #광선

1 선과 폴리선

- AutoCAD에는 직선, 곡선 등의 선형객체는 '선' 이외에 폴리선(PLINE)과 스플라인(SPLINE)으로 작성할 수 있다.
- 각 객체의 특징은 다음과 같다.

구분		선		폴리선		스플라인	
명령어	아이콘	LINE		PLINE	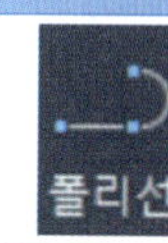	SPLINE	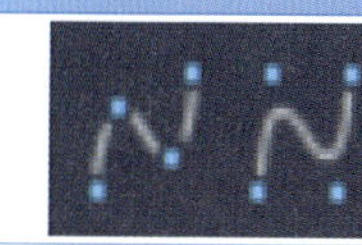
예시		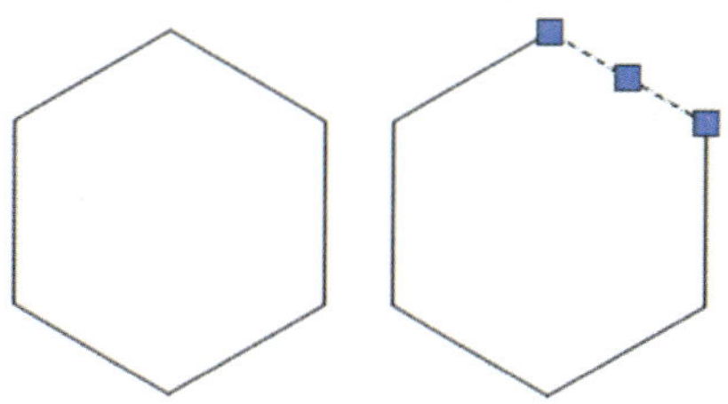		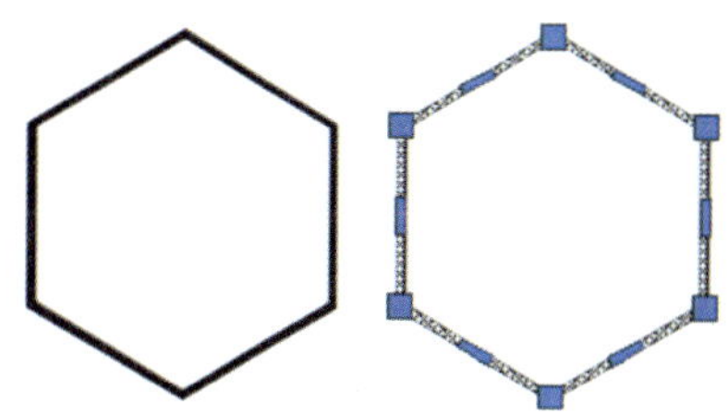		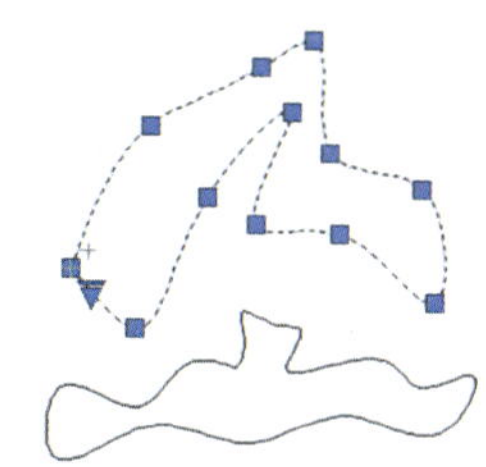	
설명		• 직선, 원, 호의 형태를 나타낸다. • 각 부분은 별도의 객체이다. • 분해할 수 없다.		• 직선, 원, 호의 형태를 나타낸다. • 연결된 부분은 하나의 객체이다. • 분해하면 선으로 바뀐다. • 넓이를 가질 수 있다.		• 부드러운 곡선의 형태를 나타낸다. • 이어진 하나의 객체이다. • 분해할 수 없다. ※ SPLINEDIT를 통해 조밀한 폴리선으로 바꾸는 것은 가능하다.	

2 원 그리기

1) 중심점과 반지름으로 그리기

명령어	CIRCLE
단축키	C
아이콘	

홈 → 그리기 → 원

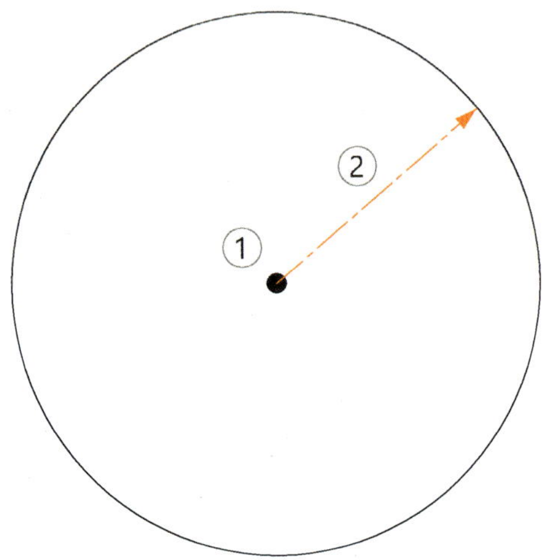

중심점과 반지름으로 그리기

(1) • '명령 줄'에 'CIRCLE' 입력 후 Enter ↵

• CIRCLE 원에 대한 중심점 지정 또는 [3점(3P) 2점(2P) Ttr - 접선 접선 반지름(T)]:

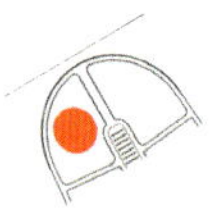

(2) • CIRCLE 원의 반지름 지정 또는 [지름(D)] <20.0000>: 50 Enter ↵

2) 2점으로 그리기

명령어	CIRCLE
단축키	C
아이콘	 홈 → 그리기 → 원

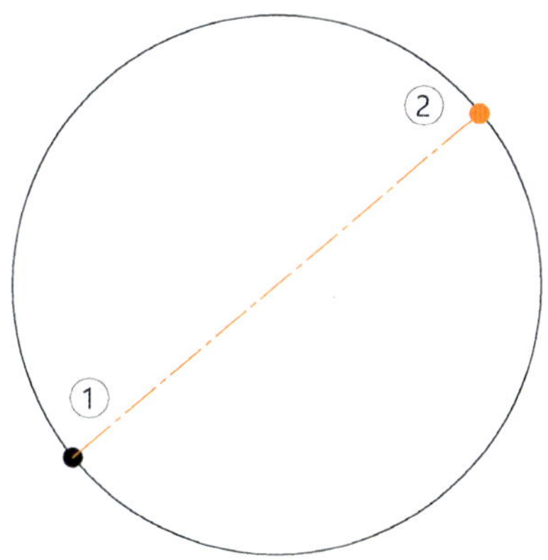

※ 두 점 사이의 거리 = 원의 지름

2점으로 그리기

(1) • '명령줄'에 'CIRCLE' 입력 후 Enter ↵

• CIRCLE 원에 대한 중심점 지정 또는
[3점(3P) 2점(2P) Ttr - 접선 접선 반지름(T)]: 2P Enter ↵

• CIRCLE 원 지름의 첫 번째 끝점 지정: 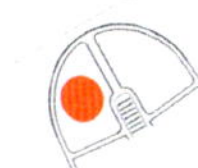

(2) • CIRCLE 원 지름의 두 번째 끝점을 지정: 

3) 3점으로 그리기

명령어	CIRCLE
단축키	C
아이콘	

홈 → 그리기 → 원

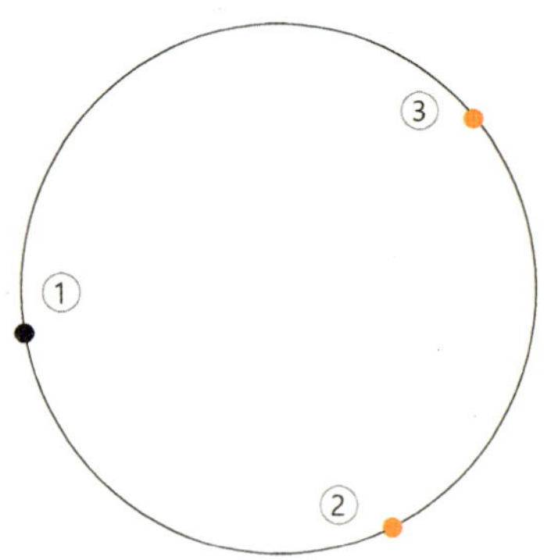

3점으로 그리기

(1) • '명령줄'에 'CIRCLE' 입력 후 Enter ↵

• CIRCLE 원에 대한 중심점 지정 또는 [3점(3P) 2점(2P) Ttr - 접선 접선 반지름(T)]: 3P Enter ↵

• CIRCLE 원 위의 첫 번째 점 지정:

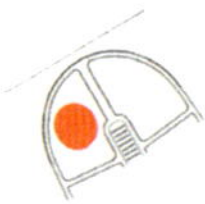

(2) • CIRCLE 원 위의 두 번째 점 지정:

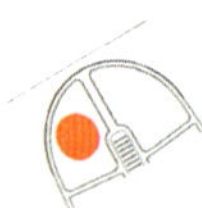

(3) • CIRCLE 원 위의 세 번째 점 지정:

4) 접선과 반지름으로 그리기

명령어	CIRCLE
단축키	C
아이콘	

홈 → 그리기 → 원

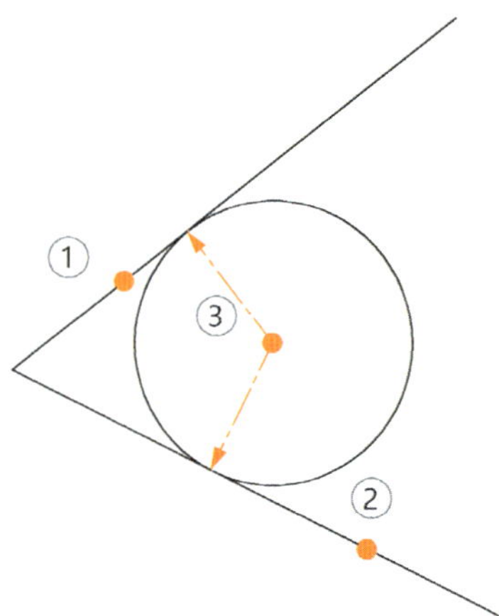

접선과 반지름으로 그리기

(1) • '명령줄'에 'CIRCLE' 입력 후 Enter ↵

• CIRCLE 원에 대한 중심점 지정 또는 [3점(3P) 2점(2P) Ttr - 접선 접선 반지름(T)]: T Enter ↵

• CIRCLE 원의 첫 번째 접점에 대한 객체위의 점 지정:

(2) • CIRCLE 원의 두 번째 접점에 대한 객체위의 점 지정:

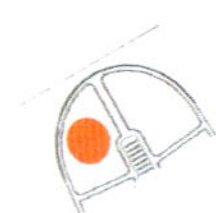

(3) • CIRCLE 원의 반지름 지정: 50 Enter ↵

3 호 그리기

1) 3점으로 그리기

명령어	ARC
단축키	A
아이콘	

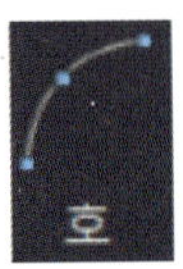

홈 → 그리기 → 호

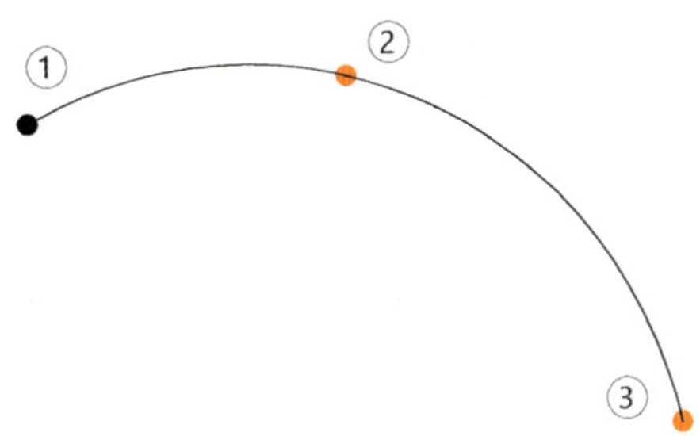

3점으로 그리기

(1) • '명령줄'에 'ARC' 입력 후 Enter ↵

• ARC 호의 시작점 지정 또는 [중심(C)]:

(2) • ARC 호의 두 번째 점 또는 [중심(C) 끝(E)] 지정:

(3) • ARC 호의 끝점 지정:

2) 중심점과 2점으로 그리기

명령어	ARC
단축키	A
아이콘	

홈 → 그리기 → 호

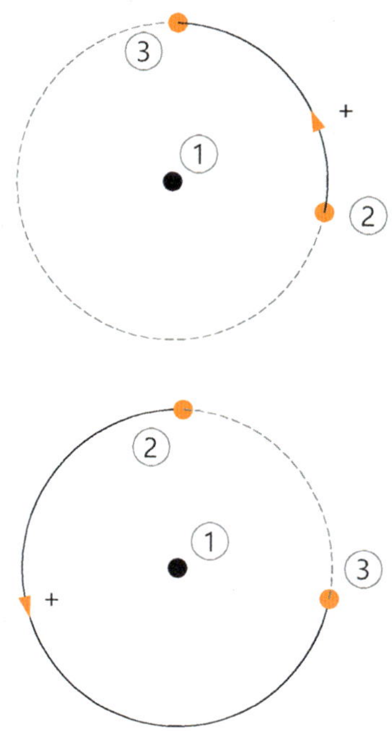

중심점과 2점으로 그리기

(1) • '명령줄'에 'ARC' 입력 후 Enter ↵

• ▾ ARC 호의 시작점 지정 또는 [중심(C)]: C Enter ↵

• ▾ ARC 호의 중심점 지정: 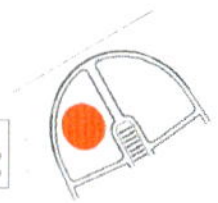

(2) • ▾ ARC 호의 시작점 지정: 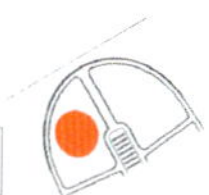

(3) • ▾ ARC 호의 끝점 지정: 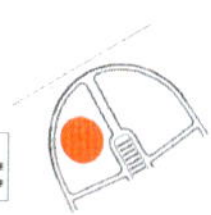

※ 점②와 점③을 지정하는 순서에 따라 호를 그리는 방향이 달라진다. 방향을 바꾸고 싶을 때는 Ctrl 키를 이용한다.

3) 호를 그리는 여러 가지 방법들

명령어	ARC
단축키	A
아이콘	

홈 → 그리기 → 호

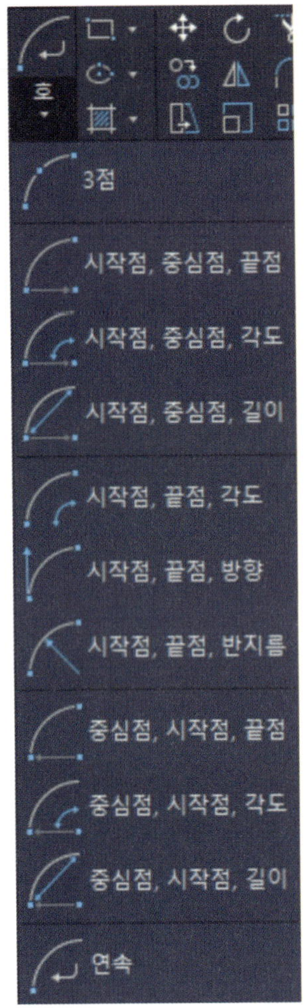

호 그리기

- 호를 그리는 방법은 이렇게 여러 가지가 있다.

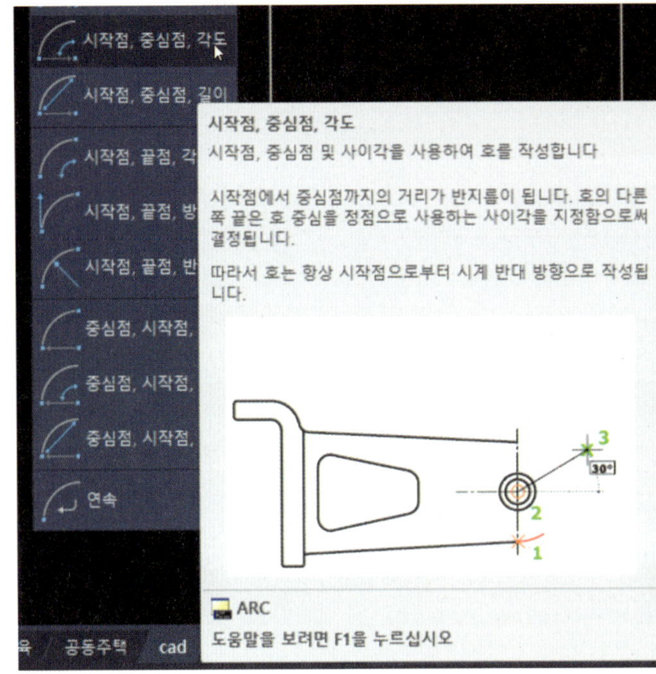

- 해당 아이콘에 '화살표'를 대면 해당 작업에 대해 상세한 설명을 볼 수 있다.
- 호와 같은 기본 객체들을 여러 가지 방법으로 그려보면서 좌표계, 제도학에 익숙해질 수 있다.

4 기타의 선형객체

1) 직사각형 그리기

명령어	RECTANGLE
단축키	REC
아이콘	

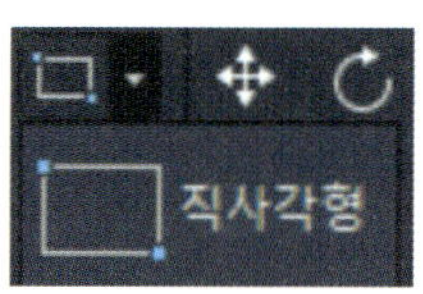

홈 → 그리기 → 직사각형

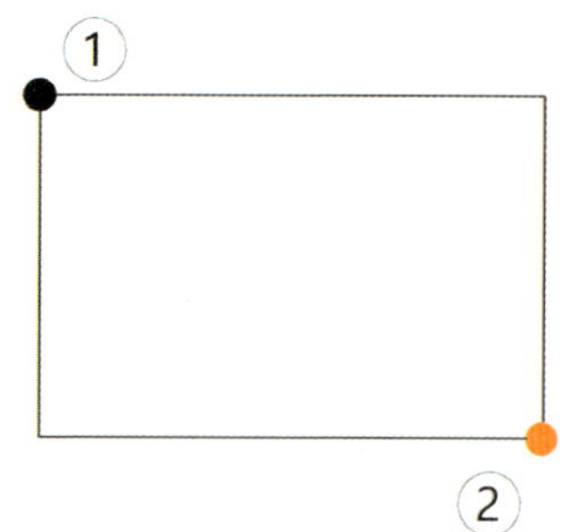

직사각형 그리기

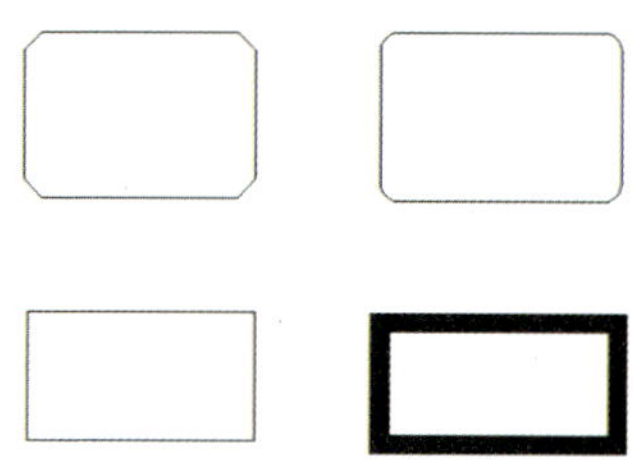

여러 가지 사각형

(1) • '명령줄'에 'REC' 입력 후 Enter ↵

• RECTANG 첫 번째 구석점 지정 또는 [모따기(C) 고도(E) 모깎기(F) 두께(T) 폭(W)]:

(2) • RECTANG 다른 구석점 지정 또는 [영역(A) 치수(D) 회전(R)]:

모따기(C)	지정한 거리로 모따기 한 직사각형을 작성한다.
고도(E)	직사각형의 Z축 좌표를 지정한다.
모깎기(F)	지정한 반지름으로 모깎기 한 직사각형을 작성한다.
두께(T)	직사각형을 이루는 폴리선이 Z축의 두께를 갖는다.
폭(W)	직사각형을 이루는 폴리선이 넓이를 갖는다.
영역(A)	지정한 영역(=면적)의 직사각형을 작성한다.
치수(D)	가로 및 세로를 값으로 입력해 작성한다.
회전(R)	점②를 지정하기 전에 회전각을 지정할 수 있다.

2) 폴리곤 그리기

명령어	POLYGON
단축키	POL
아이콘	

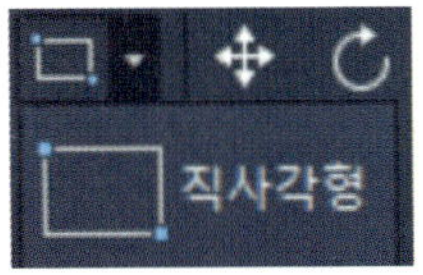

홈 → 그리기 → 직사각형

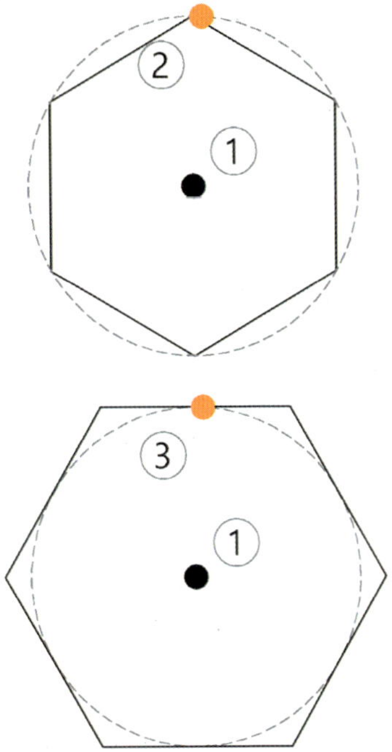

폴리곤 그리기

(1) • '명령줄'에 'POL' 입력 후 Enter ↵

• POLYGON POLYGON 면의 수 입력 <6>: Enter ↵

〈6〉이 아닌 면의 수를 지정하려면 해당 수를 입력하고 Enter ↵

• POLYGON 폴리곤의 중심을 지정 또는 [모서리(E)]:

(2) • POLYGON 옵션을 입력 [원에 내접(I) 원에 외접(C)] <C>: I Enter ↵

• POLYGON 원의 반지름 지정: @20〈90 Enter ↵

• 반지름이 20인 원에 내접하는 6각형의 폴리곤이 작성된다.

(3) • POLYGON 옵션을 입력 [원에 내접(I) 원에 외접(C)] <C>: Enter ↵

• POLYGON 원의 반지름 지정: @20〈90 Enter ↵

• 반지름이 20인 원에 외접하는 6각형의 폴리곤이 작성된다.

모서리(E)	지정한 두 점을 한 변으로 하는 폴리곤을 작성한다.

3) 구성선, 광선

명령어	XLINE RAY
단축키	XL 없음
아이콘	

홈→그리기→구성선

홈→그리기→광선

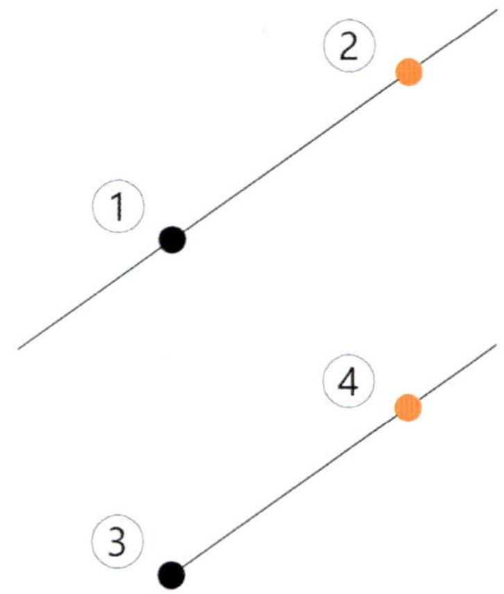

구성선과 광선

구성선 (=X선)	시작점과 끝점이 없는 무한한 선
광선	시작점만 있고 끝점이 없는 무한한 선

(1) • 명령줄'에 'XL' 입력 후 Enter ↵

• XLINE 점 지정 또는 [수평(H) 수직(V) 각도(A) 이등분(B) 간격띄우기(O)]:

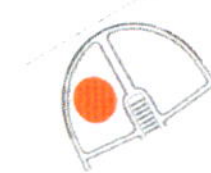

(2) • XLINE 통과점을 지정:

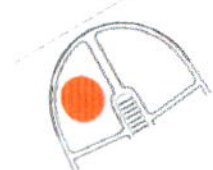

(3) • '명령 줄'에 'RAY' 입력 후 Enter ↵

• RAY 시작점을 지정:

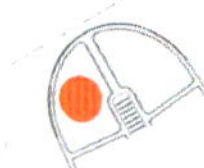

(4) • RAY 통과점을 지정:

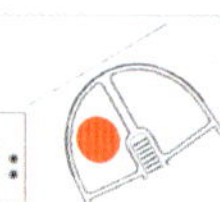

수평(H)	점①을 통과하는 수평의 구성선을 작성한다.
수직(V)	점①을 통과하는 수직의 구성선을 작성한다.
각도(A)	점①을 통과하고 지정한 각 만큼 경사진 구성선을 작성한다.
이등분(B)	피자를 나누듯이 점①을 중심으로 여러 각의 구성선들을 작성한다.
간격띄우기(O)	지정하는 직선과 입력한 간격만큼 띄어서 구성선을 작성한다.

2-3 화면녹화 실습

YouTube 첫걸음 소방CAD

1 기본제어

2 좌표계

3 선형객체 그리기

연습문제

01 AutoCAD 작업화면에서 별도의 명령어 없이 손쉽게 마우스로 화면을 Zoom-IN, OUT 할 수 있는 것은?

① 마우스 왼쪽 버튼
② 마우스 오른쪽 버튼
③ 마우스 휠버튼
④ 마우스 휠

정답 ④

해설 마우스 휠을 화면 쪽으로 밀어 돌리면 Zoom-IN, 당겨서 돌리면 Zoom-OUT이 된다.

02 다음 중 면적이 가장 넓은 것은?

① 한 변이 20인 정삼각형
② 한 변이 20인 정사각형
③ 반지름이 20인 원
④ 지름이 20인 원

정답 ③

해설 ① = 174, ② = 400, ③ = 1256, ④ = 314이다.
면적을 계산하기보다 서로 크기를 가늠하면서 비교해 보아도 알 수 있다.

03 다음 중 분해(EXPLODE)할 수 없는 것은?

① 'REC' 명령으로 작성한 직사각형
② 'POL' 명령으로 작성한 육각형
③ 'PLINE' 명령으로 작성한 지그재그의 선
④ 'CIRCLE' 명령으로 작성한 원

정답 ④

해설 'CIRCLE' 명령으로 작성한 원은 하나의 객체이므로 분해할 수 없다.

학습정리

01 기본제어

1) 마우스 왼쪽 버튼으로는 좌표를 지정하고 객체를 선택할 수 있다.
2) 마우스 오른쪽 버튼으로는 명령어를 지시하고, 직전명령을 지시할 수도 있다.
3) 마우스 휠버튼으로는 Zoom-ALL 및 초점이동(PAN)을 할 수 있다.
4) 마우스 휠로는 Zoom-IN, OUT을 할 수 있다.
5) 키보드의 기능(Fx)키나 다른 키들로 여러 명령어 및 설정을 지시할 수 있다.

02 좌표계

1) 좌표계의 3요소는 원점, 방향, 거리이다.
2) 원점은 도면상에 하나뿐인 절대점이다.
3) 방향은 반시계방향을 기본으로 하는 각도법(Degree)을 쓴다.
4) 원점에서의 방향과 거리는 절대좌표가 된다.
5) 이전 점에서의 방향과 거리는 상대좌표가 된다.

03 선과 폴리선

1) 선은 형태를 나타내는 각 부분이 별도의 객체로써 분해할 수 없다.
2) 폴리선은 연결된 형태는 하나의 객체로써 분해하면 선으로 바뀐다.
3) 스플라인은 부드럽게 이어서 형태를 갖추는 하나의 객체로써 분해할 수 없다.
4) 기본 객체들을 여러 가지 방법으로 그려보면 좌표계와 제도학에 익숙해질 수 있다.

CHAPTER 03

AutoCAD로 수정하기-1

학습목표

1. 객체를 옮기고 고치는 수정작업을 할 수 있다.
2. 객체를 다듬고 겹치는 수정작업을 할 수 있다.
3. 화면으로 녹화한 대로 실습하여 활용할 수 있다.

학습목차

1. 옮기고 고치기
2. 다듬고 겹치기
3. 화면녹화 실습

복습점검

문제 1. AutoCAD 작업화면에서 마우스의 휠을 돌리면 화면의 초점을 상하좌우로 이동할 수 있다.

정답 ×

해설 마우스의 휠버튼을 눌러 초점이동하고, Zoom-IN, OUT은 휠을 돌려서 작동할 수 있다.

문제 2. 건축 및 소방설비의 설계 시에 적용하는 치수의 기본단위는 센티미터(cm)이다.

정답 ×

해설 건축 및 소방설비의 설계 시에는 기본단위로 밀리미터(mm)를 사용한다.

문제 3. 'REC'명령으로 작성된 직사각형을 분해(EXPLODE)하면 각각의 선이 된다.

정답 ○

해설 RECTANGLE 명령으로 작성된 직사각형은 PLINE으로써 선으로 분해할 수 있다.

3-1 옮기고 고치기

1. 옮기기 #이동 #MOVE #복사 #COPY #회전 #ROTATE #대칭 #MIRROR
2. 고치기 #신축 #STRETCH #축척 #SCALE #정렬 #ALIGN #배열 #ARRAY #배열편집 #ARRAYEDIT

1 옮기기

1) 이동(MOVE)

명령어	MOVE
단축키	M
아이콘	

홈 → 수정 → 이동

• 객체의 회전이나 모양의 변화 없이 위치만 옮긴다.

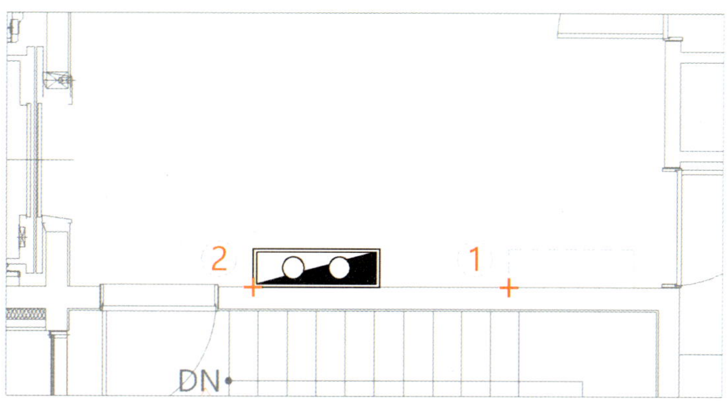

이동(MOVE) 예

(1) • 명령 입력 M Enter ↵

• ▾ MOVE 객체 선택: (옮기려는 객체들을 선택) Enter ↵

• ▾ MOVE 기준점 지정 또는 [변위(D)] <변위>:

점①

(2) • 두 번째 점 지정 또는 <첫 번째 점을 변위로 사용>:

점②

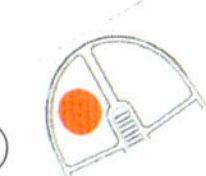

• 점①과 점②의 좌표변화량만큼 이동한다.

변위(D)	키보드로 입력한 좌표의 변위만큼 이동한다.

2) 복사(COPY)

명령어	COPY
단축키	CO
아이콘	

복사

홈 → 수정 → 복사

- 기존 객체와 같은 사본을 복사한다.

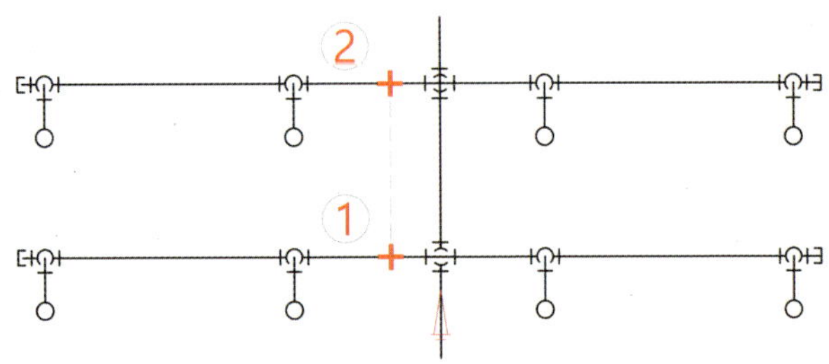

복사(COPY) 예

- 많은 객체를 반복하여 작성해야 할 때 유용하다.
- 좌표를 입력하거나 마우스로 지정할 때 동일한 점을 두 번 입력하는 실수를 한다면 복사되어 겹친 객체가 생기게 되는 것에 유의하자.

(1)
- 명령 입력 CO Enter ↵
- COPY 객체 선택: (복사하려는 객체들을 선택) Enter ↵
- COPY 기본점 지정 또는 [변위(D) 모드(O)] <변위>: 점①

(2)
- COPY 두 번째 점 지정 또는 [배열(A)] <첫 번째 점을 변위로 사용>: 점②

- 점①과 점②의 좌표변화량만큼 복사한다.

변위(D)	키보드로 입력한 좌표의 변위만큼 이동한다.
모드(O)	COPY 복사 모드 옵션 입력 [단일(S) 다중(M)] <다중(M)>: 다중(M)에서는 한번 선택한 객체를 반복하여 계속 복사할 수 있다.

3) 회전(ROTATE)

명령어	ROTATE
단축키	RO
아이콘	

홈 → 수정 → 회전

• 객체를 지정하는 각도로 회전한다.

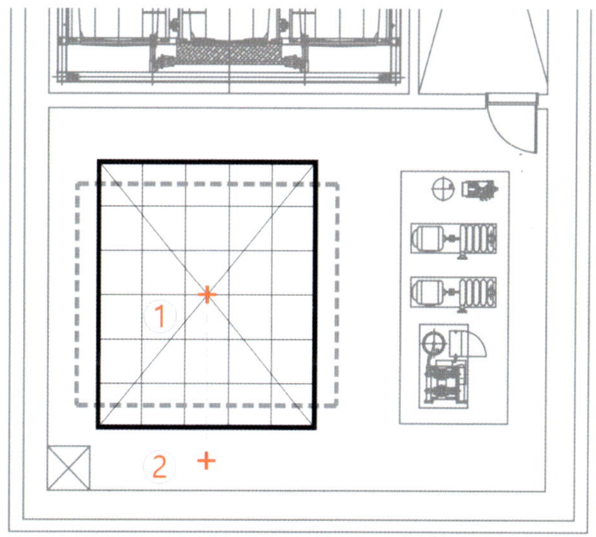

회전(ROTATE) 예

• 회전각을 입력하거나 기준점에 대한 회전점의 상대각도로 회전할 수도 있다.

(1) • 명령 입력 RO Enter ↵

• ▾ ROTATE 객체 선택: (회전하려는 객체들을 선택) Enter ↵

• ▾ ROTATE 기준점 지정: 점①

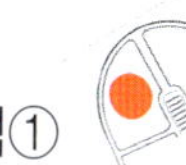

(2) • ▾ ROTATE 회전 각도 지정 또는 [복사(C) 참조(R)] <270>: 점②

• 점①과 점②를 연결한 극좌표만큼 회전한다.

※ 점②는 점①에서 -90°의 방향이 되므로 선택된 객체는 -90°(=270°)만큼 회전한다.

복사(C)	선택 객체를 그대로 두고 동일한 객체를 만들어 회전시킨다.
참조(R)	참조 각도를 지정 <0>: 지정한 두 점을 기준으로 하는 세 번째 점의 상대각도만큼 회전시킨다.

4) 대칭(MIRROR)

명령어	MIRROR
단축키	MI
아이콘	

홈 → 수정 → 대칭

• 지정한 선으로 대칭되는 사본을 작성한다.

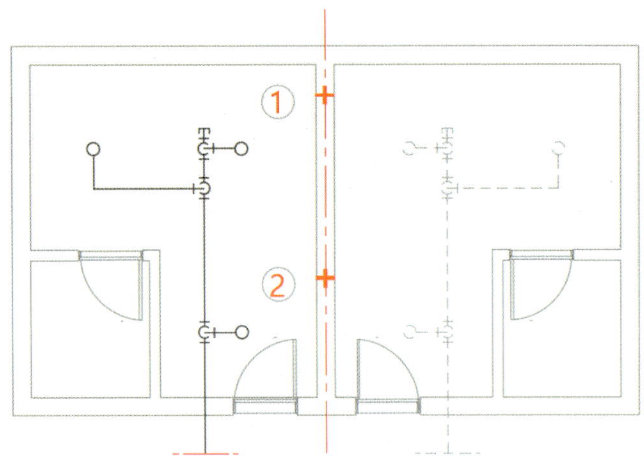

대칭(MIRROR) 예

• 대칭되는 구조의 건축물, 구조물을 설계할 때 유용하다.

(1) • 명령 입력 MI Enter ↵

• MIRROR 객체 선택: (대칭하려는 객체들을 선택)

Enter ↵

• MIRROR 대칭선의 첫 번째 점 지정: 점①

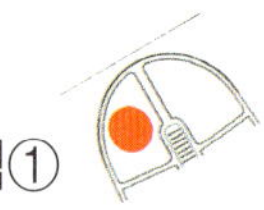

(2) • MIRROR 대칭선의 두 번째 점 지정: 점②

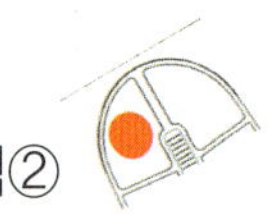

• MIRROR 원본 객체를 지우시겠습니까? [예(Y) 아니오(N)] <아니오>: Enter ↵

• 점①과 점②를 연결한 선을 기준으로 대칭되는 사본을 만든다.

• 원본 객체를 지우거나 유지할지를 판단할 수 있다.

예(Y)	원본 객체를 지우고 사본을 작성한다.
아니오(N)	원본 객체를 유지하고 사본을 작성한다.

2 고치기

1) 신축(STRETCH)

명령어	STRETCH
단축키	STR
아이콘	

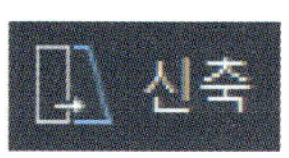

홈 → 수정 → 신축

- 객체 중에서 윈도우로 선택된 구성점만 옮겨서 객체를 늘이거나 줄인다.

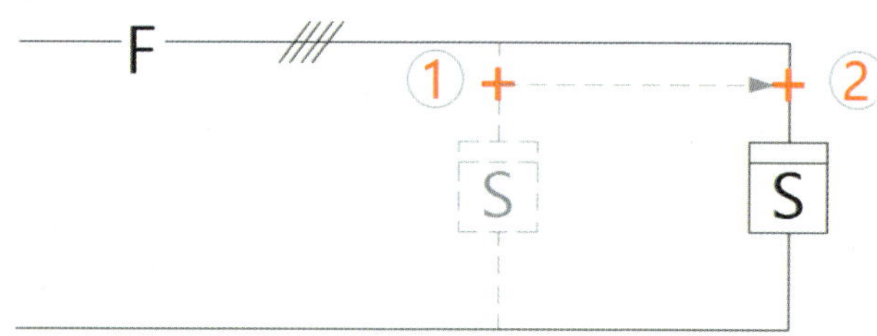

신축(STRETCH) 예

- 윈도우로 전체가 선택되거나 직접 지정하여 선택된 객체의 경우에는 이동(MOVE)하게 된다.
- 원, 타원, 블록과 같은 객체는 수정되지 않는다.

(1) • 명령 입력 STR Enter

• STRETCH 객체 선택: (윈도우 선택) Enter

• STRETCH 기준점 지정 또는 [변위(D)] <변위>: 점①

(2) • STRETCH 두 번째 점 지정 또는 <첫 번째 점을 변위로 사용>: 점②

• 점①과 점②의 변위량만큼 구성점이 옮겨진다.

변위(D)	키보드로 입력한 좌표의 변위만큼 복사한다.

2) 축척(SCALE)

명령어	SCALE
단축키	SC
아이콘	 홈→수정→축척

• 객체를 지정한 비율로 확대하거나 축소한다.

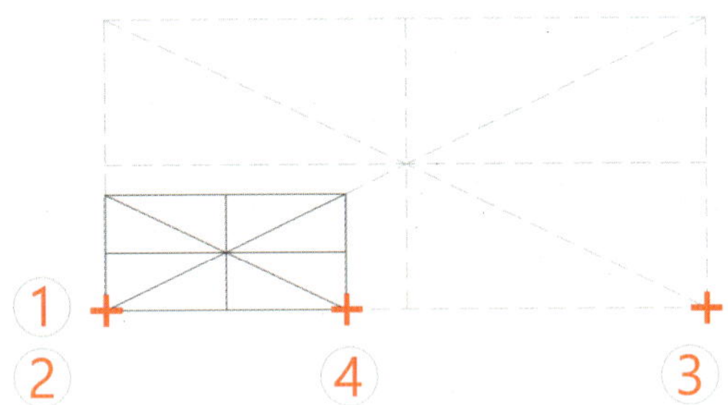

축척(SCALE) 예

(1) • 명령 입력 SC Enter ↵

• SCALE 객체 선택: (객체 선택) Enter ↵

• SCALE 기준점 지정: 점①

(2) • SCALE 축척 비율 지정 또는 [복사(C) 참조(R)]: R Enter ↵

※ 여기서 참조(R) 이 아닌 숫자를 입력한다면 그 배율로 확대하거나 축소한다.

• SCALE 참조 길이 지정 <15.6179>: 점②

(3) • SCALE 참조 길이 지정 <15.6179>: 두 번째 점을 지정: 점③

(4) • SCALE 새 길이 지정 또는 [점(P)] <1.0000>: 점④

복사(C)	원본을 지우지 않고 축척된 객체를 새로 만든다.
참조(R)	배율을 직접 입력하지 않고 두 점을 지정해서 새로 지정하는 길이로 확대하거나 축소한다.

3) 정렬(ALIGN)

명령어	ALIGN
단축키	AL
아이콘	

홈 → 수정 → 정렬

- 객체를 특정 위치와 방향으로 이동, 회전하고 축척을 변경할지를 선택할 수 있다.

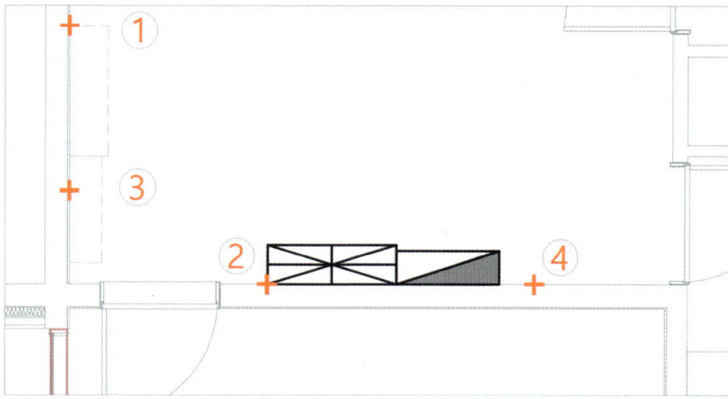

정렬(ALIGN) 예

- 객체를 이동, 회전, 축척하는 과정을 한 번에 할 수 있다.
- 옮길 곳의 좌표나 각도를 알 수 없어도 정확하게 돌려 맞추어야 할 때 유용하다.

(1) • 명령 입력 AL Enter ↵
• ALIGN 객체 선택: (객체 선택) Enter ↵
• ALIGN 첫 번째 근원점 지정: 점①

(2) • ALIGN 첫 번째 대상점 지정: 점②

(3) • ALIGN 두 번째 근원점 지정: 점③

(4) • ALIGN 두 번째 대상점 지정: 점④
• ALIGN 세 번째 근원점 지정 또는 <계속>: Enter ↵
• 정렬점을 기준으로 객체에 축척을 적용합니까 ? [예(Y) 아니오(N)] <N>: Enter ↵
• 점을 기준점으로 점까지 이동한다.
• 또한 점와 점의 상대각도만큼 회전한다.

tip • 세 번째 근원점 및 대상점은 Z좌표를 바꿀 때 사용한다.

예(Y)	근원점 간의 거리에 대한 상대점 간의 거리만큼 축척(SCALE)을 적용한다.

4) 배열(ARRAY)

명령어	ARRAY
단축키	ARR
아이콘	

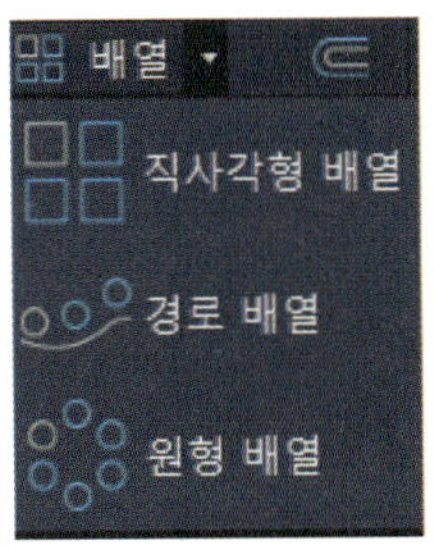

홈 → 수정 → 배열

- 직사각형 배열 : 선택한 객체가 복수의 행과 열의 사본으로 복사된다.

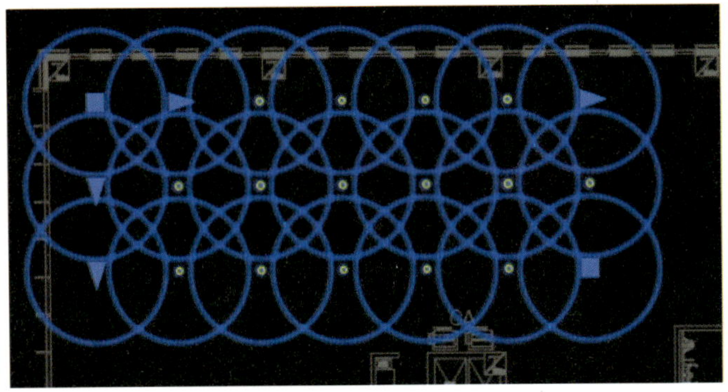

배열(ARRAY) 예

- 원형배열 : 선택한 객체가 중심축이나 원점을 기준으로 균일한 각도의 원형으로 복사된다.

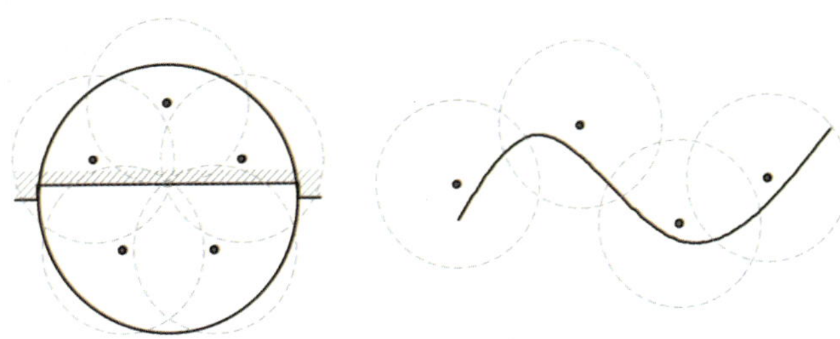

배열(ARRAY) 예

(1)
- 명령 입력 ARR Enter ↵
- ARRAY 배열 유형 입력 [직사각형(R) 경로(PA) 원형(PO)] <직사각형>: Enter ↵
- 그립을 선택하여 배열을 편집하거나 [연관(AS) 기준점(B) 개수(COU) 간격두기(S) 열(COL) 행(R) 레벨(L) 종료(X)] <종료>: S Enter ↵

※ 간격두기(S) : 지정하는 간격의 행과 열로 배열한다.

(2)
- ARRAY 열 사이의 거리 지정 또는 [단위 셀(U)] <209.2408>: 2700 Enter ↵
- ARRAY 행 사이의 거리 지정 <11018.6606>: 2700 Enter ↵
- 그립을 선택하여 배열을 편집하거나 [연관(AS) 기준점(B) 개수(COU) 간격두기(S) 열(COL) 행(R) 레벨(L) 종료(X)] <종료>: Enter ↵
- 행과 열의 간격이 2700인 다수의 사본을 만든다.

tip
- 배열(ARRAY)된 객체세트를 선택하면 리본패널이 '배열 편집'으로 바뀐다.
- '배열 편집'은 다음 쪽을 참고한다.
- 간격두기(S) 이외의 옵션은 사용할 일이 드물어 생략한다.

5) 배열 편집(ARRAYEDIT) 리본패널

(1) 유형

- 선택한 배열세트의 유형을 보여준다.

(2) 열, 행

- 가로의 열과 세로의 행의 개수, 간격 및 전체 길이를 보여준다.
- 원형배열에서는 개수, 사이각 및 전체 각을 보여준다.

(3) 수준

- Z축으로 배열한다.

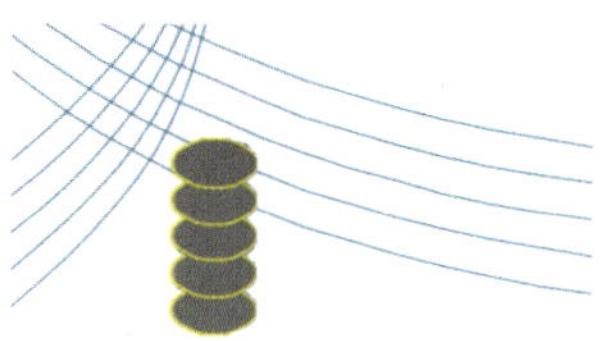

- 레벨 : Z값이 다른 개수
- 사이 : Z값 간격
- 전체 : Z값 전체 간격

(4) 기타

- 아이콘의 이름으로도 쉽게 이해할 수 있어 생략한다.

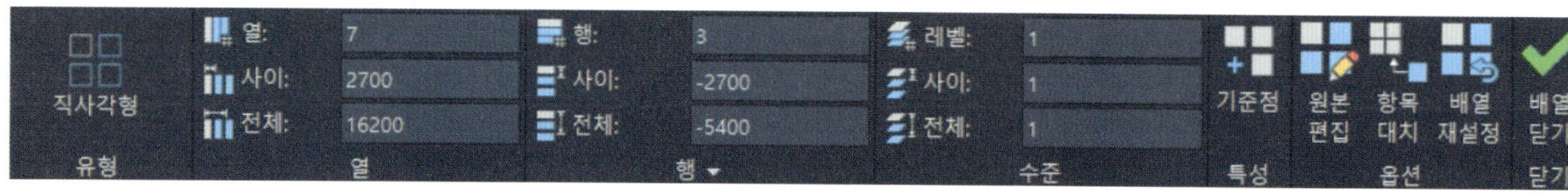

배열 편집 리본패널 / 직사각형

배열 편집 리본패널 / 원형

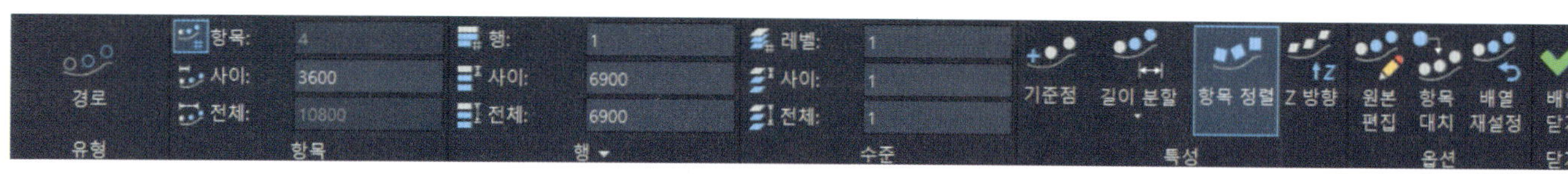

배열 편집 리본패널 / 경로

'배열 편집' 리본패널

3-2 다듬고 겹치기

1. 다듬기 #자르기 #TRIM #모깎기 #FILLET #모따기 #CHAMFER #해치 #HATCH #그라데이션 #구름형 리비전 #REVCLOUD
2. 겹치기 #객체 가리기 #WIPEOUT #객체 그리기 순서 #DRAWORDER #중복객체삭제 #OVERKILL

1 다듬기

1) 자르기(TRIM)

명령어	TRIM
단축키	T
아이콘	

홈 → 그리기 → 자르기

• 기준 객체를 지나는 객체들을 맞추어 자른다.

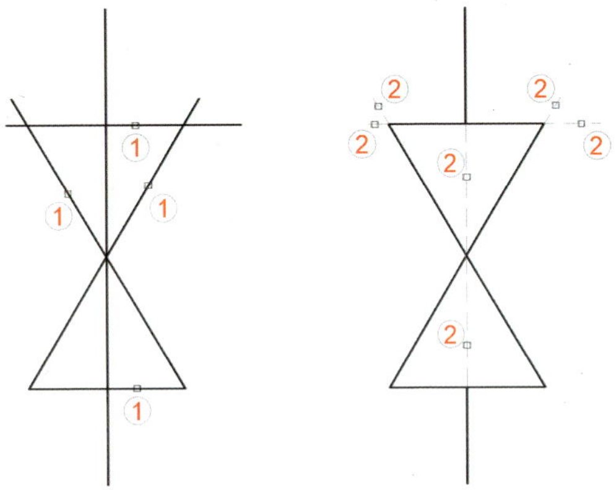

자르기(TRIM) 예

• 직접 선택하거나 울타리로 걸쳐서 선택한다.

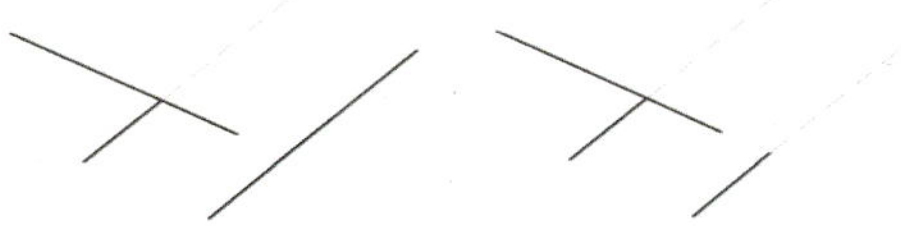

모서리 연장 안함 모서리 연장

(1) • 명령 입력 TRIM Enter ↵

• ▾ TRIM 객체 선택 또는 [모드(O)] <모두 선택>:

※ 기준 객체(들)을 선택한다.

• Enter ↵

(2) • ▾ TRIM [절단 모서리(T) 울타리(F) 걸치기(C) 모드(O) 프로젝트(P) 모서리(E) 지우기(R)]:

※ 자를 객체들을 자를 쪽에서 선택한다.

• Enter ↵

모드(O)	· ▾ TRIM 자르기 모드 옵션 입력 [빠른 작업(Q) 표준(S)] · 빠른작업 모드는 기준 객체 선택 없이 자를 수 있다.
프로젝트(S)	· ▾ TRIM 투영 옵션 입력 [없음(N) UCS(U) 뷰(V)] <UCS>: · 시각적으로만 겹쳐 보이는 경우도 잘라낼 수 있다.
모서리(E)	· ▾ TRIM 모서리 연장 모드 입력 [연장(E) 연장 안함(N)] <연장>: · 기준 객체의 끝을 확장하여 자를 수 있다.

2) 모깎기(FILLET), 모따기(CHAMFER)

명령어	FILLET, CHAMFER
단축키	F, CHA
아이콘	

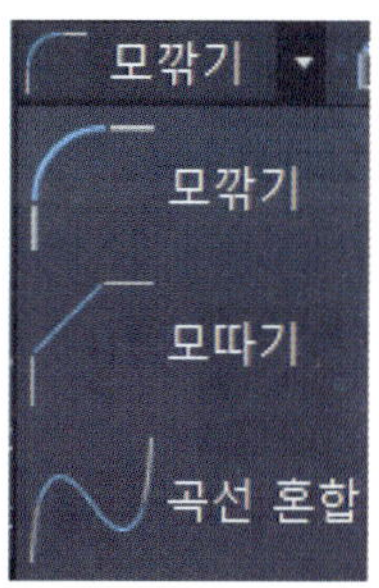

홈 → 수정 → 모깎기

• 모서리를 원형으로 다듬는 모깎기(FILLET)와 직선으로 다듬는 모따기(CHAMFER)가 있다.

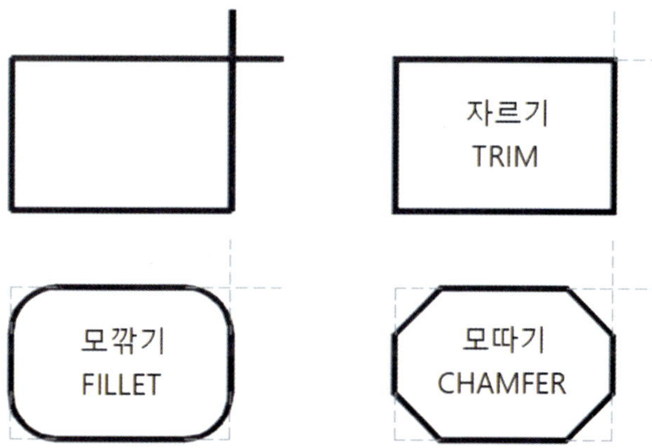

모서리 다듬기 예

• 연결된 폴리선을 선택하면 해당 폴리선의 전체 모서리를 한꺼번에 모깎기, 모따기 할 수 있다.

(1) • 명령 입력 F Enter ↵

• FILLET 첫 번째 객체 선택 또는 [명령 취소(U) 폴리선(P) 반지름(R) 자르기(T) 다중(M)]:

(한쪽 객체를 선택) Enter ↵

(2) • 두 번째 객체 선택 또는 Shift 키를 누른 채 선택하여 구석 적용 또는 [반지름(R)]:

(다른 쪽 객체를 선택) Enter ↵

• 두 객체가 만나는 모서리를 모깎기 한다.

tip • 반지름을 0으로 하면 자르기(TRIM)와 같아진다.

• 양쪽 객체를 직선으로 다듬는 모따기(CHAMFER)도 유사한 순서로 진행된다.

폴리선(P)	하나로 연결된 폴리선의 모서리를 한꺼번에 모깎기 한다.
반지름(R)	모깎기 할 곡선의 반지름을 입력할 수 있다.

3) 해치(HATCH)

명령어	HATCH
단축키	H
아이콘	

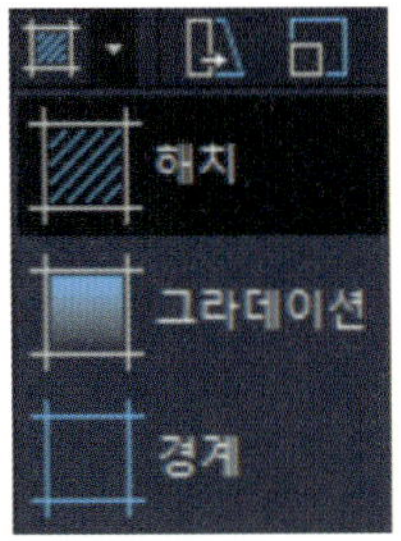

홈 → 그리기 → 해치

• 고립된 영역 안을 무늬, 솔리드 또는 그라데이션으로 채운다.

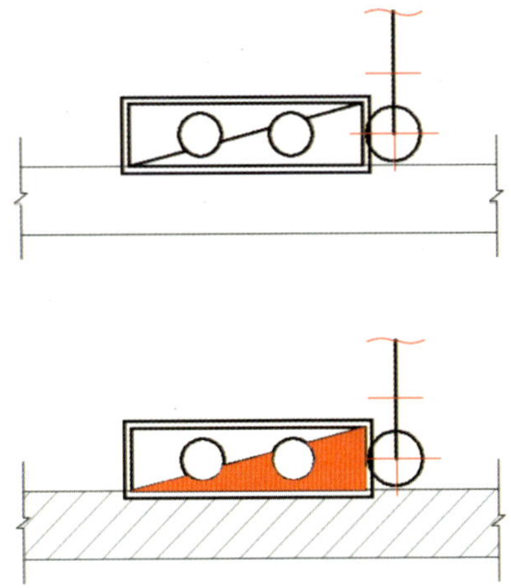

해치(HATCH) 예

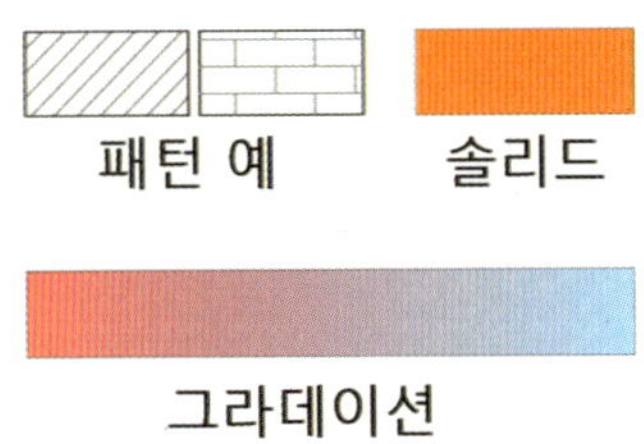

다양한 패턴의 해치

(1) • 명령 입력 H Enter ↵

• HATCH 내부 점 선택 또는 [객체 선택(S) 명령 취소(U) 설정(T)]:

(고립된 영역안의 한점)

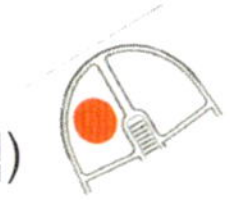

(2) • HATCH 내부 점 선택 또는 [객체 선택(S) 명령 취소(U) 설정(T)]:

Enter ↵

tip • 여러 방법으로 해치 경계를 지정할 수 있다.

※ 객체로 닫힌 영역 안의 한 점을 지정한다.
영역을 감싼 객체들을 지정한다.
도구 팔레트에서 원하는 해치 패턴을 마우스로 끌어서 영역 안으로 넣는다.

객체 선택(S)	영역을 둘러싼 객체들을 지정한다.
설정(T)	'해치 및 그라데이션' 대화창을 연다.

4) 해치 및 그라데이션 대화창

① 유형 및 패턴

- 다양한 패턴과 색상을 선택한다.

② 각도 및 축척

- 배열을 회전하고 축척(=조밀한 정도)을 지정한다.

③ 해치 원점

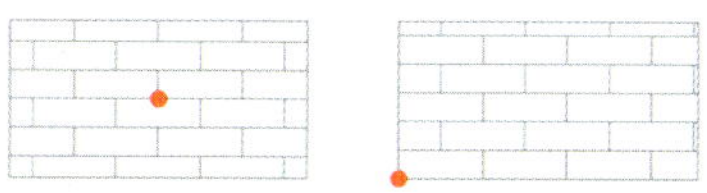

- 해치를 시작하는 원점을 지정한다.

④ 경계

- 다경계 내의 점을 선택하거나 경계를 이루는 객체를 선택해서 경계를 지정한다.

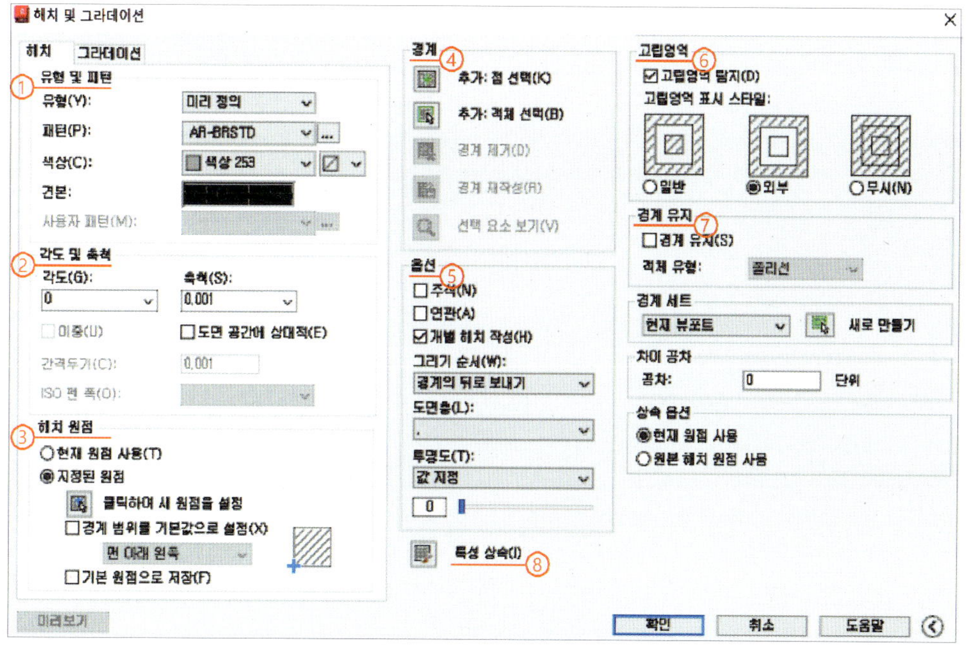

'해치 및 그라데이션' 대화창

'해치 및 그라데이션' 리본패널

※ 과거의 대화창은 최대한 많은 기능을 한 화면에 담으려 했으나 근래의 리본패널은 중요하고 많이 쓰는 것일수록 더 강조해서 보여준다는 것을 알 수 있다.

⑤ 옵션

- 다른 영역의 해치와 연관을 결정한다.
- 위아래로 그려지는 순서를 지정한다.
- 도면층 및 투명도를 지정한다.

⑥ 고립영역

- 영역 안에 다른 영역이 포함된 경우에 해치를 그릴 영역을 결정한다.

⑦ 경계 유지

- 경계를 유지할 것인가와 객체의 유형을 특정한다.

⑧ 특성 상속

- 다른 해치의 특성과 같은 해치를 작성한다.

5) 구름형 리비전(REVCLOUD)

명령어	REVCLOUD
단축키	REVC
아이콘	

홈 → 그리기 → 구름형 리비전

• 구름선 모양의 곡선 세트를 작성한다.

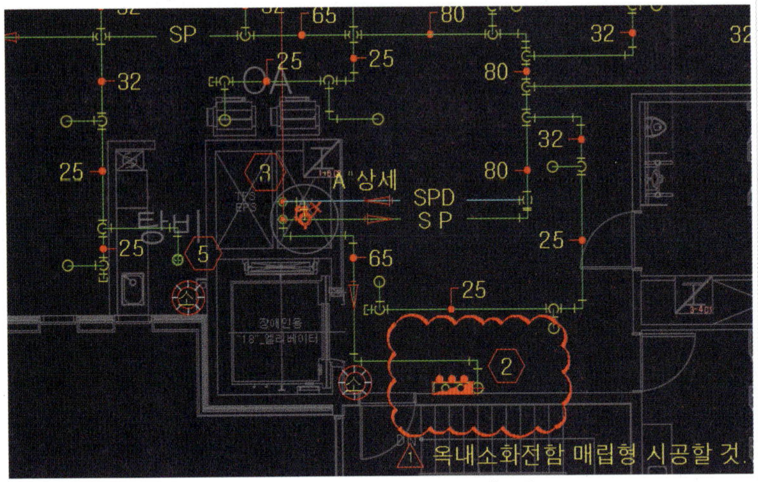

구름형 리비전(REVCLOUD) 예

REVCLOUD의 사용 예

(1) • 명령 입력 REVC Enter ↵

• REVCLOUD 첫 번째 구석점 지정 또는 [호 길이(A) 객체(O) 직사각형(R) 폴리곤(P) 프리핸드(F) 스타일(S) 수정(M)] <객체(O)>:

• R Enter ↵

(2) • 대각의 두 점을 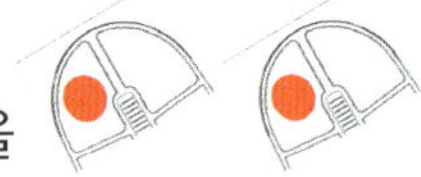

• REVCLOUD 방향 반전 [예(Y) 아니오(N)] <아니오(N)>:

Enter ↵

• 직사각형 바탕의 구름선 곡선 세트가 작성됨

tip • 여러 방법으로 해치 경계를 지정할 수 있다.

※ • 객체로 닫힌 영역 안의 한 점을 지정한다.
• 영역을 감싼 객체들을 지정한다.
• 도구 팔레트에서 원하는 해치 패턴을 마우스로 끌어서 영역 안으로 넣는다.

옵션	설명
호 길이(A)	호의 반지름 크기를 지정할 수 있다.
객체(O)	선, 원 등의 객체를 구름형 리비전으로 변환한다.
직사각형(R)	대각의 두 점으로 사각 모양의 구름형 리비전을 작성한다.
폴리곤(P)	폴리선을 구름형 리비전으로 변환한다.
프리핸드(F)	커서를 따라 비정형의 구름형 리비전을 작성한다.
스타일(S)	일반(N), 컬리그래피(C)를 선택한다.
방향 반전	호의 방향을 반전한다.

2 겹치기

1) 객체 가리기(WIPEOUT)

명령어	WIPEOUT
단축키	WI
아이콘	

홈 → 그리기 → 객체가리기

- 다른 객체들 위로 가려 덮는 영역을 작성한다.

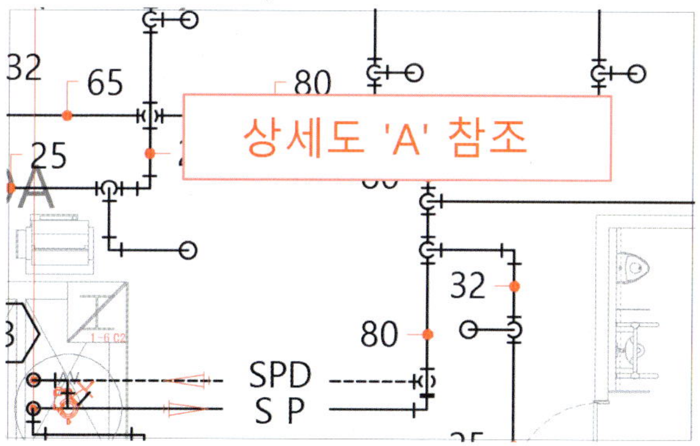

객체 가리기(WIPEOUT) 예

- 복잡한 도면에 찾기 쉬운 번호나 주석을 써야 하는 경우에 유용하다.

프레임 ON

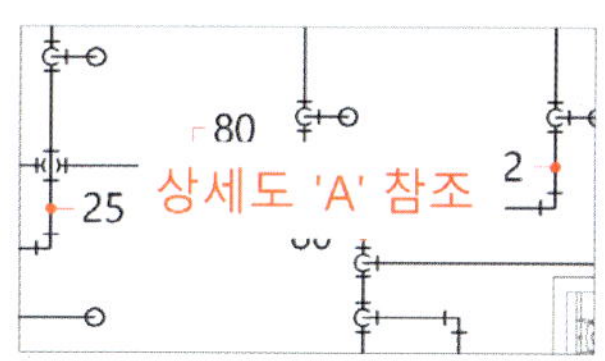

프레임 OFF

(1)
- 명령 입력 WI Enter
- WIPEOUT 첫 번째 점 지정 또는 [프레임(F) 폴리선(P)] <폴리선(P)>: P
- Enter

(2)
- WIPEOUT 닫힌 폴리선 선택:

(영역을 가지는 폴리선을 선택)

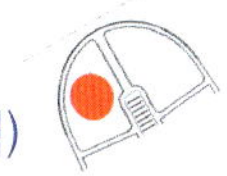

- WIPEOUT 폴리선을 지우시겠습니까? [예(Y) 아니오(N)] <아니오(N)>: Enter
- 선택한 폴리선 영역의 '객체 가리기'가 작성된다.

tip • 영역을 구성하는 폴리선은 선 세그먼트만 가능하다.

프레임(F)	WIPEOUT 모드 입력 [켜기(ON) 끄기(OFF) 표시하지만 플롯 안 함(D)] <켜기>: 켜기(ON) : '객체 가리기'의 외곽선을 나타낸다. 끄기(OFF) : '객체 가리기'는 유지되지만 외곽선은 나타내지 않는다. 표시되지만 플롯 안 함(D)

2) 객체 그리기 순서(DRAWORDER)

명령어	DRAWORDER
단축키	DRAW
아이콘	

홈 → 수정 →
객체 그리기 순서

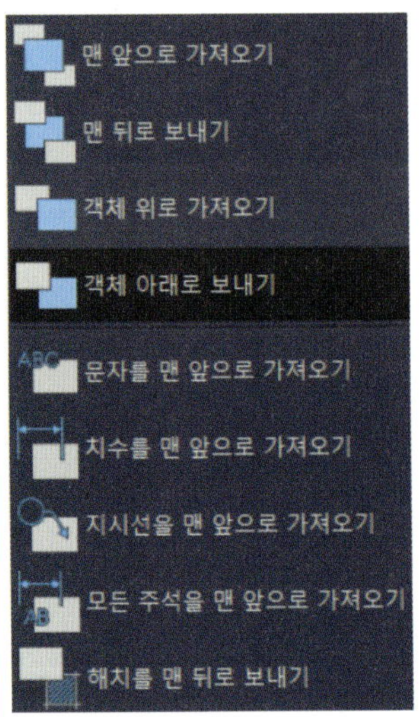

- Z값이 없이 서로 겹친 객체들의 그려지는 순서를 지정한다.

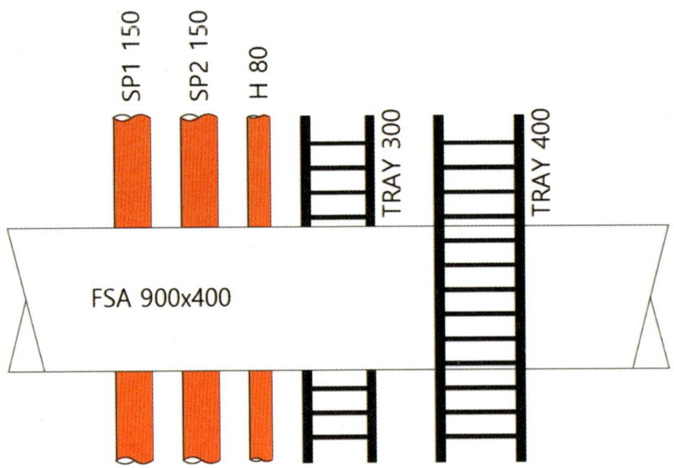

객체 그리기 순서(DRAWORDER) 예

- 다른 객체들을 가리거나 위로 두어 강조할 때 유용하다.

(1) • 명령 입력 DRAW Enter ↵

• DRAWORDER 객체 선택: (선택) 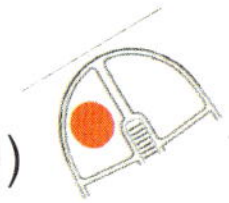
Enter ↵

(2) • DRAWORDER 객체 순서 옵션 입력 [객체 위로(A) 객체 아래로(U) 앞으로(F) 뒤로(B)] <뒤로(B)>: F
Enter ↵

- 선택한 객체를 맨 앞으로 가져온다.

객체 위로(A)	특정한 객체의 앞으로 가져온다.
객체 아래로(U)	특정한 객체의 아래로 보낸다.
앞으로(F)	객체를 맨 앞으로 가져온다.
뒤로(B)	객체를 맨 뒤로 보낸다.

3) 중복객체 삭제(OVERKILL)

명령어	OVERKILL
단축키	OV
아이콘	

홈 → 수정 → 중복객체삭제

• 중복된 객체의 사본들을 삭제한다.

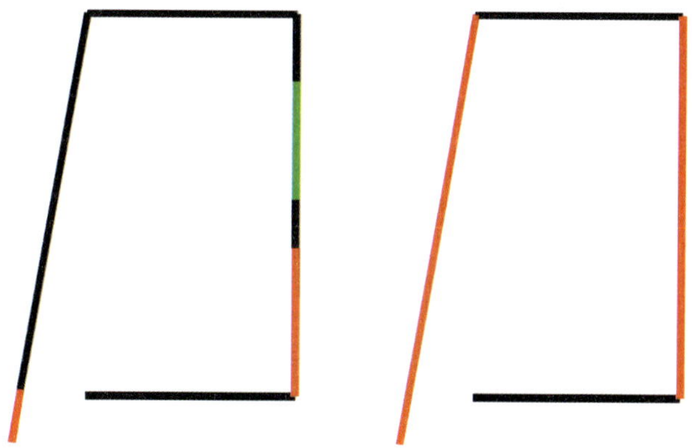

OVERKILL 전 (8개의 폴리선)

OVERKILL 후 (4개의 폴리선)

중복객체 삭제 예

• 원과 호가 겹쳐진 경우에 호가 삭제된다.

• 같은 각도로 겹치는 선이 하나로 결합된다.

• 길이가 0인 중복객체들을 삭제한다.

(1) • 명령 입력 OV Enter ↵

• OVERKILL 객체 선택: (객체를 선택) Enter ↵

(2) • 중복객체 삭제 대화창이 노출된다.

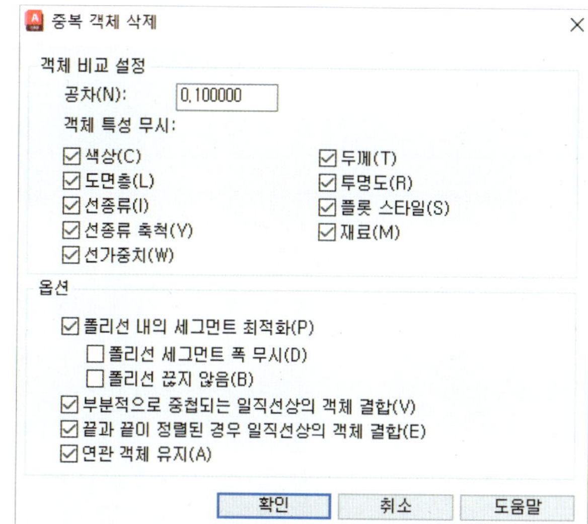

중복객체 삭제 대화창

• 공차, 특성 무시 및 옵션을 선택한 후 '확인'을 클릭한다.

3-3 화면녹화 실습

YouTube 첫걸음 소방CAD

1 옮기기

2 고치기

3 다듬기

4 겹치기

연습문제

01 다음 중 객체의 모양이 변하지 않는 명령어는?

① 이동(MOVE)
② 신축(STRETCH)
③ 자르기(TRIM)
④ 대칭(MIRROR)

정답 ①
해설 이동(MOVE) 명령어는 객체의 형태가 바뀌거나 회전하지 않고 옮길 때 사용한다.

02 날카롭게 만난 모서리를 지정한 반지름의 곡선으로 부드럽게 다듬는 명령어는?

① 자르기(TRIM)
② 모깎기(FILLET)
③ 모따기(CHAMFER)
④ 객체 가리기(WIPEOUT)

정답 ②
해설 모깎기 명령을 사용하면 날카로운 모서리를 부드러운 호의 형태로 마무리할 수 있다.

03 다음 중 해치(HATCH) 명령에 대한 설명으로 옳은 것은?

① 처음 지정한 해치의 패턴은 종류를 변경할 수 없다.
② 해치의 원점은 해치한 면적의 중심점으로 고정된다.
③ 해치의 축척을 큰 수로 할수록 조밀해진다.
④ 선형객체로 구성된 해치는 분해(EXPLODE)할 수 있다.

정답 ④
해설 선형객체로 구성된 해치는 분해(EXPLODE)할 수 있지만, SOLID나 그라네이션은 분해할 수 없다.

학습정리

01 옮기기

1) 이동(MOVE) 명령은 객체의 회전이나 모양의 변화 없이 위치만 옮긴다.
2) 복사(COPY) 명령은 기존 객체와 같은 사본을 복사한다.
3) 회전(ROTATE) 명령은 객체를 지정하는 각도로 회전한다.
4) 대칭(MIRROR) 명령은 지정한 선으로 대칭되는 사본을 작성한다.

02 고치기

1) 신축(STRETCH) 명령은 윈도우로 선택된 구성점만을 옮겨서 객체를 늘이거나 줄인다.
2) 축척(SCALE) 명령은 객체를 지정한 비율로 확대하거나 축소한다.
3) 정렬(ALIGN) 명령은 객체를 특정 위치와 방향으로 이동, 회전하고 축척을 변경할 수 있다.
4) 배열(ARRAY) 명령은 객체를 직사각형, 원형 및 경로의 규칙에 따라 다수를 복사한다.
5) 배열 편집(ARRAYEDIT)을 통해 배열(ARRAY) 세트를 편집할 수 있다.

03 다듬기

1) 자르기(TRIM) 명령은 기준 객체를 지나는 객체들을 맞추어 자른다.
2) 모깎기(FILLET) 명령은 세그먼트가 만나는 모서리를 원형으로 다듬는다.
3) 모따기(CHAMFER) 명령은 모서리를 지정하는 거리의 직선으로 다듬는다.
4) 해치(HATCH) 명령은 고립된 영역을 무늬, 솔리드 또는 그라데이션으로 채운다.
5) 구름형 리비전(REVCLOUD) 명령은 구름선 모양의 곡선 세트를 작성한다.

04 겹치기

1) 객체 가리기(WIPEOUT) 명령은 다른 객체들을 Z값이 없이 아래로 두어 가리는 영역을 작성한다.
2) 객체 그리기 순서(DRAWORDER) 명령은 Z값이 없이 객체들이 그려지는 순서를 지정한다.
3) 중복객체 삭제(OVERKILL) 명령은 중복된 객체의 사본들을 삭제한다.

CHAPTER 04

AutoCAD로 수정하기-2

학습목표

1. 문자와 치수를 입력하는 편집작업을 할 수 있다.
2. 도면층과 블록을 지정하는 편집작업을 할 수 있다.
3. 화면으로 녹화한 대로 실습하여 활용할 수 있다.

학습목차

1. 문자와 치수
2. 도면층과 블록
3. 화면녹화 실습

복습점검

문제 1. 대칭(MIRROR) 명령은 객체의 형태나 방향을 바꾸지 않고 옮긴다.

정답 ×

해설 객체의 형태나 방향을 바꾸지 않고 위치만 옮기는 것은 이동(MOVE) 명령어이다.

문제 2. 날카롭게 만난 모서리를 지정한 반지름의 곡선으로 부드럽게 다듬는 명령어는 모깎기(FILLET)이다.

정답 ○

해설 모깎기 명령을 사용하면 날카로운 모서리를 부드러운 호의 형태로 마무리할 수 있다.

문제 3. 해치의 축척을 큰 수로 할수록 해치의 간격은 조밀해진다.

정답 ×

해설 해치의 축척을 작은 수로 할수록 해치의 간격은 조밀해진다.

4-1 문자와 치수

1. 문자 #트루타입 글꼴 #SHX 글꼴 #스타일 #폰트 #FONTALT #단일행 문자 #여러줄 문자
2. 치수 #치수 스타일 #DIMSTYLE #치수선 #치수보조선 #DIMLINEAR #DIMALIGNED #DIMRADIUS

1 문자

1) AutoCAD의 글꼴

- AutoCAD는 트루타입 및 SHX 글꼴을 지원한다.

(1) 트루타입 글꼴

- 확장자는 *.TTF, *.TTC 이다.
- 저장위치는 C:/WINDOWS/FONTS 폴더이다.

(2) SHX 글꼴

- 확장자는 *.SHX
- 오래전 DOS 기반의 파일에 있는 조합형 SHX 글꼴은 WINDOW 기반의 AutoCAD에서 열면 보이지 않거나 이상한 문자로 나타난다.
- 그에 해당하는 폰트가 있더라도 보이기는 하나 편집은 할 수 없다.
- 저장위치는 C:/PROGRAM FILES/AUTODESK/AutoCAD 2023/FONT 폴더이다.

궁서체 글꼴 미리보기
돋움체 글꼴 미리보기
맑은고딕 글꼴 미리보기
바탕체 글꼴 미리보기
ROMANS+WHGTXT ?? ????
ROMANS+WHGTXT 글꼴 미리보기
ROMANS+WHGDTXT 글꼴 미리보기

글꼴 미리보기

- 스타일마다 별도로 지정된 폰트가 설치되지 않은 것일 때는 ?로 나타난다.

```
FONTALT
FONTALT, 또는 없는 경우 . 입력에 대한 새 값 입력
<"돋움">:
```

FONTALT 사용 예

- 시스템 변수 FONTALT를 사용하면 도면을 열 때 설치되지 않은 글꼴에 대한 대체 글꼴을 지정할 수 있다.

2) 스타일(STYLE)

① 스타일

- 현재의 도면에 포함되어 있는 스타일(STYLE)을 보여준다.
- 모두 보여주거나 사용 중인 것만 보여주도록 지정할 수 있다.

② 미리보기

- 선택한 스타일(STYLE)의 문자를 미리 보여준다.

③ 글꼴 이름

- 트루타입 글꼴과 SHX 글꼴을 모두 선택할 수 있다.

④ 글꼴 스타일

- SHX 글꼴 이름을 선택한 경우에 '큰 글꼴 사용'을 선택한 후 글꼴 스타일에서 한글 글꼴을 선택한다. (글꼴 스타일 모두가 한글이 아니다.)

- 명령 입력 STYLE Enter ↵
- 문자 스타일(STYLE)을 사용하면 문자의 글꼴과 굵기와 모양을 도면마다 여러 가지로 지정할 수 있다.

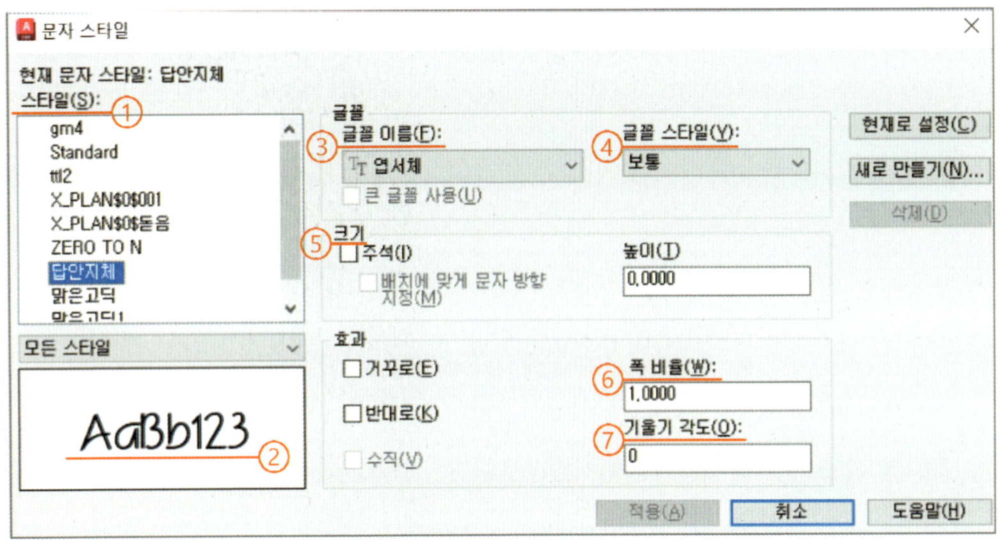

스타일(STYLE) 대화창

※ 문자 스타일(STYLE)의 여러 특성들을 지정한 후에라도 도면에 작성한 문자는 글꼴을 제외하고 다른 특성들을 개별적으로 재지정할 수 있다.

⑤ 크기

- 문자의 높이를 지정한다.
- 배치에 축척이 적용된 경우 그에 맞게 크기를 바꿀 수 있다.

⑥ 폭 비율

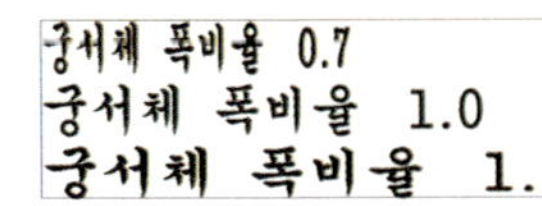

- 문자의 폭 비율을 지정할 수 있다.

⑦ 기울기 각도

- 문자의 기울기 각도를 지정할 수 있다.

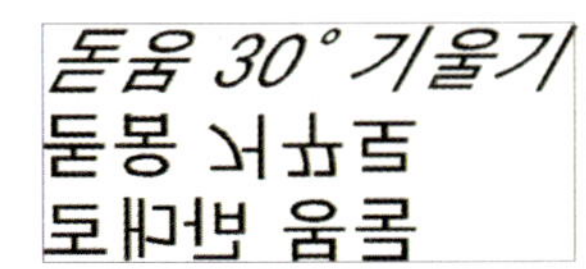

- 거꾸로, 반대로 표현할지를 지정할 수 있다.

3) 단일행 문자(TEXT)

명령어	TEXT
단축키	–
아이콘	 홈 → 주석 → 문자 → 단일행

- 입력된 문자행을 화면에 표시한다.

TEXT TEST
(SINGLE LINE TEST)

단일행 문자(TEXT) 예

- 연속적으로 입력하였다 하더라도 각 문자행은 별개의 객체로 구분된다.

< TEXTALIGN 전 >	< TEXTALIGN 후 >
ø40 x 15M HOSE x 2EA	ø40 x 15M HOSE x 2EA
ø40 x 13A방사형 관창 x 1EA	ø40 x 13A방사형 관창 x 1EA
ø40 x 앵글발브 x 1EA	ø40 x 앵글발브 x 1EA
ø65 단구형 방수구 x 1EA	ø65 단구형 방수구 x 1EA

문자정렬(TEXTALIGN) 예

- 문자정렬(TEXTALIGN) 명령어를 사용하면 단일행 문자들의 수직, 수평 및 간격을 일치시켜 정렬할 수 있다.

(1) • 명령 입력 TEXT Enter ↵

현재 문자 스타일: "_ROM" 문자 높이: 200.0000 주석: 예 자리맞추기: 왼쪽

• TEXT 문자의 시작점 지정 또는 [자리맞추기(J) 스타일(S)]:

※ 현재의 문자 설정을 보여준다.

• (시작점 지정) 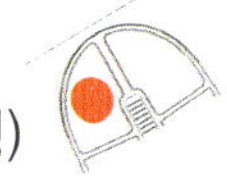

(2) • TEXT 높이 지정 <500.0000>: 750 Enter ↵

• TEXT 문자의 회전 각도 지정 <0>: Enter ↵

• TEXT 문자 입력:

TEXT TEST Enter ↵

• TEXT 문자 입력:

(SINGLE LINE TEXT) Enter ↵

• TEXT 문자 입력: Enter ↵

자리맞추기(J)	TEXT 옵션 입력 [왼쪽(L) 중심(C) 오른쪽(R) 정렬(A) 중간(M) 맞춤(F) 맨위왼쪽(TL) 맨위중심(TC) 맨위오른쪽(TR) 중간왼쪽(ML) 중간중심(MC) 중간오른쪽(MR) 맨아래왼쪽(BL) 맨아래중심(BC) 맨아래오른쪽(BR)]: 문자의 정렬점을 지정할 수 있다.
스타일(S)	현재 도면에 포함된 문자 스타일(STYLE) 중에서 하나를 입력한다.

4) 여러줄 문자(MTEXT)

명령어	MTEXT
단축키	T
아이콘	

홈 → 주석 → 문자 → 여러 줄 문자

- 입력된 문단을 한 객체로 도면에 표시한다.

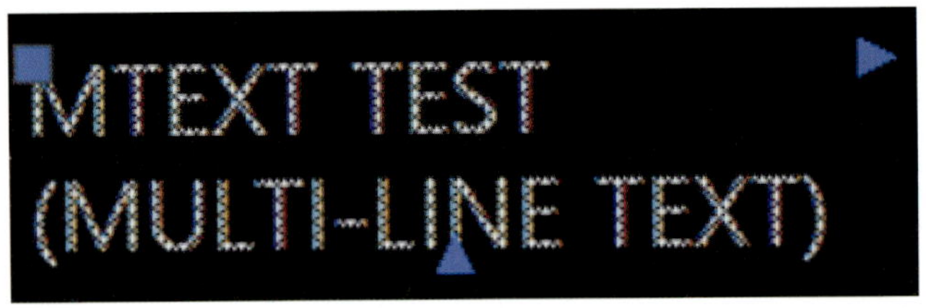

여러줄 문자(MTEXT) 예

- 연속적으로 입력한 문단은 하나의 객체로 통합된다.
- 분해(EXPLODE) 명령을 사용하면 단일행 문자로 분해된다.

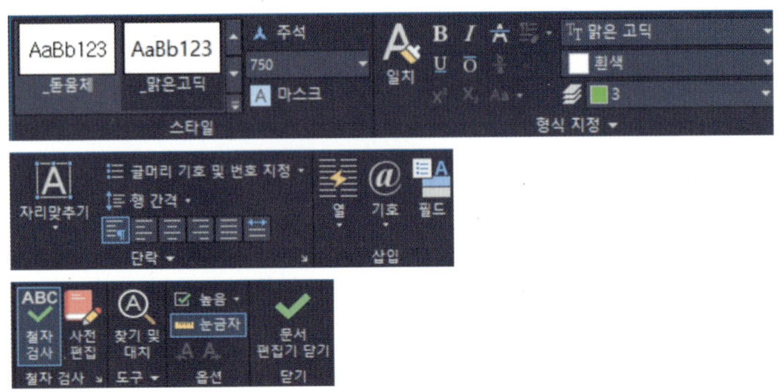

문자 편집기 리본패널

- 여러줄 문자(MTEXT)의 편집모드에서는 리본패널이 '문자 편집기'로 바뀐다.

(1) • 명령 입력 T Enter ↵

현재 문자 스타일: "돋움체" 문자 높이: 750 주석: 아니오

• MTEXT 첫 번째 구석 지정:

※현재의 문자 설정을 보여준다.

(페이지의 한 구석점을 지정) 

• MTEXT 반대 구석 지정 또는 [높이(H) 자리맞추기(J) 선 간격두기(L) 회전(R) 스타일(S) 폭(W) 열(C)]:

(다른 대각의 구석점을 지정) 

(2)

- 일반 워드문서와 같은 방법으로 문자를 입력한다.

※ 작성된 문자를 더블클릭하면 내용을 편집할 수 있다.

- 입력을 마치면 바깥 공간의 아무 곳이나 

선 간격두기(L)	문자행 사이 간격을 지정할 수 있다.

2 치수

1) 치수 스타일(DIMSTYLE)

① 현재 치수 스타일

- 현재 설정되어 있는 치수 스타일의 이름을 보여준다.

② 스타일

- 현재 도면에 포함된 치수 스타일들을 목록으로 보여준다.

③ 리스트

- ‘모든 스타일’ 또는 ‘사용된 스타일’을 선택해서 볼 수 있다.

- 명령 입력 DIMSTYLE Enter ↵
- 치수선, 치수보조선, 치수문자, 화살표 및 기타 항목들을 세부설정을 도면마다 여러 가지로 작성하거나 지정할 수 있다.

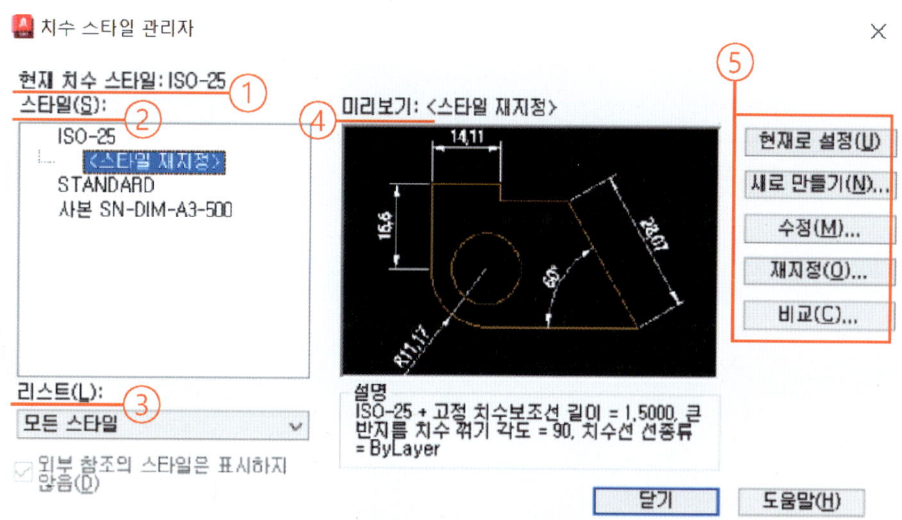

치수 스타일(DIMSTYLE) 대화창

④ 글꼴 스타일

- 치수 스타일을 미리 볼 수 있다.

⑤ 설정

- 현재로 설정, 새로만들기, 수정 및 재지정을 선택한다.
- ‘비교’에서는 두 치수 스타일의 세부항목들을 비교해 볼 수 있다.

2) 치수 스타일 세부 설정

① 선

- 치수선, 치수보조선의 색상, 선 종류, 연장길이를 지정한다.

② 기호 및 화살표

- 화살촉의 크기, 중심표식 및 문자표시를 지정한다.

③ 문자

- 치수에 적용할 문자의 스타일, 색상, 크기 및 정렬방식을 지정한다.

④ 맞춤

- 문자의 배치방법과 치수의 축척을 지정한다.

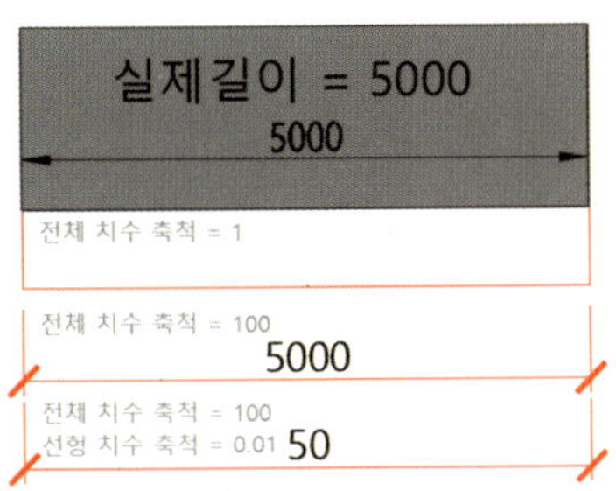

치수 축척 적용 예

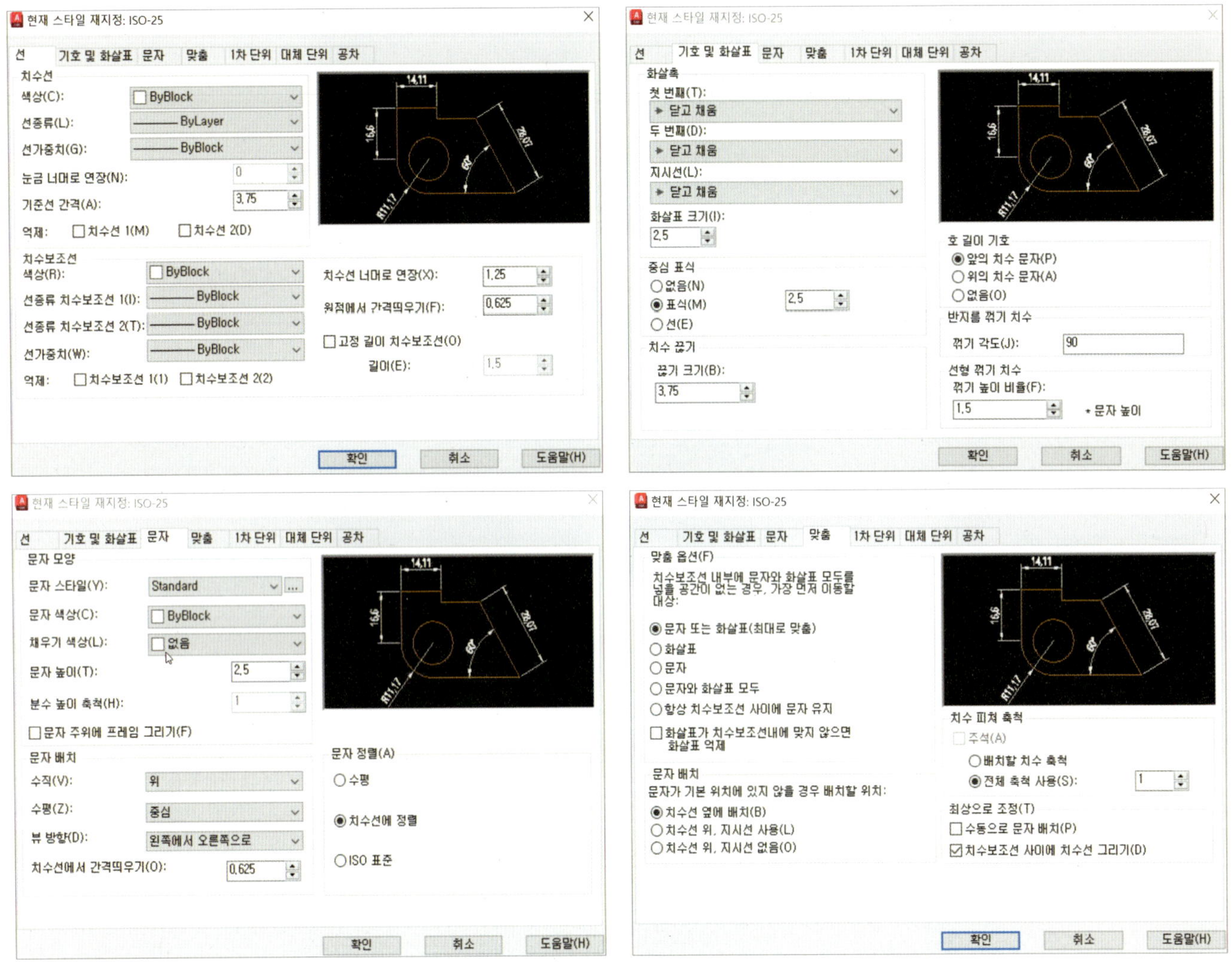

치수 스타일(DIMSTYLE) 설정창

3) 치수 기입하기

명령어	DIMLINEAR
단축키	DIMLINEAR
아이콘	

DIMLINEAR

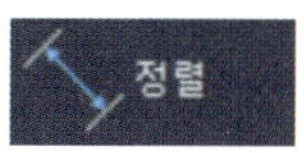

DIMALIGNED

DIMANGULAR

DIMRADIUS

DIMDIAMETER

홈 → 주석 → 치수

- 여러 형태의 치수를 자동으로 기입할 수 있다.

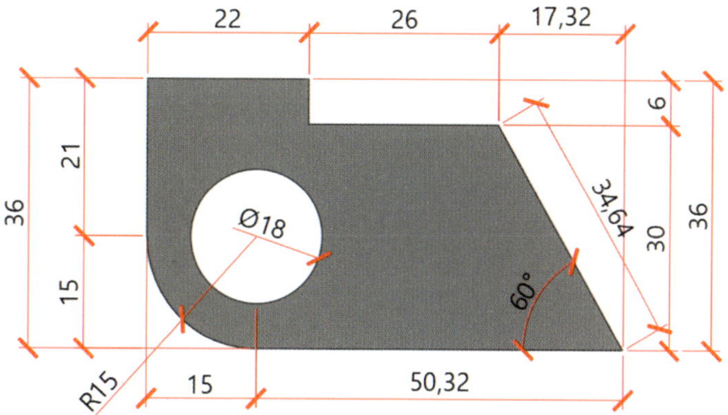

치수기입 예

- 연속입력, 기준선 입력 등 여러 확장기능을 제공한다.

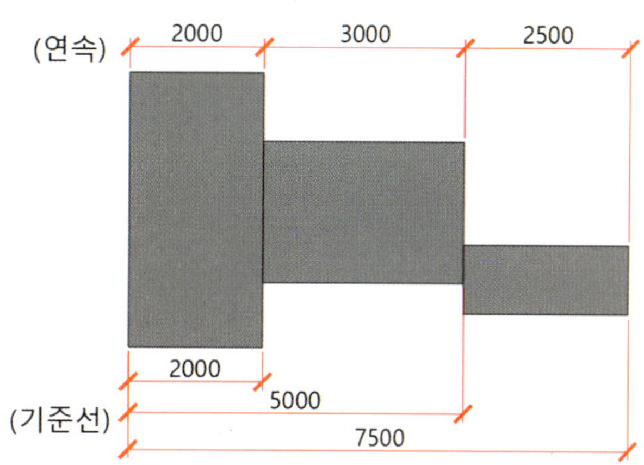

치수기입 예

(1) • 명령 입력 DIML Enter ↵

• DIMLINEAR 첫 번째 치수보조선 원점 지정 또는 <객체 선택>:

(첫번째 점 선택) 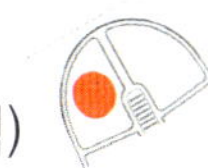

• DIMLINEAR 두 번째 치수보조선 원점 지정:

(두번째 점 선택) 

(2) • 치수선의 위치 지정 또는 DIMLINEAR [여러 줄 문자(M) 문자(T) 각도(A) 수평(H) 수직(V) 회전(R)]:

(치수선과 문자를 배치할 지점 선택) 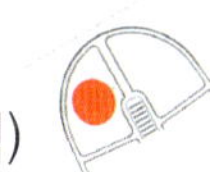

- 첫 번째와 두 번째 점 사이의 수직 또는 수평치수가 작성된다.

문자(T)	자동으로 측정, 입력되는 숫자가 아닌 별도의 문자를 입력할 수 있다.
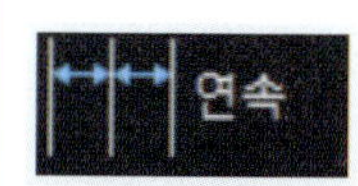 연속	선택한 치수객체의 두 번째 점에서 연속으로 치수를 입력한다.
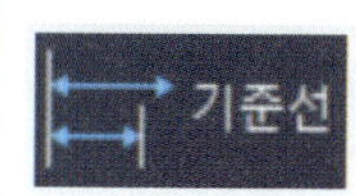 기준선	선택한 치수객체의 첫 번째 점을 기준으로 하여 치수를 입력한다.

4-2 도면층과 블록

1. 도면층(LAYER) #LAYER #트레이싱지 #켜기 #끄기 #동결, 잠금
2. 블록(BLOCK) #BLOCK #모양자 #기준점 #BEDIT #블록편집기 #신속 선택

1 도면층(LAYER)

1) 도면층(LAYER)의 이해

- 여러 겹의 투명한 종이를 겹친 것과 같다.
- 각 도면층(≃투명한 종이)의 객체는 해당 도면층의 특성을 따른다.

※ 객체마다 특성을 재지정할 수도 있다.

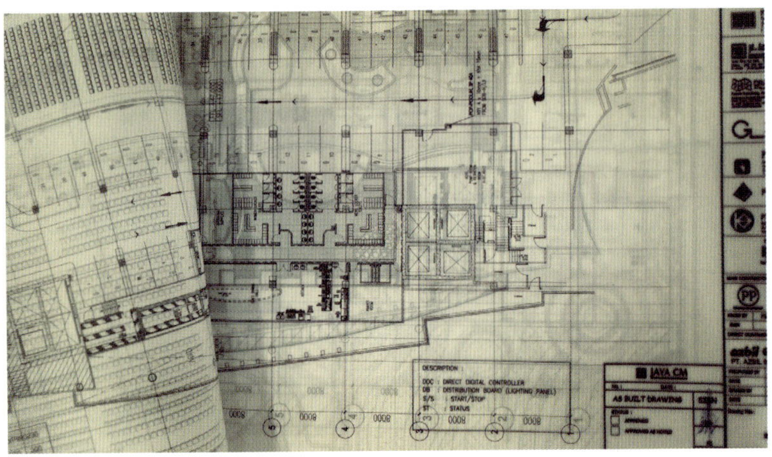

종이도면에서의 트레이싱지(Tracing Paper)

- 수작업으로 도면을 작성할 때의 트레이싱지 역할을 한다.

2) 도면층(LAYER) 특성 관리자

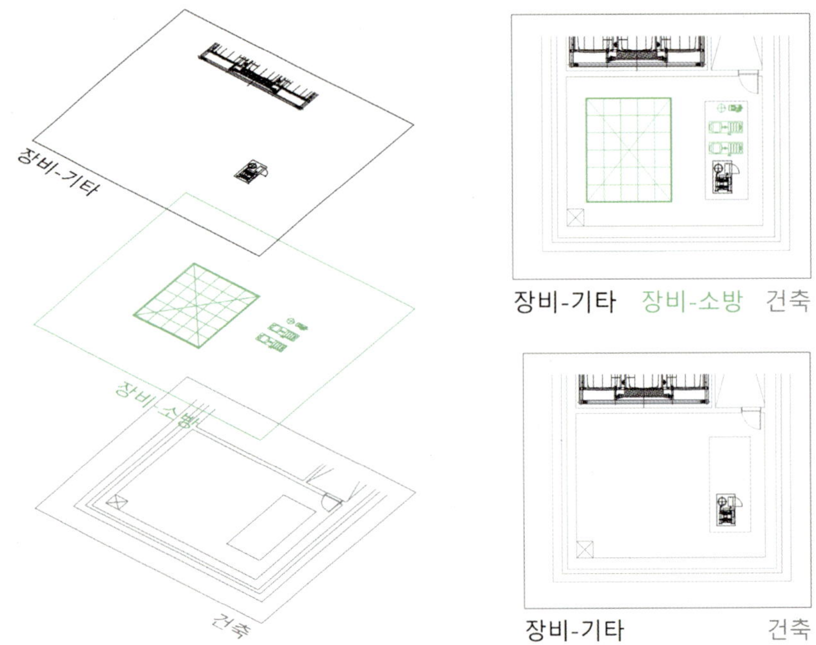

레이어(LAYER) 예

- 도면층(LAYER)을 잘 활용하면 편집하는 작업의 효율을 쉽게 높일 수 있다.

① 현재 도면층

- 현재 작업창에서 설정된 도면층의 이름을 보여준다.

② 필터

- 도면층 목록을 구분해 볼 수 있다.
- 필터 반전을 선택하면 구분에 해당하지 않는 도면층을 보여준다.

③ 상태

- 현재 도면층의 선택 여부를 보여준다.

④ 이름

- 도면층 이름을 보여준다.
- 클릭하면 정렬순서를 바꿀 수 있다(다른 항목들도 그렇다).

⑤ 켜기

- 도면에서 보여줄지(켜기) 보이지 않을지(끄기) 선택한다.

- 명령 입력 LAYER Enter ↵
- 도면층(LAYER)의 여러 특성들을 보여주고 변경할 수 있다.

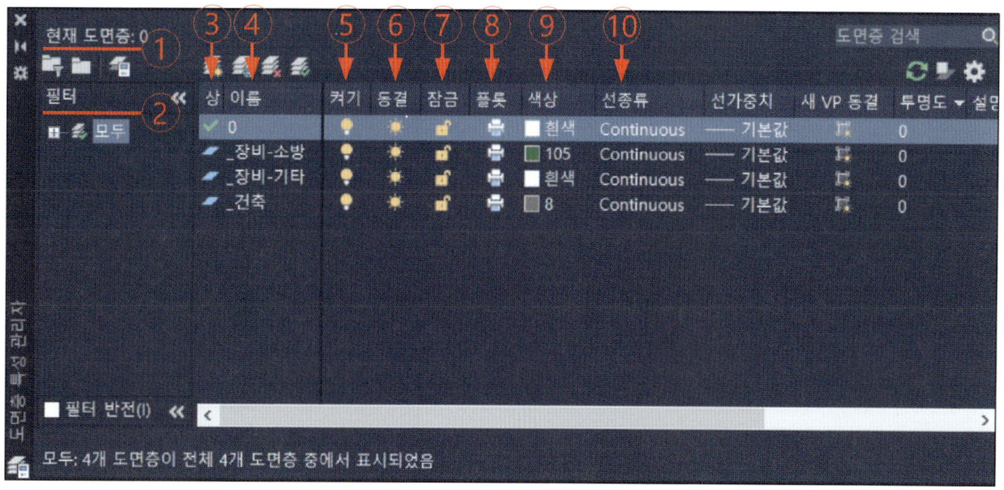

도면층(LAYER) 특성 관리자 대화창

- 도면층을 끄거나 동결하면 보이지 않는 것은 같지만 '동결'상태의 도면층은 도면에 존재하지 않는 것으로 간주되어 용량이 큰 도면의 경우에는 작업속도도 빨라진다.

구분	끄기	동결
아이콘		
가시성	보이지 않는다.	보이지 않는다.
명령 입력 ERASE Enter ↵ ERASE 객체 선택: ALL Enter ↵	지워진다.	지워지지 않는다.

⑥ 동결

- 도면층을 '동결' 가능
- 동결된 도면층은 보이지 않고 변경할 수 없다.

⑦ 잠금

- 도면층을 '잠글' 수 있다.
- 잠긴 도면층은 보이지만 변경할 수 없다.

⑧ 플롯

- 도면층의 출력 여부를 지정한다.

⑨ 색상

- 도면층에서 지정(by LAYER)된 색상을 보여준다.

⑩ 선종류

- 도면층에서 지정(by LAYER)된 선종류를 보여준다.

2 블록(BLOCK)

1) 블록(BLOCK)의 이해

- 복수의 객체들을 하나의 블록으로 묶어 사용할 수 있다.
- 블록을 수정하면 삽입되어 있는 해당 블록 모두가 재지정 된다.

※ 일괄하여 객체를 변경하고, 삽입점을 바꿀 수도 있다.

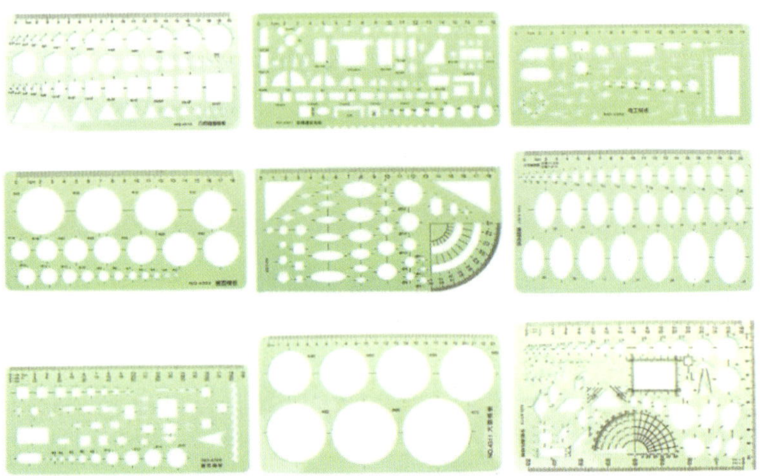

수작업에 사용되는 모양자(TAMPLATE)예

- 수작업으로 도면을 작성할 때의 모양자(TAMPLATE) 역할을 한다.

개별의 객체(313개)로 작성된 소방차

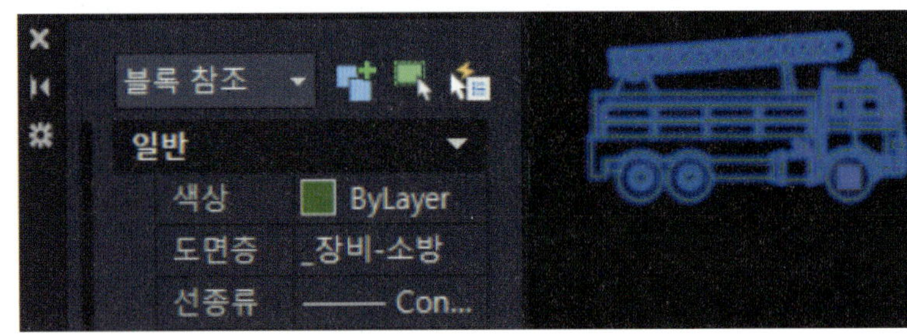

하나의 블록(BLOCK)으로 작성된 소방차

- 블록(BLOCK)을 잘 활용하면 질 높은 도면을 쉽게 작성할 수 있으며 수량을 산출할 때도 효과적으로 사용할 수 있다.

2) 블록(BLOCK) 정의

① 이름

- 블록의 이름을 정한다.
- 새로 입력하여 만들거나 기존의 이름을 선택하여 재지정 할 수 있다.

② 기준점

- 블록의 삽입점을 지정한다.
- 블록편집기 내에서는 삽입점이 원점이 된다.

③ 객체

- 블록에 포함될 객체들을 선택한다.
- 블록을 지정할 때 선택한 객체들을 유지할 것인지, 블록으로 변환할 것인지 선택할 수 있다.

- 명령 입력 BLOCK Enter ↵
블록(BLOCK)을 만들고 재지정할 수 있다.

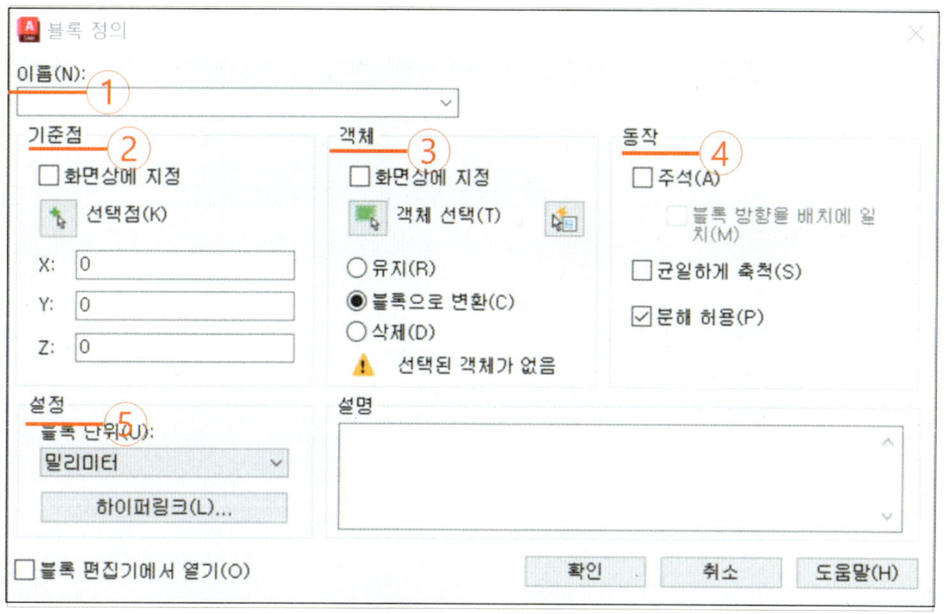

블록(BLOCK) 대화창

④ 동작

- 배치의 축척에 따라 바뀔 것인지 지정한다.
- 분해 허용을 비워두면 분해(EXPLODE) 명령에도 깨지지 않는다.

⑤ 설정

- 블록의 단위를 지정한다.
- 하이퍼링크를 삽입하고 편집할 수 있다.

3) 블록(BLOCK) 정의 편집

명령어	BEDIT
단축키	BE
아이콘	

홈 → 블록 → 블록 정의 편집

- 명령 입력 BEDIT Enter ↵
- '블록 정의 편집' 대화창이 나타난다.
- (새로 작성하려면 새로운 이름을 입력, 기존을 편집하려면 목록에서 선택) 확인
- 블록 정의 편집(BEDIT) 대화창이 나타난다.

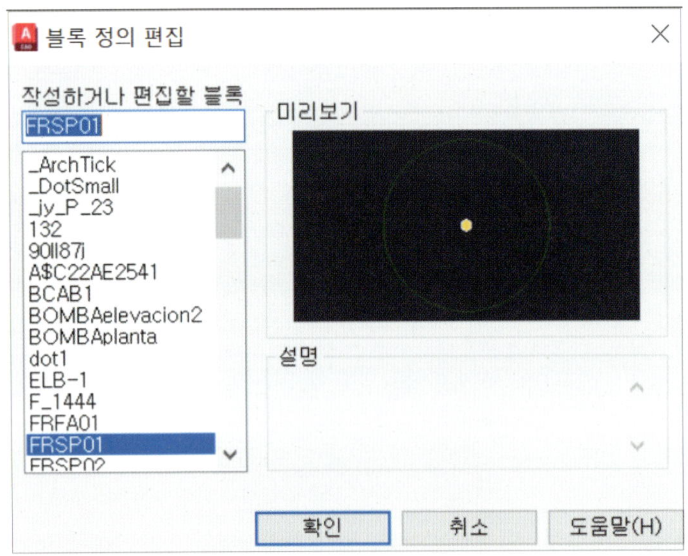

블록 정의 편집(BEDIT) 대화창

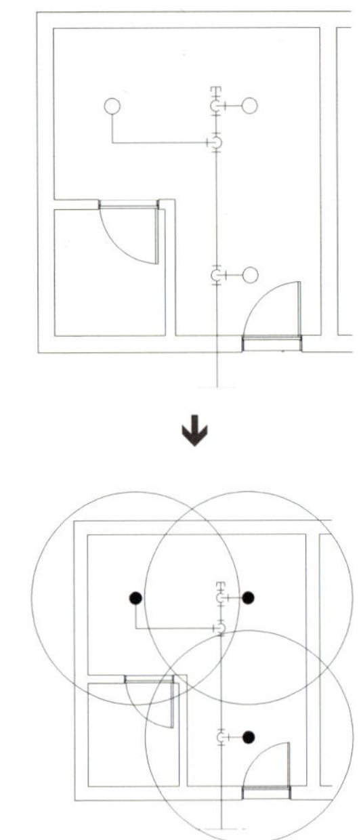

〈블록편집기 사용 예〉

- 블록을 편집, 재지정하면 도면에 삽입된 해당 블록 모두가 재지정된다.

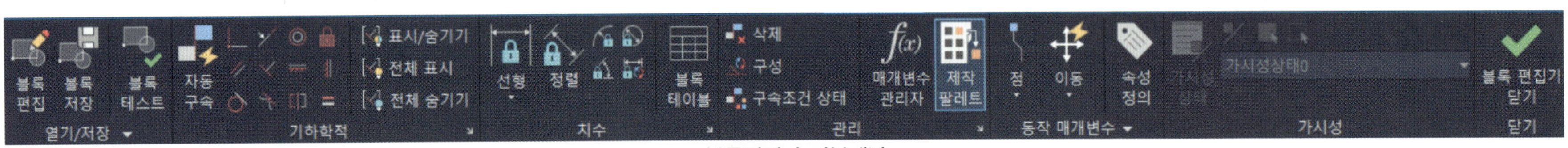

블록편집기 리본패널

- 블록편집기를 실행하면 '블록편집기 리본패널'이 나타난다.
- ☞ 기하학적 구속, 속성, 블록테이블, 동작 매개변수 등 활용기능들이 많으나 기본 기능 이외에는 소방설계에 많이 사용되지 않아 생략한다.

4) 신속 선택(QSELECT)

① 적용 위치

- 적용 범위를 도면 전체, 또는 선택한 객체들로 할 것인지 선택할 수 있다.

② 객체 유형

- 다중 : 모든 유형의 객체 중에서 검색한다.
- 현재 도면에 포함된 객체들의 유형을 모두 보여준다.

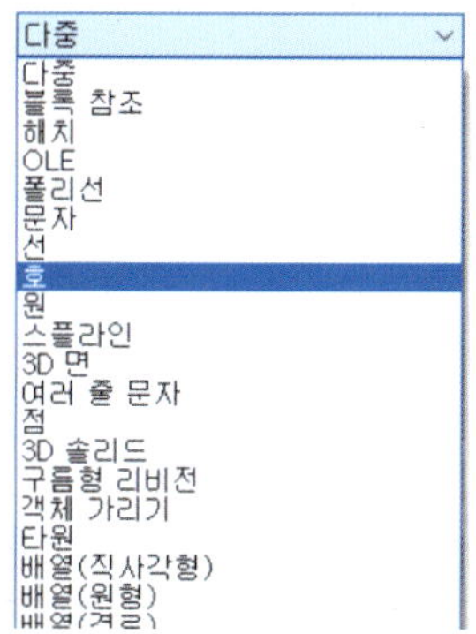

③ 특성

- 골라낼 기준이 되는 특성 항목을 선택한다.

④ 연산자 및 값

- 조건이 되는 값과 그에 비교하는 기준이 되는 연산기준을 선택한다.

객체 유형	특성	연산자	값
선	길이	작음	10

신속 선택 예

- 길이가 10보다 작은 선을 모두 선택한다.

- 명령 입력 QSE Enter ↵
- 신속 선택(QSELECT) 대화창이 나타난다.

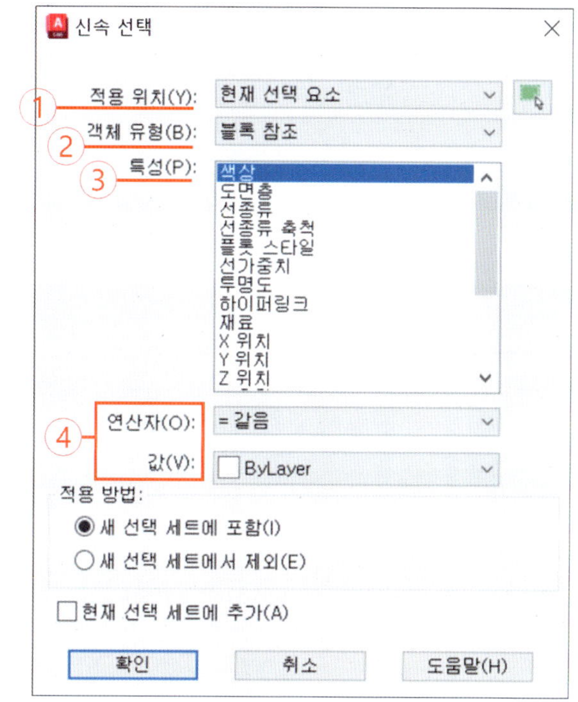

신속 선택(QSELECT) 대화창

- 동일한 조건의 객체를 검색해서 일괄적으로 선택한다.
- 많은 객체를 동시에 편집하거나 수량을 셀 때 유용하다.

4-3 화면녹화 실습

YouTube 첫걸음 소방CAD

1 문자

2 치수

3 도면층(LAYER)

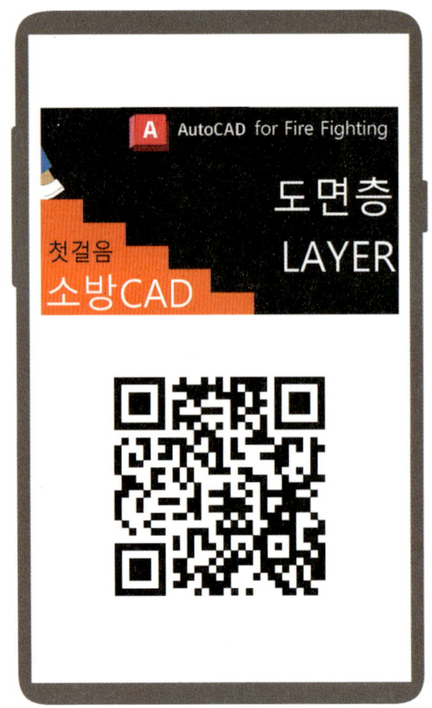

4 블록(BLOCK)

연습문제

01 다음 중 분해(EXPLODE)되지 않는 객체는 무엇인가?

① 여러줄 문자(MTEXT) ② 단일행 문자(TEXT)
③ 선형 치수(DIMLINEAR) ④ 정렬 치수(DIMALIGNED)

정답 ②
해설 단일행 문자(TEXT)는 분해(EXPLODE)되지 않는다.

02 도면층(LAYER) 특성 중에서 도면에 보이기는 하지만 편집할 수 없도록 하는 설정은 무엇인가?

① 켜기 ② 동결
③ 끄기 ④ 잠금

정답 ④
해설 잠긴 도면층은 도면에 보이기는 하지만 변경할 수 없다.

03 신속 선택(QSELECT) 작업을 가장 옳게 설명한 것은?

① 도면의 오류들을 골라낸다.
② 조건과 연산기준이 맞는 지정한 유형의 객체들을 골라낸다.
③ 도면에서 마우스로 직접 클릭하여 빠르게 선택할 수 있다.
④ 선택된 객체들을 보여주기만 하고 수정할 수는 없다.

정답 ②
해설 조건과 연산기준에 맞는 객체들을 신속히 선택하여 조회하거나 수정할 수 있다.

학습정리

01 문자

1) AutoCAD는 트루타입 및 SHX 글꼴을 지원한다.
2) 트루타입 글꼴 저장위치는 C:/WINDOWS/FONTS 폴더이다.
3) SHX 글꼴 저장위치는 C:/PROGRAM FILES/AUTODESK/AutoCAD 2023/FONT 폴더이다.
4) 문자 스타일(STYLE)을 사용하면 문자의 글꼴과 굵기와 모양을 도면마다 여러 가지로 지정할 수 있다.
5) 단일행 문자(TEXT)는 입력된 문자행을 화면에 표시한다.
6) 여러줄 문자(MTEXT)는 입력된 문단을 한 객체로 도면에 표시한다.

02 치수

1) DIMLINEAR로 선형치수를, DIMALIGNED로 객체에 정렬된 치수를 자동으로 기입한다.
2) DIMANGULAR로 각도 치수를, DIMRADIUS로 반지름 치수를 자동으로 기입한다.
3) 연속치수는 선택한 치수 객체의 두 번째 점 이후부터 연속으로 치수를 기입한다.
4) 기준선치수는 선택한 치수 객체의 첫 번째 점을 기준으로 하여 치수를 기입한다.

03 도면층(LAYER)

1) 여러겹의 투명한 종이를 겹친것과 같다.
2) 각 도면층(≃투명한 종이)의 객체는 해당 도면층의 특성을 따른다.
3) 도면층을 끄면 화면에서 보이지는 않지만 삭제할 수 있다.
4) 도면층을 동결하면 화면에서 보이지도 않고 삭제할 수도 없다.
5) 도면층을 잠그면 화면에서 보이더라도 삭제할 수 없다.

04 블록(BLOCK)

1) 복수의 객체들을 하나의 블록으로 묶어서 사용할 수 있다.
2) 블록을 수정하면 삽입되어 있는 해당 블록 모두가 재지정 된다.
3) 신속 선택(QSELECT)을 사용하면 지정조건의 객체를 검색해서 일괄로 편집하거나 수량을 셀 수 있다.

CHAPTER 05

투상도

학습목표

1. 제도와 관련한 KS 기준들을 알고 작업에 반영할 수 있다.
2. 투상법을 이해하여 대상물을 명확히 표현할 수 있다.
3. 배치를 이해하고 화면녹화로 실습하여 활용할 수 있다.

학습목차

복습점검

문제 1. 여러 줄 문자를 분해하면 자음 및 모음 단위로 분해된다.

정답 ×

해설 여러 줄 문자를 분해하면 행마다의 '단일행 문자'로 분해되며 더 이상 분해할 수 없다.

문제 2. 도면층(LAYER)을 동결하면 보이지 않고 편집할 수도 없다.

정답 ○

해설 도면층을 동결하거나 잠그면 편집할 수 없고 끄거나 동결하면 화면에 보이지 않는다.

문제 3. 신속 선택(QSELECT)을 사용하면 조건과 연산기준에 맞는 지정한 유형의 객체들을 자동으로 선택할 수 있다.

정답 ○

해설 여러 조건을 구분해 지정해 주면 수많은 객체를 한꺼번에 자동으로 선택할 수 있다.

5-1 제도 KS

1. 제도관련 KS #KS #국가표준 #한국산업표준 #소방CAD, 국제표준
2. 건축제도 통칙(KS F 1501) #건축제도 통칙 #KS F 1501 #제도용지 #투상법 #척도 #실선 #점선 #1점 쇄선 #2점 쇄선
3. 건축CAD KS #KS F 1540 #분야코드 #레이어 #건설전문분야 #중분류 코드

1 제도관련 KS

1) KS(Korean Industrial Standards)

- 국가표준이란 국가사회의 모든 분야에서 정확성, 합리성 및 국제성을 높이기 위해 규정하는 표준이다.
- 우리나라의 산업분야에는 한국산업표준(KS)이 있다.
- 국제표준과 대응되는 표준의 경우 부합화하여 운영한다.

분류	부문	분류	부문
A	기본	F	건설
B	기계	V	조선
C	전기	W	항공우주

한국산업표준(KS)의 주요 대분류

2) 소방CAD와 관련된 한국산업표준

표준번호	표준명
KS F 1501	건축제도 통칙
KS F 1540	CAD 도면작성 원칙과 기준
KS F 1541	CAD 도면작성을 위한 포맷과 원칙
KS F 1542	CAD 도면작성을 위한 레이어 원칙과 기준

소방CAD와 관련된 한국산업표준 (출처 : e나라 표준인증)

- 정해진 표준을 따르는 것이 중요하나 소방CAD에서 관련 표준을 모두 따르기에는 합리성이 많이 부족하다.
- 표준의 개발이 더욱 현실화되기를 기대하면서 관련 표준에서 중요한 항목들만 일부 정리한다.

2 건축제도 통칙(KS F 1501)

1) 적용범위

- 건축 및 건축 구성재의 제도에서 공통 또는 기본적인 사항에 대하여 규정한다.
- CAD를 이용한 제도는 KS F 1540, 1541, 1542에 따른다.

2) 도면의 크기

- 제도용지의 크기는 A0~A6를 사용한다.
- 도면의 방향은 장변을 좌우로 놓는 것을 정위치로 한다.
- 접은 도면의 크기는 A4의 크기를 원칙으로 한다.
- 길이의 단위는 밀리미터(mm)를 기본으로 한다.

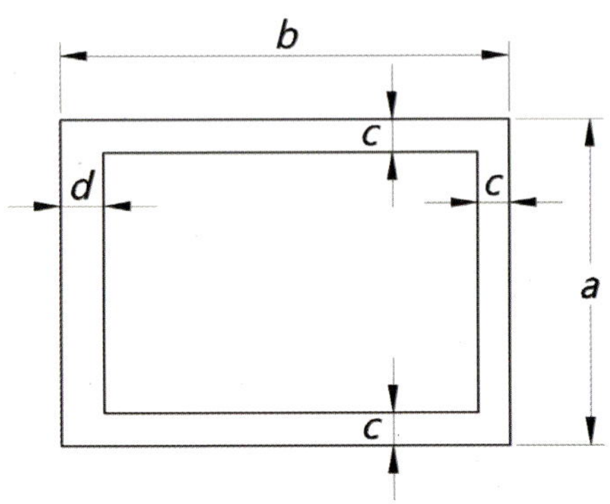

제도지 예 (출처 : KS F 1501 건축제도 통칙)

[단위: mm]

제도지의 치수		A0	A1	A2	A3	A4
a x b		841 x1 189	594 x841	420 x594	297 x420	210 x297
c (최소)		10	10	10	5	5
d(최소)	묶지 않음	10	10	10	5	5
	묶음	25	25	25	25	25

도면의 여백 (출처 : KS F 1501 건축제도 통칙)

3) 투상법

- 투상법은 제3각법으로 작도함을 원칙으로 한다.
  - 투상법은 다음 교시에서 자세하게 다루기로 한다.

4) 도면의 방향

- 평면도, 배치도 등은 북쪽을 위로 하는 것이 원칙이다.
- 입면도, 단면도 등은 도면과 위아래 방향을 일치시킨다.

5) 척도

- 도면에는 척도를 기입한다.
- 그림의 형태가 치수에 비례하지 않을 때는 'NS(No-Scale)'로 표시한다.

6) 선

- 선의 종류 및 사용법은 아래에 따른다.

선의 종류		사용 방법(보기)
실선		단면의 윤곽
		보이는 부분의 윤곽 좁거나 작은 단면의 윤곽
		치수선, 치수보조선, 인출선, 격자선
점선		보이지 않는 부분
1점 쇄선		중심선, 절단선, 기준선, 경계선, 참고선
2점 쇄선		상상선 또는 1점 쇄선과 구분할 때

(출처 : KS F 1501 건축제도 통칙)

- 필요에 따라 이외의 선을 사용할 수 있다.

7) 글자

- 문장은 가로쓰기를 원칙으로 한다.
- 숫자는 아라비아 숫자를 원칙으로 한다.
- 글자체는 수직 또는 15° 경사의 고딕체로 쓰는 것을 원칙으로 한다.
- 4자리 이상의 수는 3자리마다 휴지부를 찍거나 간격을 둠을 원칙으로 한다.

3 건축CAD KS

1) CAD 도면작성 원칙과 기준

- KS F 1540에서 정한다.
- 건설 CAD 도면을 작성하기 위한 원칙과 기준에 대하여 규정한다.
- 도면의 분야 코드는 다음과 같다.

코드	분야	코드	분야
A	건축(Architecture)	R	실내 건축(interior)
C	토목(Civil)	S	구조(Structural)
E	전기 설비(Electrical)	V	측량(Survey/Mapping)
G	지리 정보(GIS)	T	통신 설비 (Telecommunications)
L	조경(Landscape)	X	기타(other disciplines)
M	기계 설비(Mechanical)	Z	일반(general)

(출처 : KS F 1540 CAD 도면작성 원칙과 기준)

2) CAD 도면 작성을 위한 포맷과 원칙

- KS F 1541에서 정한다.
- 건설 CAD 도면을 작성하기 위한 항목별 개념과 포맷의 기본원칙에 대하여 규정한다.
  - 기타 내용들은 건축제도 통칙(KS F 1501)과 유사하다.

3) CAD 도면작성을 위한 레이어 원칙과 기준

- KS F 1542에서 정한다.

- 건설 CAD 도면을 작성하기 위한 레이어 원칙과 기준에 대하여 규정한다.
- 건설전문분야의 중분류는 다음과 같다.

건설전문분야	중분류 코드	
공통	Z : 일반	S : 구조물도
	R : 종단면도	C : 횡단면도
	L : 용지도	X : 기타
토목	V : 측량 및 토질	A : 기하구조
	E : 토공	F : 토목시설
	D : 우배수공	W : 상수도공
	N : 하수도공	P : 포장공
	M : 부대공	H : 항만시설
	K : 궤도	
건축	A : 건축	
기계 설비	H : 공기조화 시스템	B : 위생설비
	F : 소방설비	M : 기타설비
전기 설비	D : 배전설비	F : 소방전기
	T : 송변전설비	N : 전차선
	G : 신호설비	O : 원격 및 자동제어
통신설비	T : 통신설비	N : 통신선로
	I : 정보화 및 자동화설비	B : 방송 및 수신
	D : 방재 및 보안	
조경	P : 조경계획	

(출처 : KS F 1542 CAD 도면작성을 위한 레이어 원칙과 기준)

- 레이어 구성 원칙은 국제기준에 맞도록 ISO 13567을 수용하였다.
  - 소방CAD와 관련한 기준을 일부만 요약하였다.
  - 모든 기준을 적극적으로 따르는 것이 현재로서는 무의미하지만 지속적으로 합리화, 정량화되어가고 있으므로 당장은 따르지 않더라도 어떤 규정이 있는지는 알아 두어야 하겠다.

5-2 투상법

1. 투상법의 이해 #투상법 #Projection #3각(정투상)법 #등각투상법 #투시투상법
2. 평행투상과 투시투상 #평행투상 #투시투상 #투상선 #투상면 #투시도법 #소실점 #원근감
3. 사투상과 축측투상 #사투상도 #축측투상도 #등각투상도 #부등각투상도
4. 정투상 #입화면 #측화면 #평화면 #정면도 #배면도 #평면도 #저면도 #좌측면도 #우측면도 #1각투상법 #3각투상법

1 투상법의 이해

1) 정의

- 투상법(Projection)은 입체를 평면에 표현하는 방법이다.
- 적합한 투상법을 선택하여 투상도를 정확히 그리면 평면도로도 입체인 대상물을 충분히 표현해낼 수 있다.

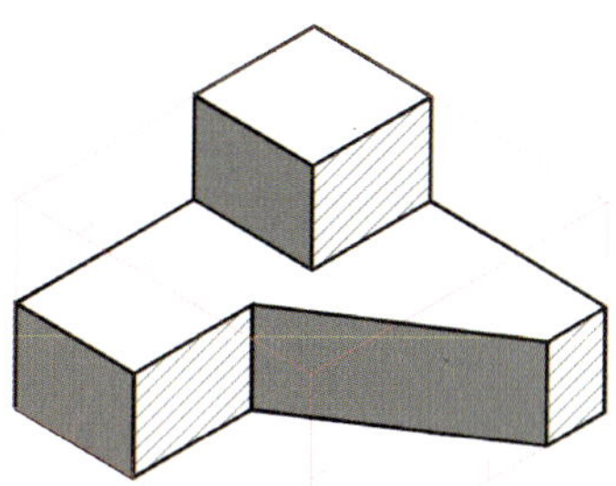

투상도 예

- 따라서 투상법을 이해하고 대상물에 적절한 투상법을 선택하여 정확히 작성한다면 사물을 도면에 표현하는데 곤란함이 없게 된다.

2) 종류

- 투상법의 종류는 평면에 투상하는 방법이나 도면을 작성하는 기준에 따라 나뉜다.

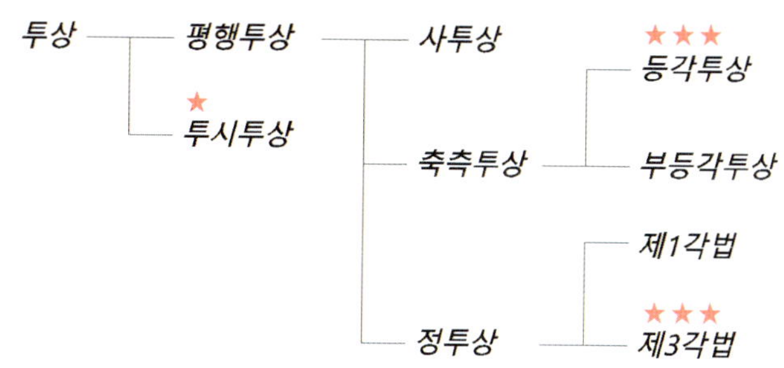

투상법의 종류

- 소방시설을 설계할 때는 3각(정투상)법을 주로 사용하게 되며, 입체도를 작성할 때는 등각투상법, 투시투상법을 주로 사용한다.

2 평행투상과 투시투상

1) 평행투상

- 투상선은 거리에 관계없이 평행하다.
- 투상면과 투상체의 거리와 무관하게 투상도는 일정하다.

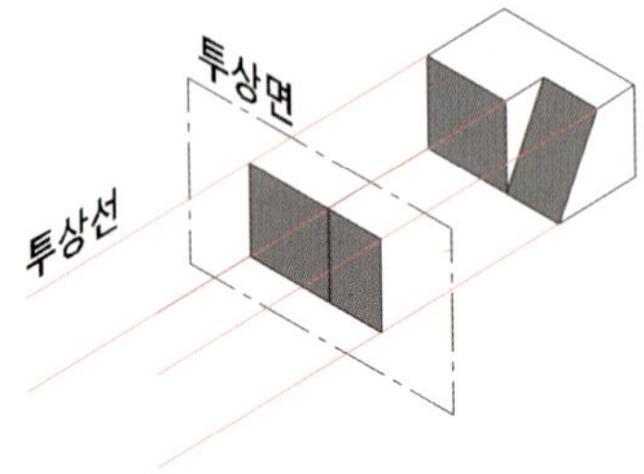

평행투상 예

- 축척을 적용한다면 대상물을 변형 없이 표현할 수 있어 실물 설계 시에 많이 사용한다.
- 투상법에 따라 특정 면을 강조하기 위해 고의의 변형이 있기도 하다.

2) 투시투상

- 투상선은 정점과 물체의 각 점을 연결한다.

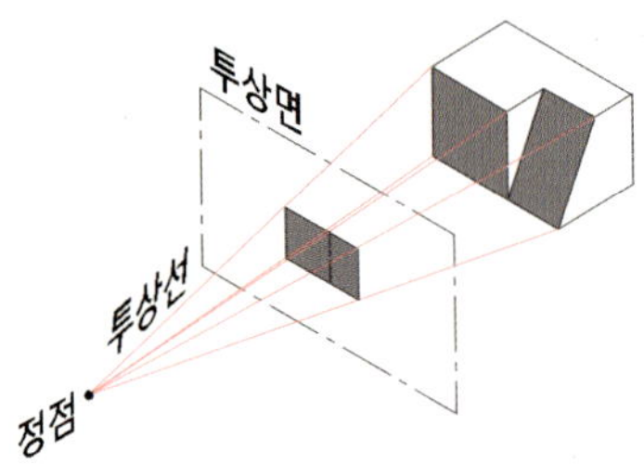

투시투상 예

- 정점, 투상면과 투상체의 거리에 따라 투상도는 달라지게 된다.
- 원근감이 표현되므로 조감도, 도로, 교량 등 대형의 대상물을 표현할 때 많이 사용한다.

3) 투시도법

- 한 점 이상의 소실점(사라지는 점)으로 모이는 선들을 따라 그린다.
- 물체의 원근감을 실감나게 표현할 수 있다.
- 소실점의 개수에 따라 1점, 2점 또는 3점 투시도가 된다.

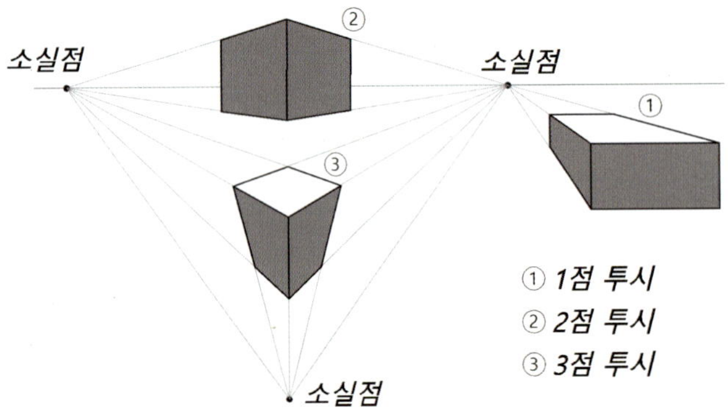

1점, 2점 및 3점 투시 예

- 3점 투시도는 원근법에 높이의 왜곡까지 더할 수 있다.

3 사투상과 축측투상

1) 사투상도

- 정면도는 실제 모습대로 유지하고 평면도, 측면도를 경사지게 그린 투상도이다.

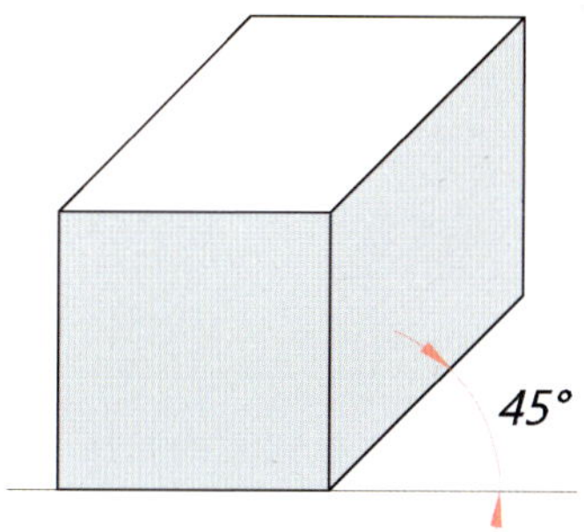

사투상도 예

- 측면의 경사각은 30, 45, 60° 등으로 정한다.
- 주로 강조하고 싶은 면을 정면으로 한다.
- 측면의 길이는 정면의 길이에 비해 일정비율로 줄이기도 한다.

2) 축측투상도

- 정면도, 평면도, 측면도를 3개의 축으로 그린 투상도이다.

(1) 등각투상도

- 3개의 축은 각각 사잇각을 120°로 한다.
- 길이에 손실이 없이 표현할 수 있고 실물에 가깝게 보이게 되므로 입체도를 그릴 때 가장 많이 사용한다.

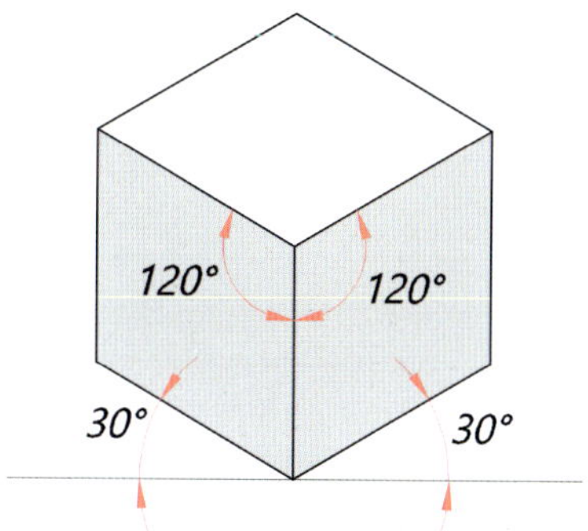

등각 투상도 예

(2) 부등각 투상도

- 세로축을 제외한 2개의 가로축들이 수평선과 이루는 사잇각을 서로 다르게 그린다.

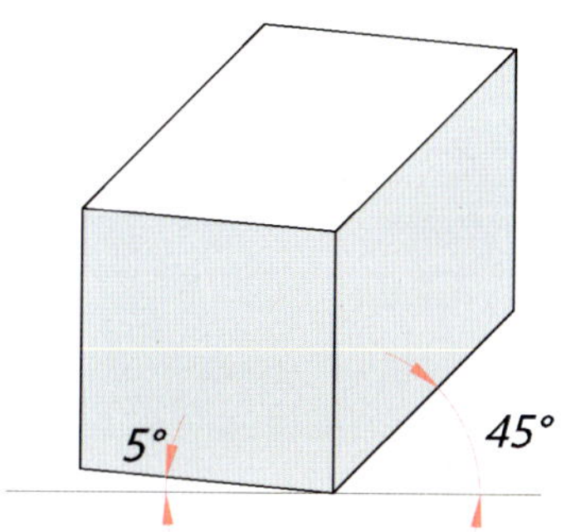

부등각 투상도 예

- 강조하고 싶은 면이 있을 때 사용한다.
- 측면의 길이는 일정 비율로 줄이기도 한다.

4 정투상

1) 정의

- 직교하는 3개의 투상면(=입화면, 측화면, 평화면) 중간에 대상물을 두고 화면에 투상되는 모양을 그린다.
- 평행투상이고 변형이 없으므로 물체의 형상을 정확하게 표현한다.

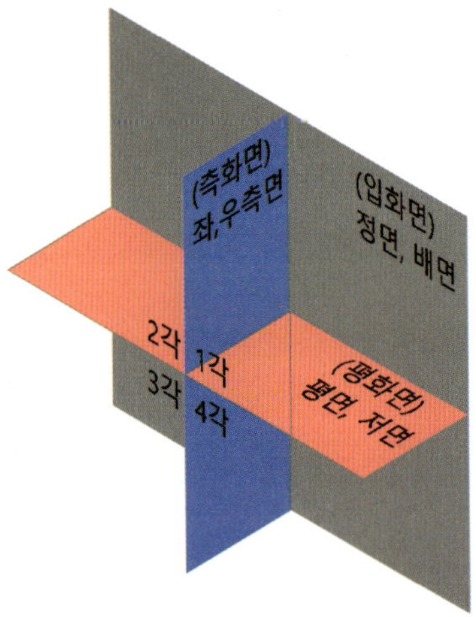

직교하는 3개의 투상면

- 한 방향에서의 투상도는 다른 면의 형태를 모두 표현할 수 없다.
- 3개의 화면을 대상물의 양쪽으로 두어 총 6방향에서의 투상도를 만들면 복잡한 외형이라도 표현해낼 수 있게 된다.

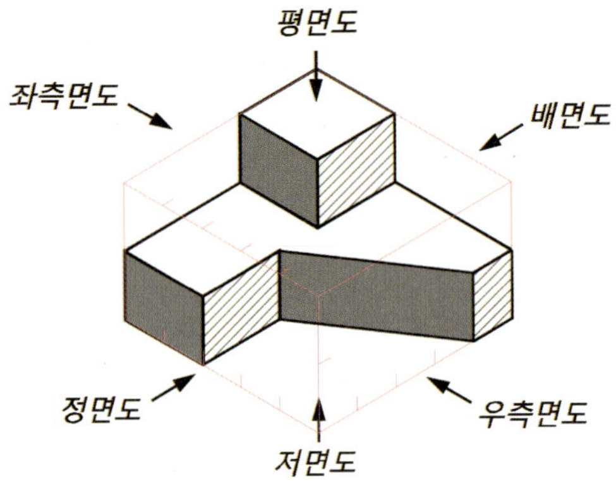

6 방향에서의 투상도

화면	명칭	영문
입화면	정면도	FRONT VIEW
	배면도	REAR VIEW
평화면	평면도	TOP VIEW
	저면도	BOTTOM VIEW
측화면	우측면도	RIGHT SIDE VIEW
	좌측면도	LEFT SIDE VIEW

- 대상물에 따라 형태를 모두 표현할 수 있다면 불필요한 투상도를 일부 생략한다.

2) 투상도 작업 기준

- 최적의 정면 방향을 결정한다.
- 대상물의 이해에 오류가 우려되는 방향은 모두 표현한다.

3) 1각투상법

- 투상면을 물체의 뒤에 놓는다.
- 투상면 ← 대상물 ← 눈
- 정면도의 아래쪽에 평면도를, 좌측에는 우측면도를 둔다.
- 3각투상법과 비교하면 측화면과 평화면에 맺히는 투상도는 위치가 반대가 된다.
- 투상도를 배치하는 순서가 다를 뿐 도면이 달라지지는 않는다.

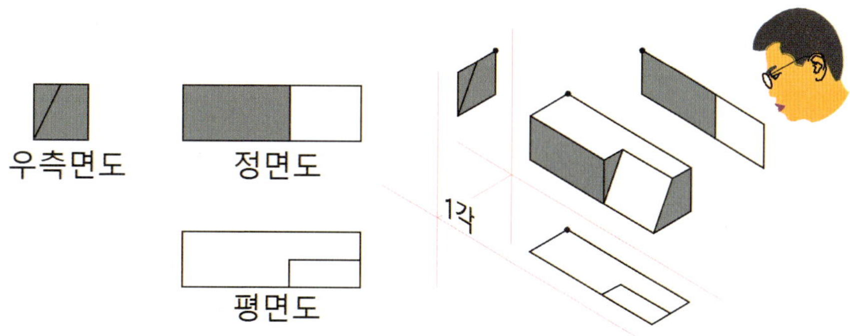

1각투상법 예

4) 3각투상법

- 투상면을 물체의 앞에 놓는다.
- 대상물 ← 투상면 ← 눈
- 정면도의 위쪽에는 평면도 우측에는 우측면도를 그린다.
- 전개도와 같이 도면의 배치가 직관적이고 치수기입이 편리하다.
- 도면을 입체로 작성할 때는 3각투상법을 원칙으로 한다.
- 투상도의 배치가 직관적인 3각법이 가장 많이 사용된다.

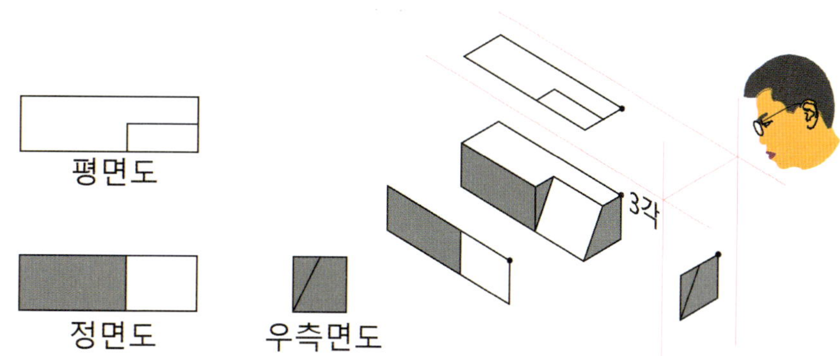

3각투상법 예

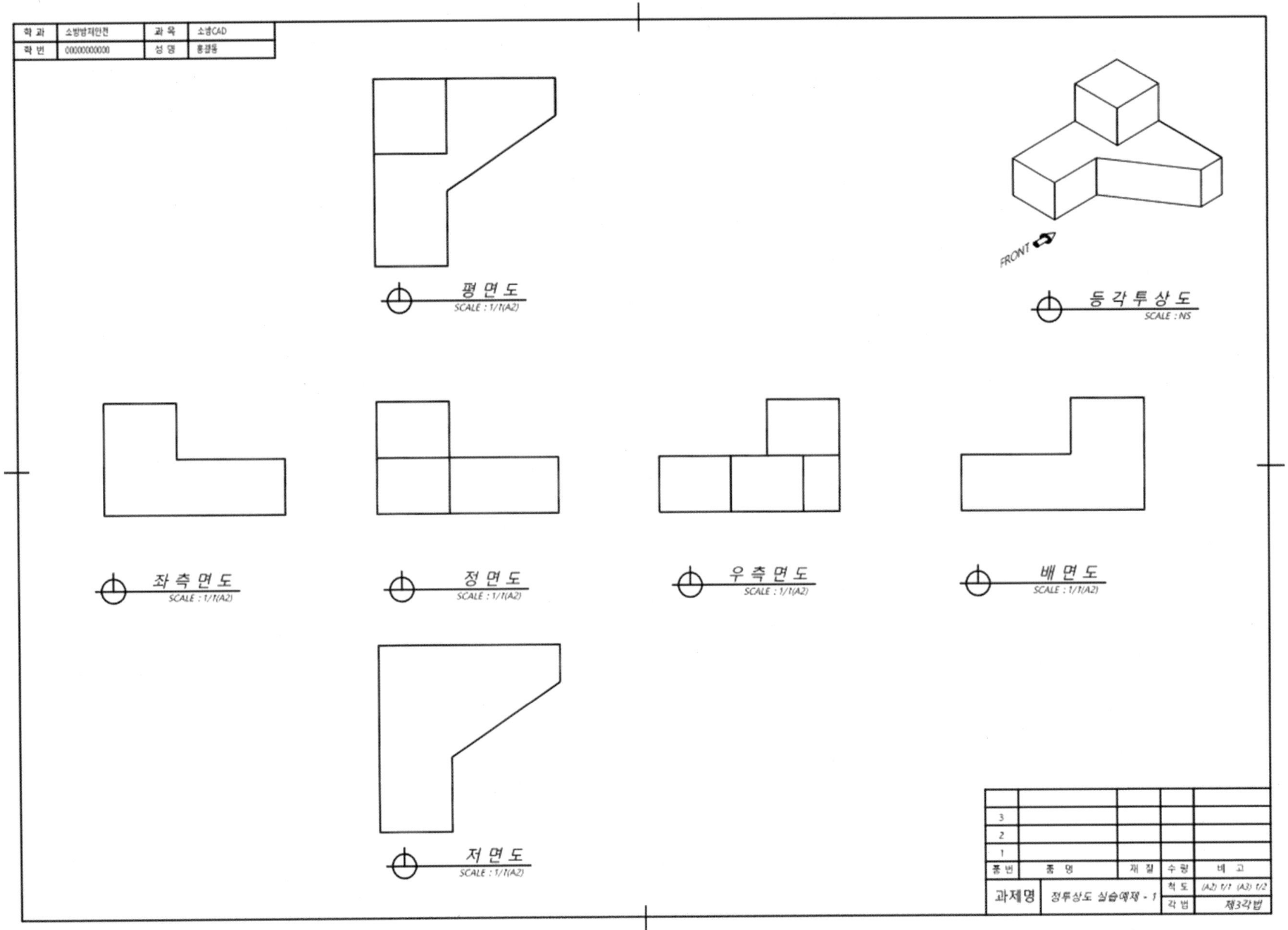
학 과
소방방재안전
과 목
소방CAD
학 번
00000000000
성 명
홍길동
평 면 도
SCALE : 1/1(A2)
FRONT
등 각 투 상 도
SCALE : NS
좌 측 면 도
SCALE : 1/1(A2)
정 면 도
SCALE : 1/1(A2)
우 측 면 도
SCALE : 1/1(A2)
배 면 도
SCALE : 1/1(A2)
저 면 도
SCALE : 1/1(A2)
3
2
1
품 번
품 명
재 질
수 량
비 고
과제명
정투상도 실습예제 - 1
척 도
(A2) 1/1 (A3) 1/2
각 법
제3각법

3각투상법 예

5-3 배치와 플롯

1. 배치와 뷰포트 #모형 #model #배치 #batch #모형탭 #배치탭 #뷰포트
2. 플롯(PLOT) #플롯 #PLOT #제도판 #플로터 #태블릿 #출력

1 배치와 뷰포트

1) 개요

- AutoCAD 도면은 모형(model)공간과 배치(batch)공간을 가진다.
- 작업화면 아래의 탭으로 쉽게 이동할 수 있다.

모형탭과 배치탭

- 모형공간은 반드시 하나이고 배치공간은 삽입, 복사, 삭제 및 편집이 가능하다.

2) 활용

- 배치공간의 뷰포트를 통해서 모형탭을 들여다볼 수 있다.
- 뷰포트마다 모형을 들여다보는 범위, 각도, 축척, 레이어 제어 등을 자유롭게 설정할 수 있다.
- 배치마다 출력(PLOT)설정을 지정할 수 있어 도면세트를 만들 수 있다.
- 배치에서 뷰포트를 활용하면 입체인 대상물의 투상도를 쉽게 작성할 수 있다.

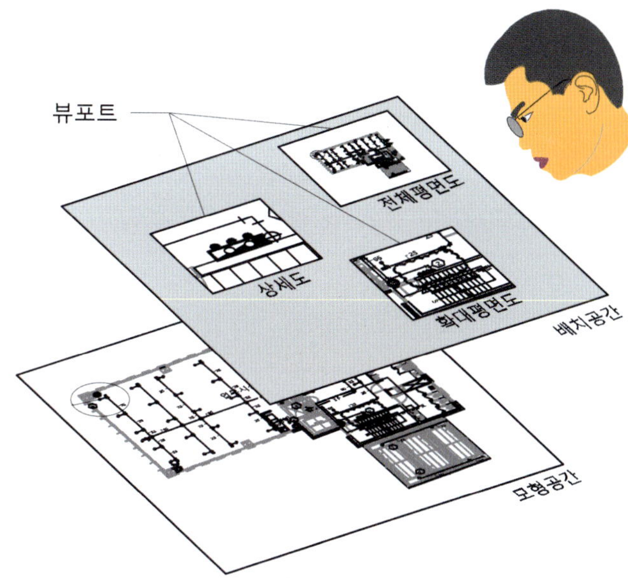

배치 활용 예

2 플롯(PLOT)

1) 플롯장치의 변천

- 필자가 첫 현장에 출근했을 때(1998년) 현장사무실 구석에는 제도판이 서 있었다.
- 하지만 엔지니어들은 더 빠르고 더 편리한, 그래서 더 비싼 플로터를 선망했었다.
- 지금은 설계사무소 구석에 그 플로터를 세워둔다.
- CAD 파일을 혹은 PDF 파일을 메일로 보낸다. 간단한 출력은 프린터를 쓰고 외근이 있다면 태블릿을 들고 나가면 되니 그렇다.
- 시대마다 모든 장치를 다 갖추고 모든 기능을 다 알아야 하는 것은 아니다. 요긴한 것들만 갖추고 알아두면 될 일이다.

2) 알아둘 것

- AutoCAD에서 배치(batch)를 이용하면 여러 장의 도면을 축척에 맞게 일괄하여 출력할 수 있다.
- 하지만, 직관적이지 않고 복잡한 설정이 필요해서 협업이 중시되는 실무에서는 거의 사용하지 않고 있다.
- 실무에서 알아둘 것은 여러 도면을 하나의 파일에 묶어 두었을 때 한 장씩 출력하는 방법이다.
- 정확한 축척을 적용해야 하고 설계 의도에 맞는 플롯 스타일(ctb)을 써서 읽기 편한 도면을 만들어 낼 줄 알아야겠다.

제도판

펜 플로터

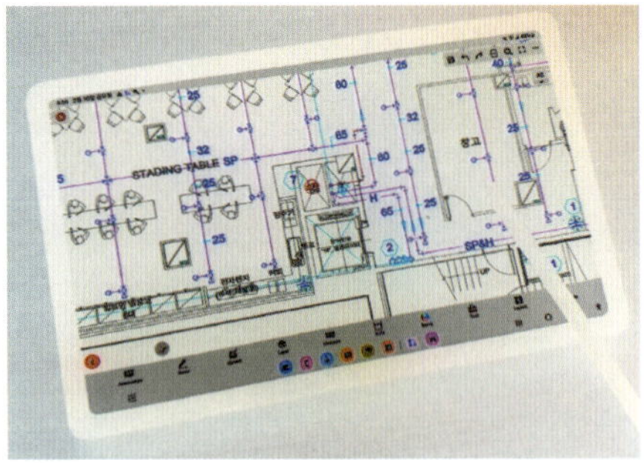

태블릿 PC

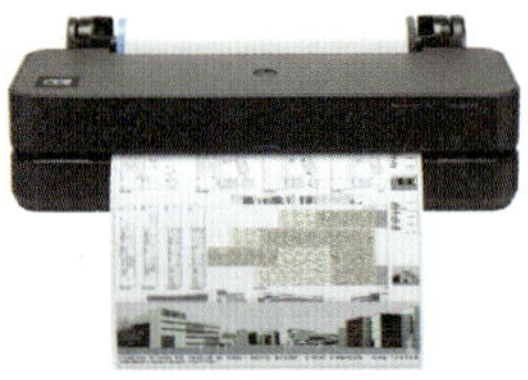

레이저 프린터

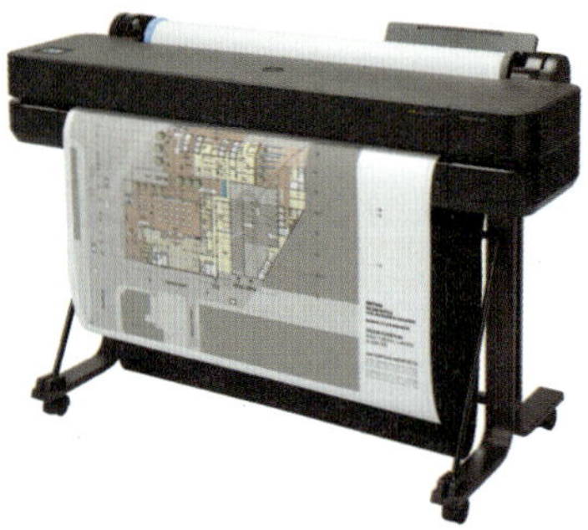

잉크젯 플로터

3) 플롯(PLOT) 하기

① 프린터/플로터

- 출력장치를 선택한다.
- 컴퓨터에 설치된 프린터, 플로터와 윈도우 및 캐드 프로그램에서 지원하는 가상프린터를 사용할 수 있다.

② 용지 크기

- 선택한 출력장치에서 지원하는 용지 크기를 선택한다.

③ 플롯 대상

- 파일 안에서 출력할 영역을 선택한다.
- '윈도우'로 대각의 두 점을 선택해서 한 장의 도면을 출력할 수 있다.

④ 플롯의 중심

- 선택하면 쏠림 없이 여백을 고르게 출력할 수 있다.

- 명령 입력 PLOT Enter ↵

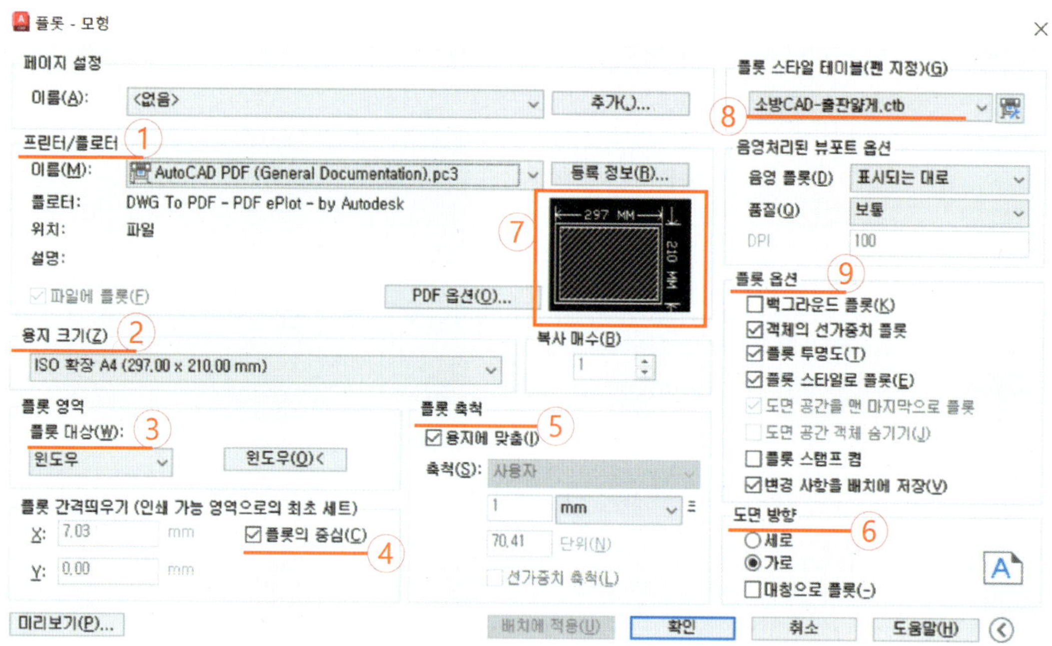

플롯(PLOT) 대화창

⑤ 플롯 축척

- 출력에 적용할 축척을 적는다.
- '용지에 맞춤'을 선택하면 정확한 축척을 가늠할 수 있다.

⑥ 도면 방향

가로, 세로를 선택한다.

⑦ 미리보기 창

플롯 영역과 용지 크기를 여백으로 확인한다.

⑧ 플롯 스타일

- 다음 쪽에서 자세히 설명한다.

⑨ 플롯 옵션

- '플롯 투명도'를 선택하면 객체의 지정된 투명도를 출력할 수 있다.
- '변경 사항을 배치에 저장'을 선택하면 출력할 때마다의 설정을 기억한다.

⑧ 플롯 스타일 테이블(펜지정)

- 저장된 플롯 스타일을 선택한다.
- 을 클릭하면 플롯 스타일을 편집하거나 새로 만들 수 있다.

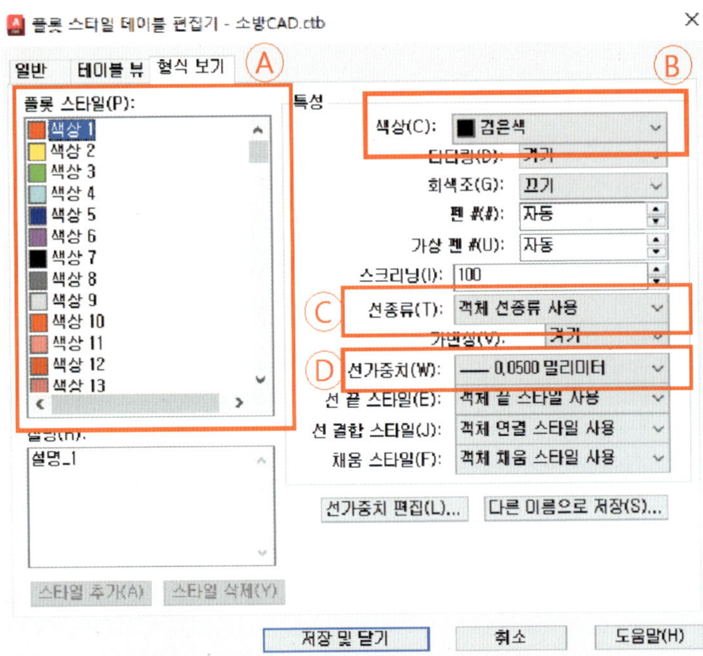

플롯 스타일 테이블 편집기

Ⓐ 도면의 객체가 보여지는 색상
Ⓑ 출력하였을 때 보여지는 색상
Ⓒ 출력하였을 때 보여지는 선 종류
Ⓓ 출력하였을 때 보여지는 선 두께

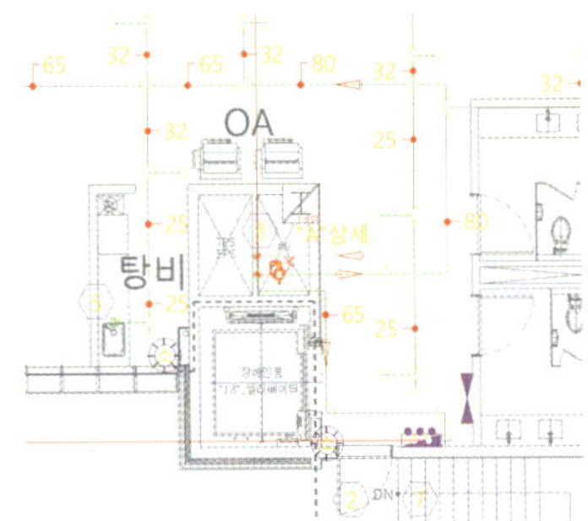

acad.ctb

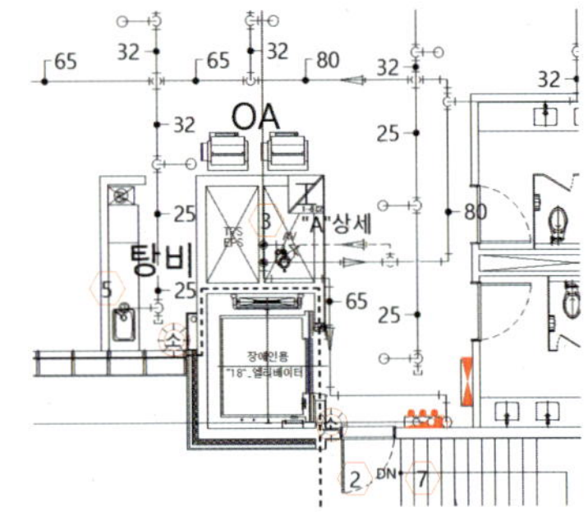

monochrome.ctb

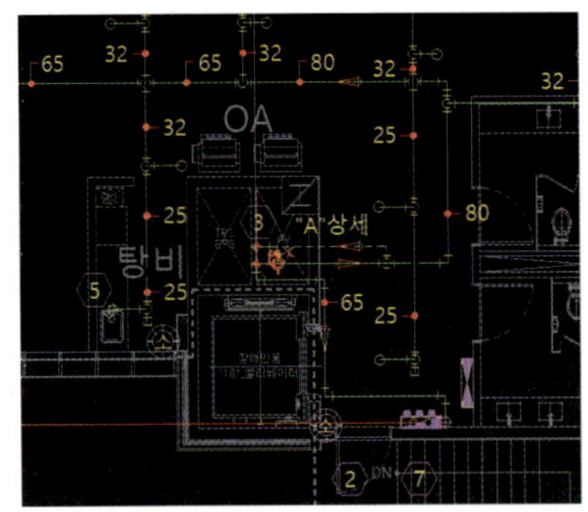

AutoCAD 작업화면

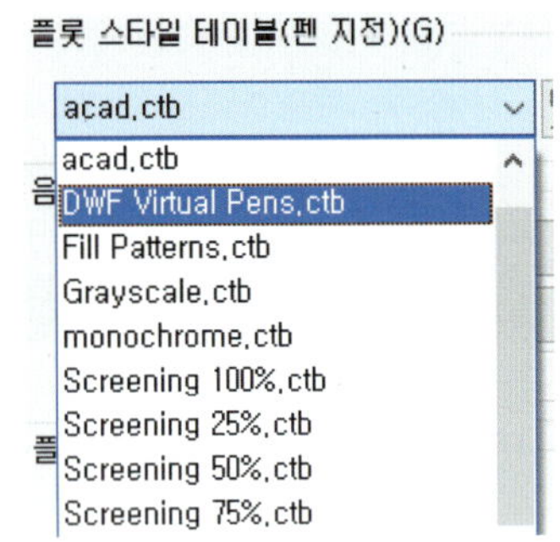

기본으로 탑재된 ctb파일

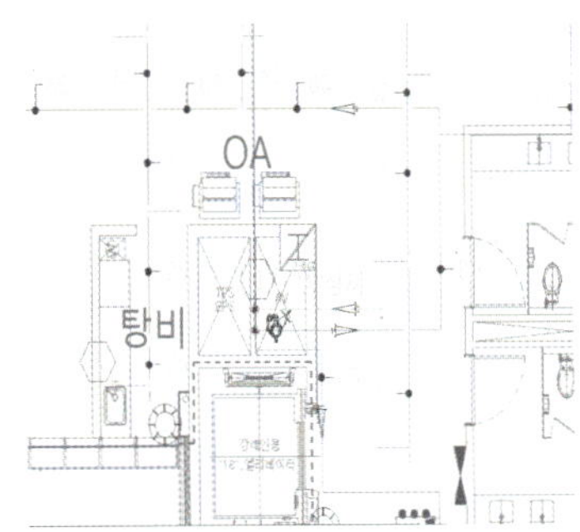

Grayscale.ctb

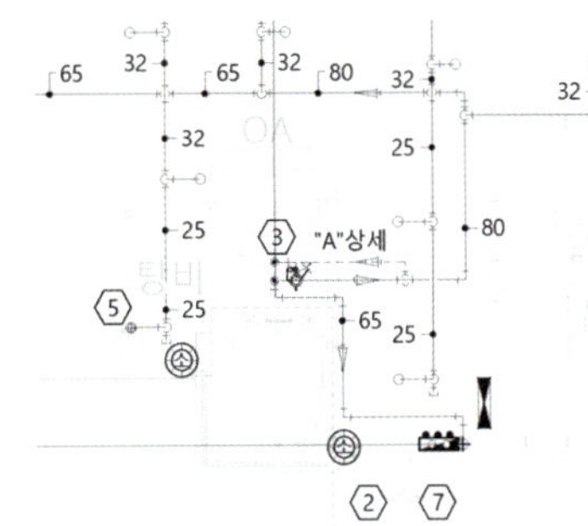

소방CAD.ctb

5-4

화면녹화 실습

YouTube 첫걸음 소방CAD

1 뷰포트의 이해와 활용

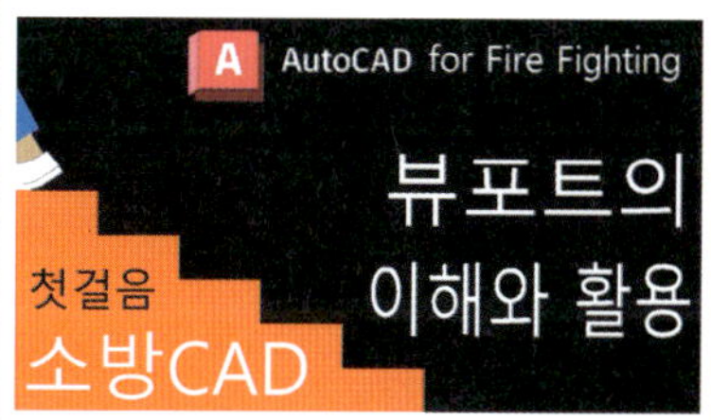

2 플롯(PLOT)

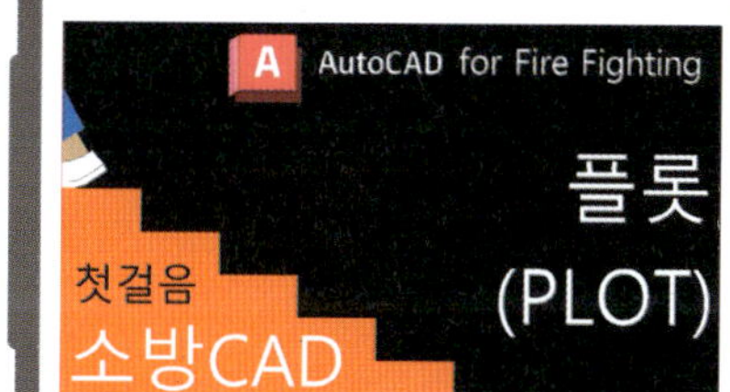

연습문제

01

[KS F 1501 건축제도 통칙]에서 정하는 '접은 도면의 기준'이 되는 제도용지의 크기는?

① A0
② B4
③ A3
④ A4

정답 ④

해설 접은 도면의 크기는 A4의 크기를 원칙으로 한다.

02

다음 중 투상선이 서로 평행하지 않은 투상법은?

① 투시투상
② 제1각법
③ 제3각법
④ 사투상

정답 ①

해설 투시투상은 투상선이 평행하지 않고 정점으로 모인다.

03

다음 중 뷰포트로 활용할 수 없는 것은?

① 모형공간을 들여다볼 수 있다.
② 모형공간의 시뮬레이션을 동영상으로 볼 수 있다.
③ 뷰포트마다 레이어 조정을 다르게 설정할 수 있다.
④ 뷰포트마다 보는 방향을 다르게 설정할 수 있다.

정답 ②

해설 모형공간을 들여다보는 여러 가지 조건들을 설정할 수 있다.

학습정리

01 제도 KS

1) 우리나라는 한국산업표준(KS)을 국제표준과 부합하여 운영한다.
2) 건축제도 통칙(KS F 1501)에서 건축관련 제도의 기본사항을 정하고 있다.
3) 제도용지의 크기는 A0~A6를 사용한다.
4) 길이의 단위는 밀리미터(mm)를 기본으로 한다.
5) 접은 도면의 크기는 A4 크기를 원칙으로 한다.
6) 투상법은 제3각법으로 작도함을 원칙으로 한다.

02 투상법

1) 투상법은 투상하는 방법이나 도면을 작성하는 기준에 따라 나뉜다.
2) 투시투상은 투상선이 평행하지 않고 정점으로 모인다.
3) 사투상은 정면도를 실제모습대로 하고 평면도, 측면도를 경사지게 한다.

03 정투상

1) 3개의 투상면(=입화면, 측화면, 평화면) 중간에 대상물을 두고 투상되는 모양을 그린다.
2) 입화면은 정면도와 배면도, 측화면은 좌측면도와 우측면도, 평화면은 평면도와 저면도를 투상한다.
3) 1각 투상법은 '투상면 ← 대상물 ← 눈'의 순서가 된다.
4) 3각 투상법은 '대상물 ← 투상면 ← 눈'의 순서가 된다.
5) 투상도의 배치가 직관적인 3각법이 가장 많이 사용된다.

04 배치와 플롯

1) AutoCAD 도면은 모형공간과 모형공간을 들여다볼 수 있는 배치공간을 가진다.
2) 모형공간은 반드시 하나이고 배치공간은 삽입, 복사, 삭제가 가능하다.
3) 배치공간의 뷰포트마다 모형을 보는 범위, 각도, 축척, 레이어 제어를 자유롭게 할 수 있다.
4) 뷰포트를 활용하면 입체인 대상물의 투상도를 쉽게 작성할 수 있다.

CHAPTER

06

소방시설의 도시

학습목표

1. 건축도면의 기호를 알고 도면을 판독할 수 있다.
2. 기계분야의 약어와 도시기호를 알고 도면을 판독할 수 있다.
3. 전기분야의 약어와 도시기호을 알고 도면을 판독할 수 있다.

학습목차

1. 건축도면의 기호
2. 기계분야 도시기호
3. 전기분야 도시기호

복습점검

문제 1. [KS F 1501 건축제도 통칙]에서 정하는 '접은 도면의 기준'이 되는 제도용지의 크기는 A4이다.

정답 ○

해설 접은 도면의 크기는 A4의 크기를 원칙으로 한다.

문제 2. 사투상법은 투상선이 한점으로 모이게 하는 투상법이다.

정답 ×

해설 투시투상은 투상선이 평행하지 않고 정점으로 모인다.

문제 3. 뷰포트마다 레이어의 조정을 다르게 설정할 수 있다.

정답 ○

해설 뷰포트에서는 모형공간을 들여다보는 여러 가지 설정을 조정할 수 있다.

6-1 건축도면의 기호

1. 건축과 소방 #건축도면 #도시기호 #약어 #마감선 #구조선 #기구
2. 건축 도시기호 #주출입구 #여닫이 #미닫이 #미서기 #회전문 #붙박이창 #미들창

1 건축과 소방

1) 건축도면

- 공간을 창조하는 건축설계는 실물에 가까운 표현이 중요하다.
- 건축도면은 실제크기로 작성하는 것이 원칙이다.

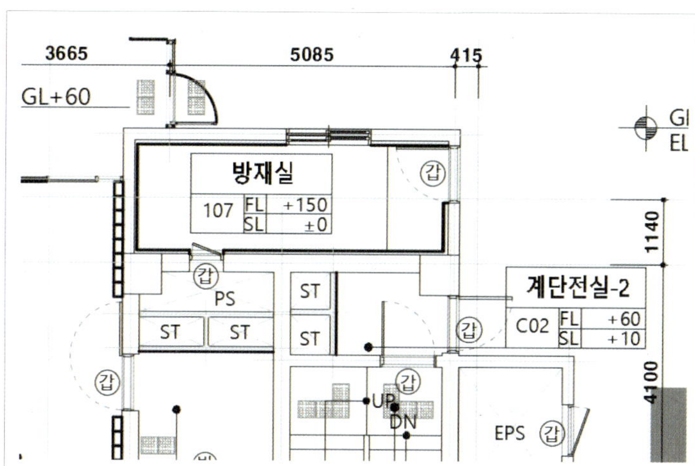

실제 크기로 작성한 건축도면

- 필요에 따라 일부를 생략하거나 확대도면을 작성하기도 하지만 구조선, 외형선 등은 정확한 치수로 도면을 작성한다.
- 기본적인 도시기호만 알아도 도면을 읽는데 곤란함이 없다.

2) 소방도면

- 시스템을 갖추는 소방설계는 계통을 명확히 표현하는 것이 중요하다.
- 소방도면은 크기를 키우고 간결한 도시기호로 작성하는 것이 원칙이다.

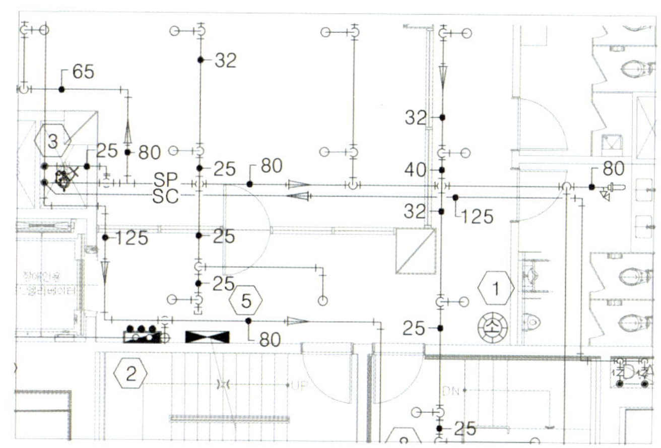

논리적 연결로 작성한 소방도면

- 논리적 연결(=계통)을 명확히 제시하는 것을 중점으로 하여 도면을 작성한다.
- 약어나 도시기호를 모른다면 건축설계와의 협업은 물론이고 시공자에게 설계의도를 전달할 수 없다.

3) 소방도면 표현의 원칙

- 기구(device)는 크기를 키우고 간결하게 강조한다.
- 연결배관, 배선은 선(line)으로 표현하고 주석을 단다.
- 크기가 큰 장비, 제연덕트 등은 실제크기로 한다.

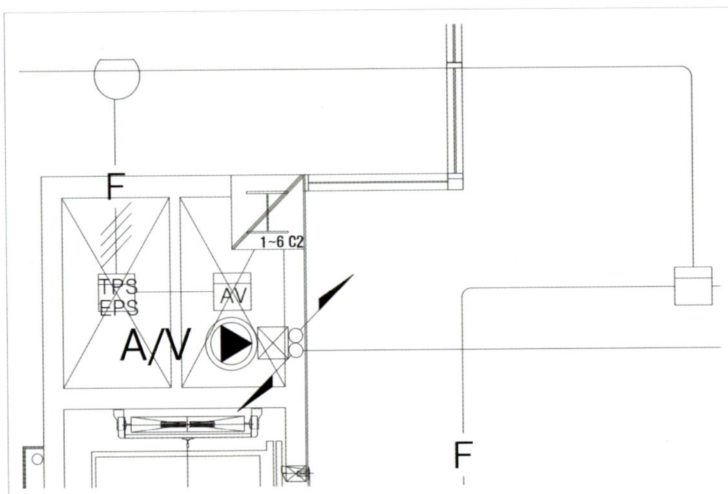

소방전기 평면도(축척1/200) 예

명칭	도시	크기 mm		
		실제	도면	출력
옹벽	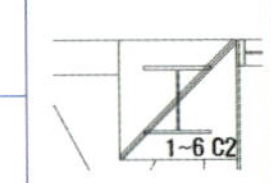	THK200	THK200	1
기둥		□700	□700	3.5
연기감지기	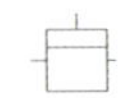	∅108	□360	1.8
전선관		∅21~	(선)	0.5
아웃렛박스		□102	□300	1.5
알람밸브	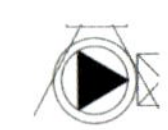	279*256	∅500	2.5

실제크기와 도면크기

- 소방기구를 실제크기로 그린다면 도면판독이 어렵다.
- 정확한 도시기호를 적당한 크기로 그려야 한다.

2 건축 도시기호

- 건축에서 쓰이는 표시 기호를 [KS F 1501/건축제도 통칙]에서 정하고 있다.
- 소방설계에 참고할 일부만 요약하였다.

1) 일반기호

표시사항	기호	표시사항	기호	표시사항	기호
길이	L	주출입구		레벨표시	
높이	H				
나비	W	부출입구		내부 전개방향	
두께	THK				
무게	Wt	제1 제2	① ②	마감선 표시	▽
면적	A	축척 1/200	S 1 : 200	구조체면 표시	▼
용적	V	축척			
지름	D · ∅				
반지름	R	단면의 위치 방향		입면의 위치 방향	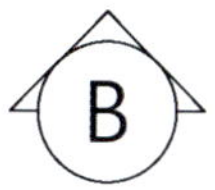

건축제도 일반 기호 (출처 : KS F 1501 건축제도 통칙)

2) 평면 표시 기호

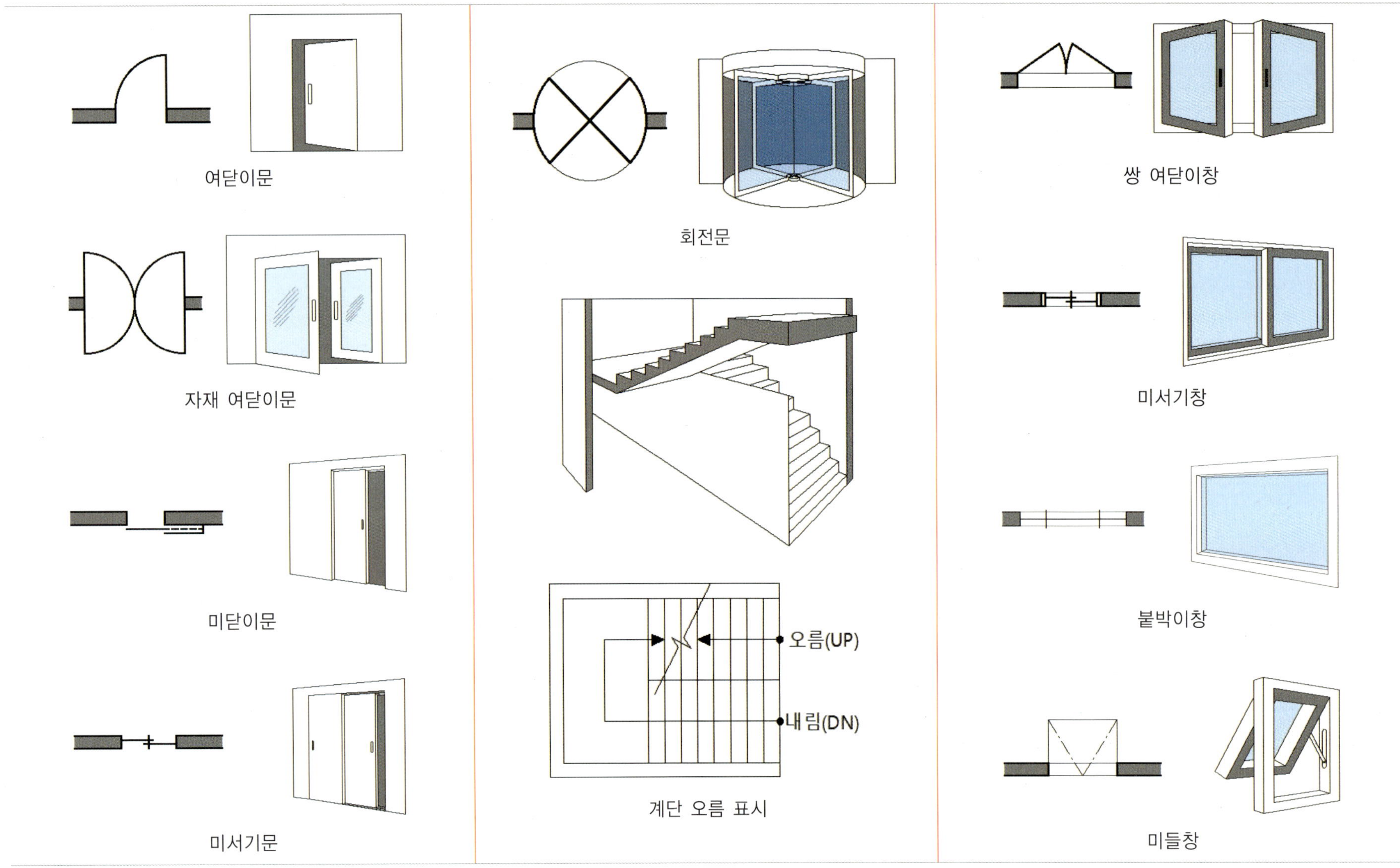

평면기호 (출처 : KS F 1501 건축제도 통칙)

3) 재료 구조 표시 기호

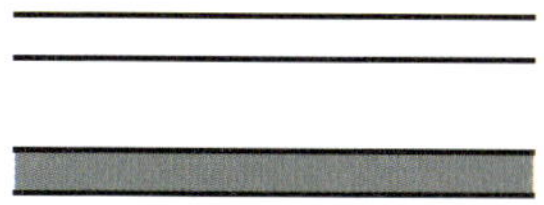		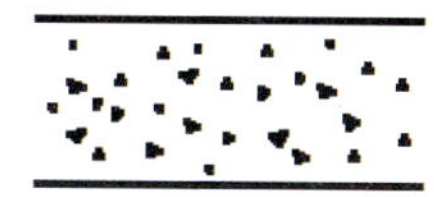	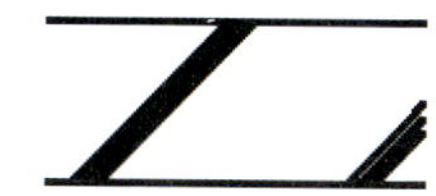
벽 일반		자갈 콘크리트	철근 콘크리트
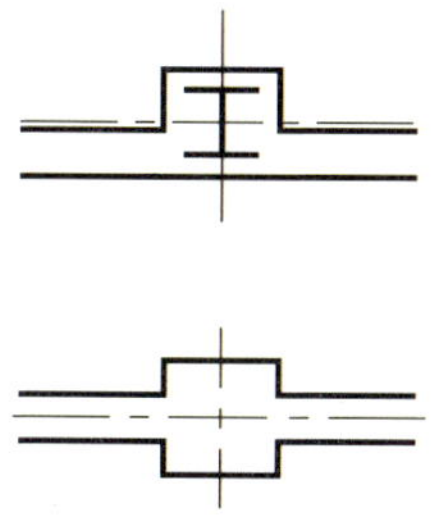	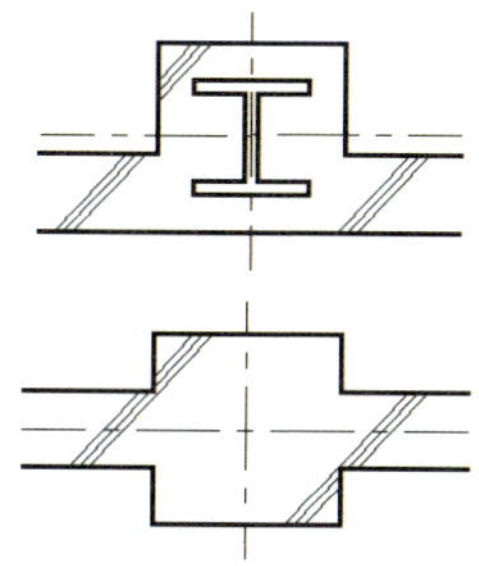	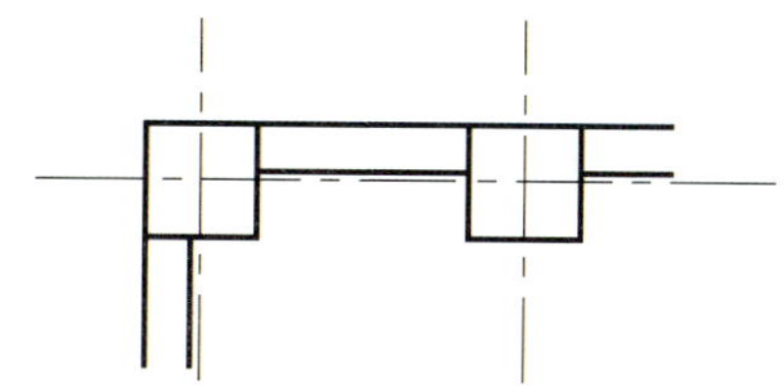	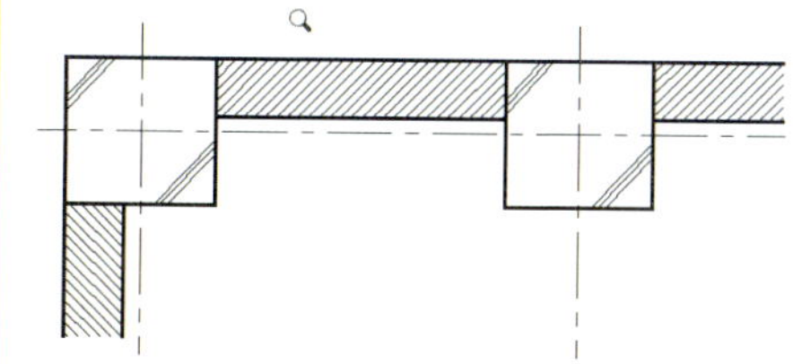
철골 철근 콘크리트 기둥 및 철근콘크리트 벽 / 1/100 1/200	철골 철근 콘크리트 기둥 및 철근콘크리트 벽 / 1/20 1/50	철근 콘크리트 기둥 및 장막벽 / 1/100 1/200	철근 콘크리트 기둥 및 장막벽 / 1/20 1/50
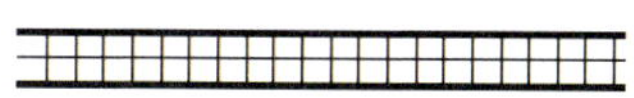	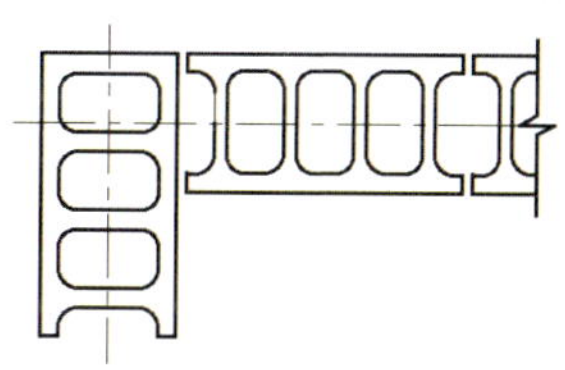	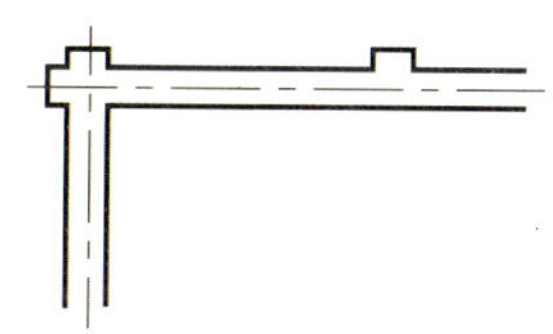	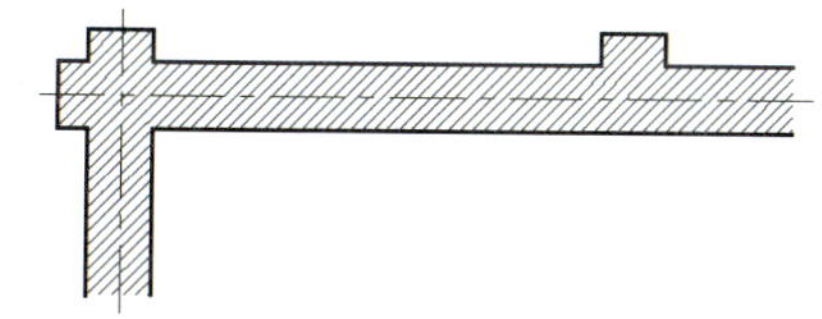
블록벽 / 1/100 1/200	블록벽 / 1/20 1/50	벽돌벽 / 1/100 1/200	벽돌벽 / 1/20 1/50
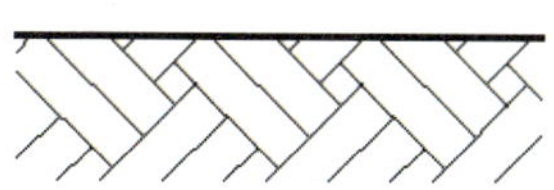	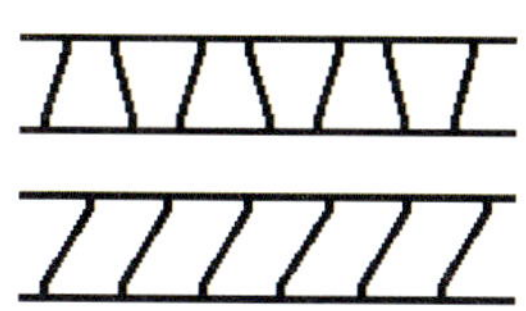		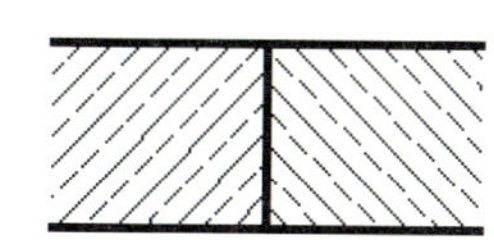
지반(단면용)	잡석다짐(단면용)	차단재, 단열재	석재

재료 구조 표시 기호(출처 : KS F 1501 건축제도 통칙)

6-2 기계분야 도시기호

1. 적용기준 #소화전 #스프링클러 #포소화설비 #강화액소화설비 #물분무소화설비 #미분무소화설비 #제연급기 #제연배출
2. 소화설비 도시기호 #관이음 #밸브류 #소화펌프실 #소화설비 #소화기 #옥내소화전 #옥외소화전
3. 기타 도시기호 #피난구조설비 #소화활동설비 #내진설비 #흔들림방지버팀대 #지진분리이음 #지진분리장치

1 적용기준

● 기계분야 시스템 약어

- 「소방시설 자체점검사항 등에 관한 고시」의 '[별표1] 소방시설 도시기호'를 주로 따르고 일부는 삭제, 교정하거나 새로 추가하였다.

명칭	시스템 약어	비고
일반 배관	———————	
소화전설비 배관	—— H ——	
스프링클러설비 배관	—— SP ——	
소화전, 스프링클러설비 겸용 배관	—— SP&H ——	
스프링클러설비 배수 배관	—— SPD ——	
포소화설비 배관	—— F ——	
강화액소화설비 배관	—— K ——	
물분무소화설비 배관	—— WS ——	
미분무소화설비 배관	—— WM ——	
할로겐화합물소화설비 배관	—— HG ——	
불활성가스소화설비 배관	—— IG ——	
이산화탄소소화설비 배관	—— CO2 ——	
연결살수설비 배관	—— SS ——	
연결송수관설비 배관	—— SC ——	
제연급기	FSA	
제연배출	FEA	

(출처 : 소방시설 자체점검사항 등에 관한 고시의 별표 1)

- 배관의 중간에 시스템 약어를 표시한다.
- 배관의 중간에 규격(size)을 표시한다.
- 배관의 규격이 바뀌는 경우는 해당 지점에 바뀐 규격을 표시한다.
- 배관의 재질, 관이음 방식, 단열조건 등은 시방서에서 정한다.

2 소화설비 도시기호

1) 관이음, 밸브류, 소화펌프실

도시기호와 실물사진

(출처 : 소방시설 도시기호, 각 제조판매사 사이트_정품사, 배관장터, RAJENDRA, navimro, 배관랜드, tyco-fire)

도시기호와 실물사진

(출처 : 소방시설 도시기호, 각 제조판매사 사이트_차즈라, 원일밸브, 유한금속, 세진소방자재백화점,indiamart, e-firebank, 원일산업, firesafe, sejinmart, 조은주철, akfilter, pumpgood)

명칭	도시기호	실물사진
Y형 스트레이너		
U형 스트레이너		
감압밸브		
압력계		
연성계		
유량계		
압력챔버		
고가수조 (물올림장치)		
입형펌프	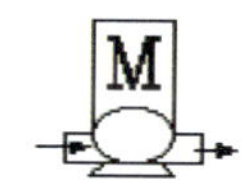	
송수구	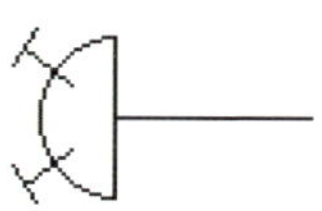	
일반펌프 모터펌프	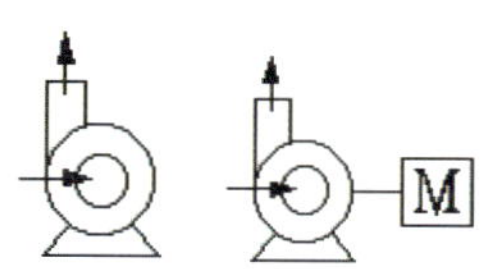	
엔진펌프	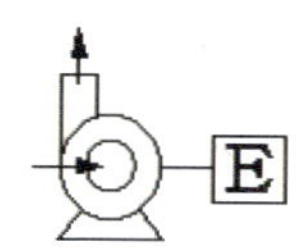	

도시기호와 실물사진

(출처 : 소방시설도시기호, 각 제조판매사 사이트_원일산업, misumi-ec, sejinmart, kff119, girinmall, e-firebank, hanilelec, swvis, doochpump, 쌍용중전기)

2) 소화설비

명칭	도시기호	실물사진
소화기 — 분말	ⓢ(소)	
소화기 — 이산화탄소	Ⓒ	
소화기 — 할로겐화물	Ⓗ	
자동확산 소화기	(자)	
자동식소화기		
옥내소화전함		
옥내소화전 방수용기구병설		
방수구		
모터밸브 (전동밸브)		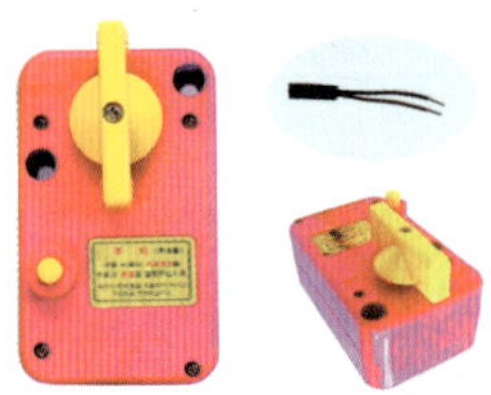
소화가스 패키지	PAC	
옥외소화전		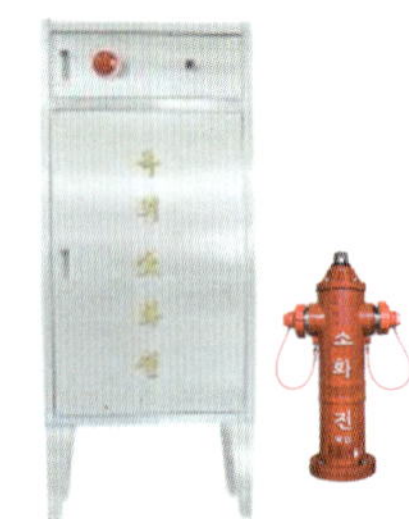
경보밸브(습식)	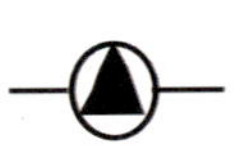	
프리액션밸브	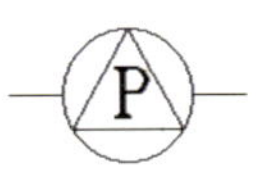	
경보델류지밸브		

도시기호와 실물사진

(출처 : 소방시설 도시기호, 각 제조판매사 사이트_엔케이텍, vooksong, sejinmart, masteco, myoung119, nktech, 삼주이엔씨, nofire, 대영소방, 신우진, sobang119)

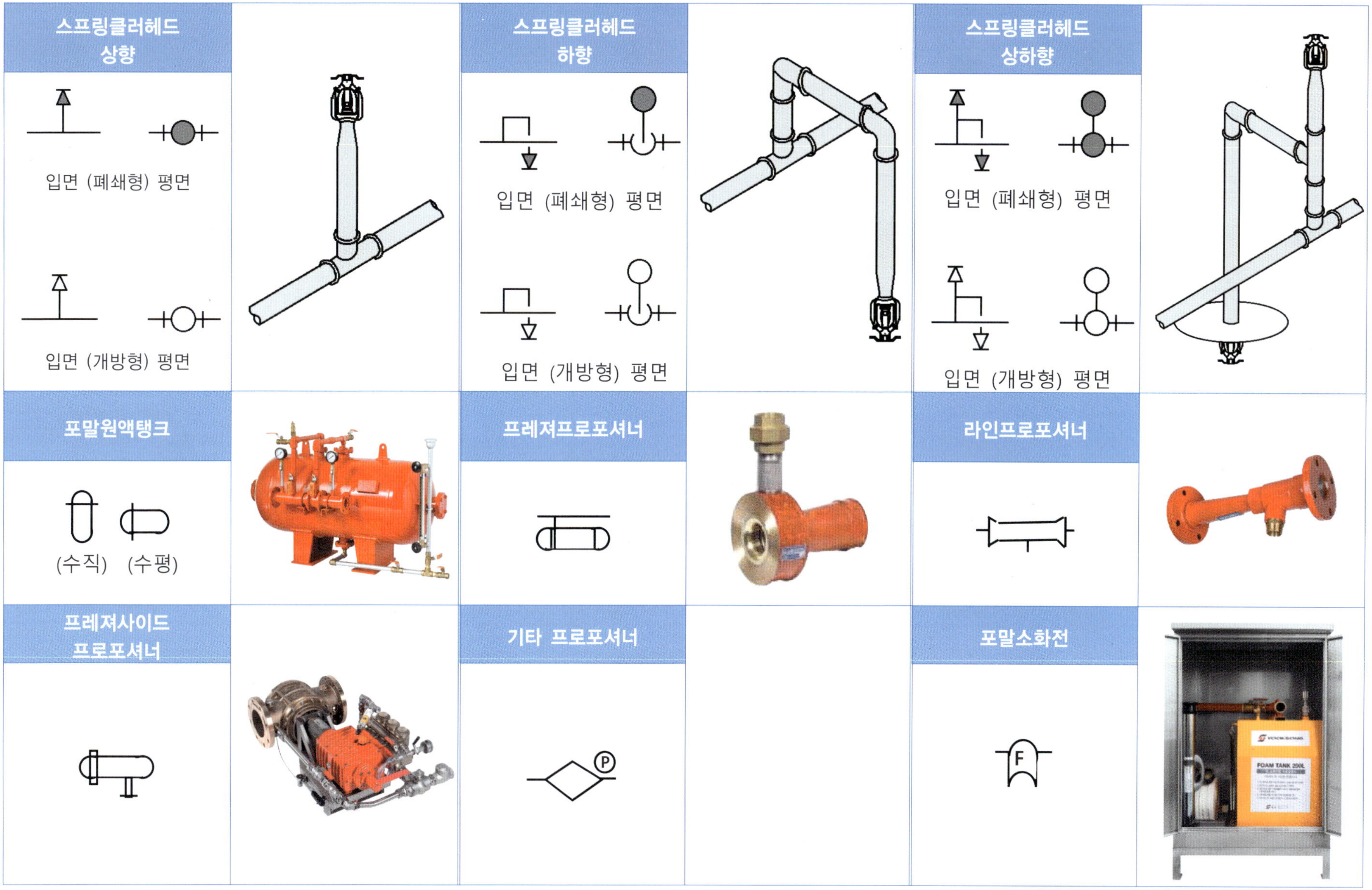

도시기호와 실물사진 (출처 : 소방시설도시기호, 각 제조판매사 사이트_진화이앤씨, 신라파이어, yooksong)

명칭	도시기호	실물사진
물분무헤드 미분무헤드	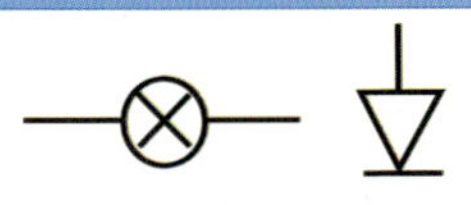 평면 입면	
분말·탄산가스· 할로겐헤드	 평면 입면	
드렌쳐헤드	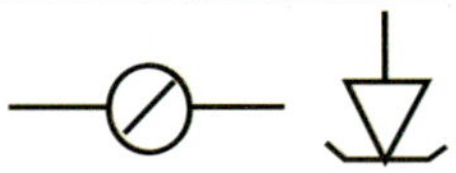 평면 입면	
가스체크밸브	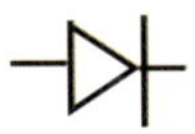	
동체크밸브	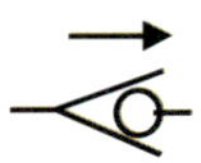	
포헤드, 포워터 스프링클러헤드	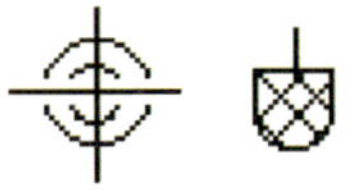 평면 입면	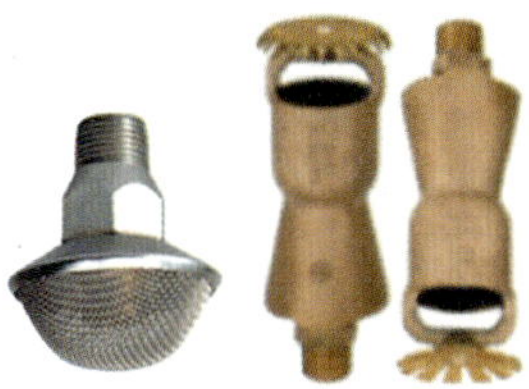
분말약제 저장용기		
저장용기		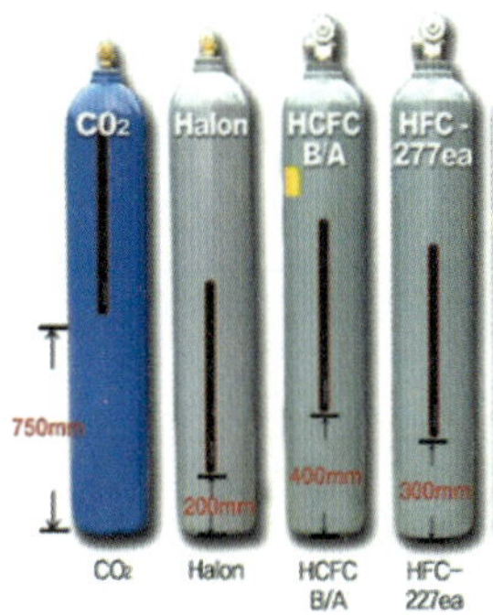 CO2 Halon HCFC B/A HFC-227ea
솔레노이드밸브		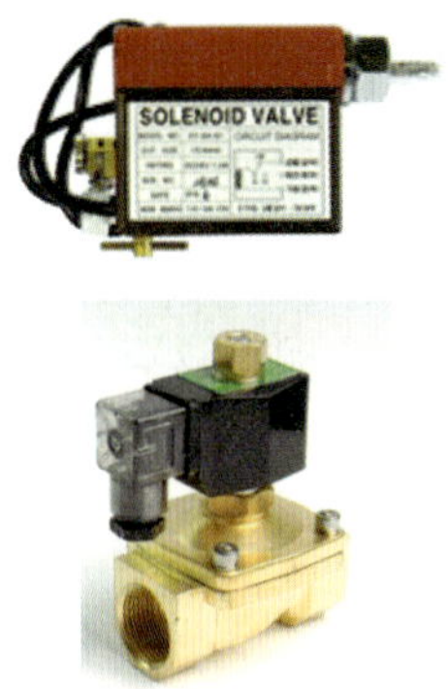
선택밸브		
안전밸브 (집합관용)		
릴리프밸브 (동관용)		

도시기호와 실물사진

(출처 : 소방시설 도시기호, 각 제조판매사 사이트_nktech, buynp, nofire, 삼천리화력발전소, 태영미래산업, fpn119, swfire, misumi–ec, water777, 삼주이엔씨)

3) 스프링클러 헤드의 종류

스프링클러헤드의 종류

(출처 : ㈜지엠엔지니어링 부설연구소_소방감리핸드북2021)

3 기타 도시기호

1) 피난구조설비

완강기		구조대		공기호흡기	
완	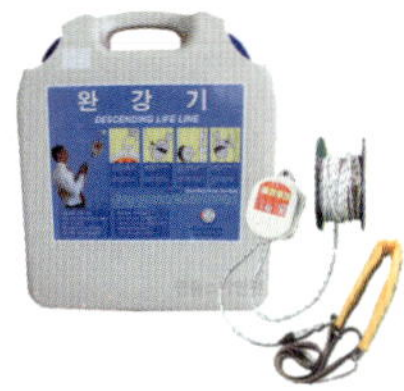	구조	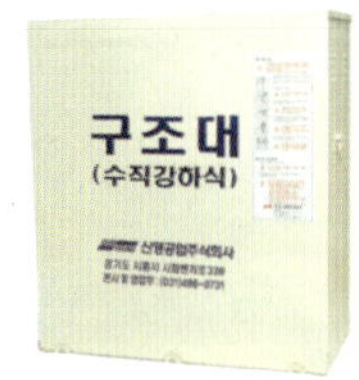	공	

도시기호와 실물사진

(출처 : 소방시설 도시기호, 각 제조판매사 사이트_nofire, ksf119mall, cableprice)

2) 소화활동설비

연결살수헤드		배풍기			댐퍼		
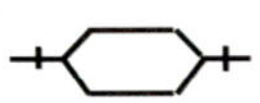		천장용 	벽부착용 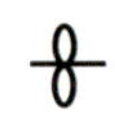		화재	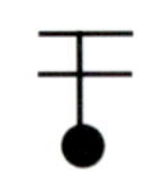	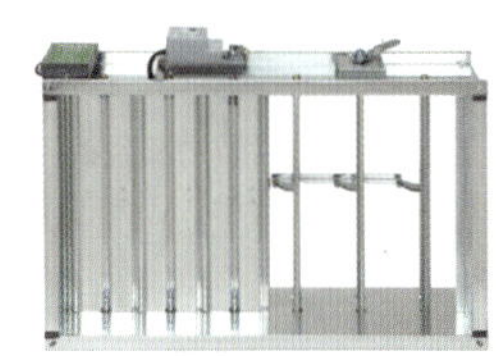
					연기	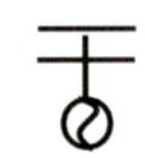	
		일반 	일반 		화재/연기	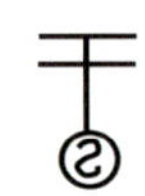	

도시기호와 실물사진

(출처 : 소방시설 도시기호, 각 제조판매사 사이트_대명산업, 대륜산업, samhwafan, MIKA eng, nofire)

2) 내진설비

횡방향 흔들림방지 버팀대			종방향 흔들림방지 버팀대			4방향 흔들림방지 버팀대		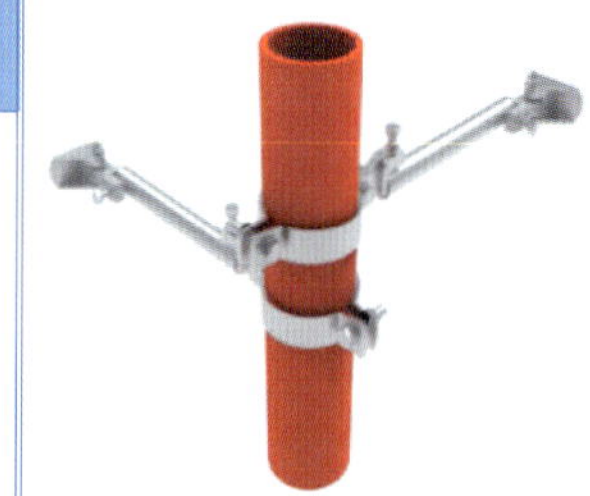
가지배관 고정장치		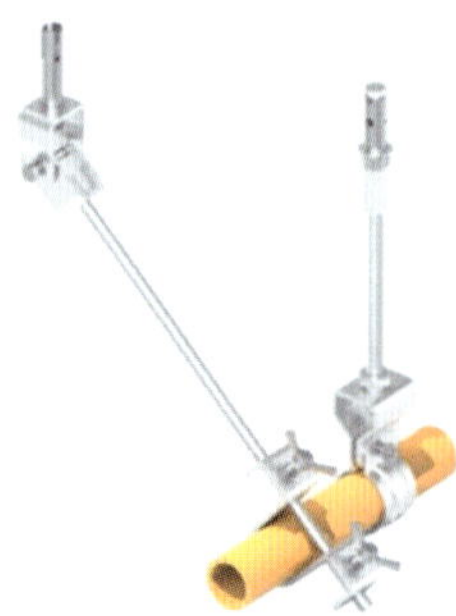	지진분리장치 (플렉시블형)		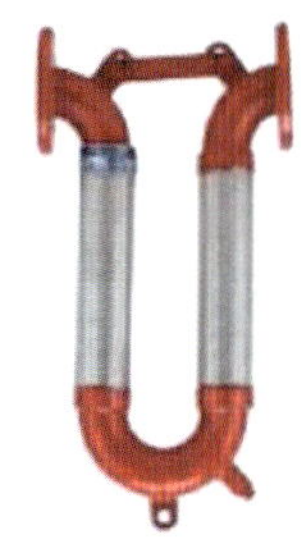	지진분리장치 (6엘보형)	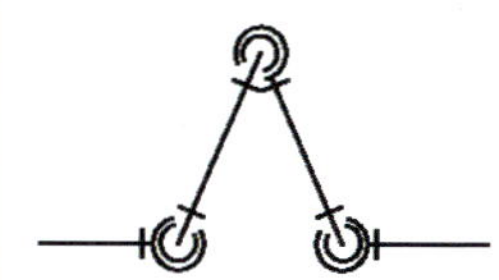	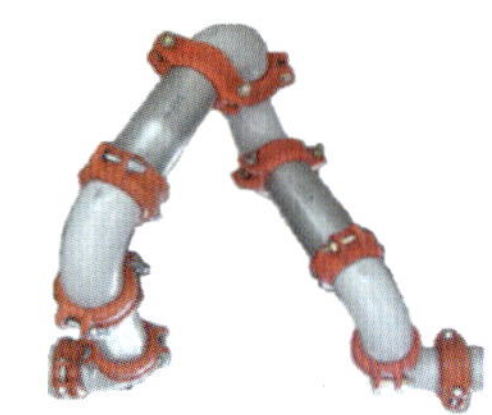
지진분리이음 (그루브)		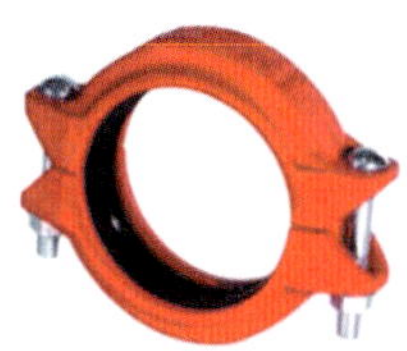	지진분리이음 (굴절형)			전도방지형 스토퍼		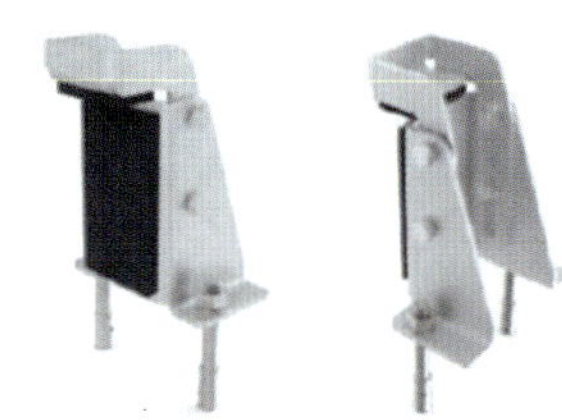

도시기호와 실물사진

(출처 : 소방시설 도시기호, 각 제조판매사 사이트_UnisonHKR, 한국안전기술, 동양밴드, 승진산업, 한국조인트 / 내진 해설서_소방청)

6-3

전기분야 도시기호

1. 적용기준	#감지기 #시각경보장치 #비상방송설비 #비상경보설비 #유도등설비 #비상조명등설비 #비상콘센트설비
2. 소화 및 경보설비	#압력스위치 #탬퍼스위치 #수동조작함 #발신기셋트 #감지기 #종단저항 #시각경보기 #싸이렌 #중계기 #수신기
3. 소화활동, 피난방화 및 기타설비	#비상조명등 #유도등 #비상콘센트 #안테나 #연동제어기 #자동폐쇄장치 #배연창기동 모터

1 적용기준

1) 전기분야 시스템 약어

- 「소방시설 자체점검사항 등에 관한 고시」의 '[별표1] 소방시설도시기호'를 주로 따르고 일부는 삭제, 교정하거나 새로 추가하였다.

명칭	시스템 약어	비고
일반 배관	————————	
감지기 배관	—— F ——	
시각경보장치 배관	—— ST ——	
비상방송설비 배관	—— ES ——	
비상경보설비 배관	—— EA ——	
유도등설비 배관	—— EX ——	
비상조명등설비 배관	—— EL ——	
비상콘센트설비 배관	—— EP ——	

(출처 : 소방시설 자체점검사항 등에 관한 고시의 별표1)

명칭	시스템 약어	비고
각 회로의 귀로	————→	
슬라브 매립 배관	————————	
천장은폐 및 노출 배관	················	
바닥슬라브 매립 배관	— — — — — —	
지중 매립 배관	—— · —— · ——	
입상, 통과, 입하 표시	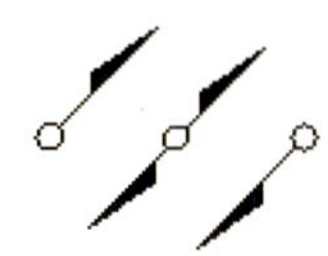	

(출처 : 소방시설 자체점검사항 등에 관한 고시의 별표1)

- 배관의 중간에 시스템 약어를 표시한다.
- 배관 및 입선되는 전선의 규격은 시방서로 정한다.
- 전선관, 전선의 규격과 가닥수는 경로마다 표기하거나 별도의 표(table)를 작성한다.

2) 전기공사 자재

도시기호와 실물사진

(출처 : 소방시설 도시기호, 각 제조판매사 사이트_보영전기판매, nofire, 보영전기자재, 매일종합전기, 대일전기조명, 오렌지라이팅, navimro, firefox, daebong119, 리뉴하우스, 동양탑, 연산행가, 유한산업, 대양플라텍)

2 소화 및 경보설비

프리액션밸브수동조작함		압력스위치		탬퍼스위치	
SVP		PS	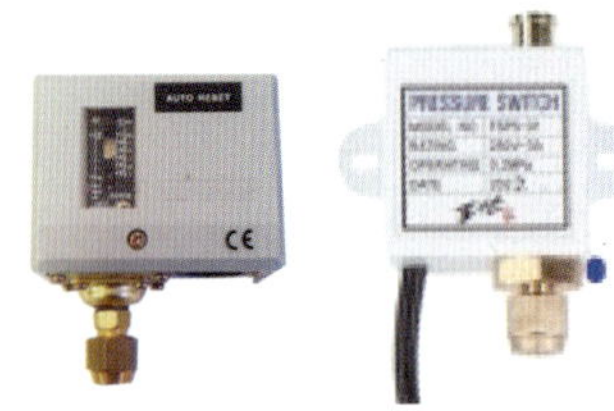 물용 가스용	TS	
가스계소화설비의 수동조작함		발신기세트 단독형		발신기세트 옥내소화전내장형	
RM		P B L		PBL	

도시기호와 실물사진

(출처 : 소방시설 도시기호, 각 제조판매사 사이트_현대소방공사, 효신전기, nofire, sejinmart, 태영미래산업, dbsy119, dainom)

명칭	도시기호	실물사진
차동식스포트형감지기		
정온식스포트형감지기		
연기감지기 (A : 아날로그)		
차동식분포형 감지기의검출기	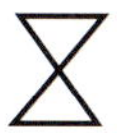	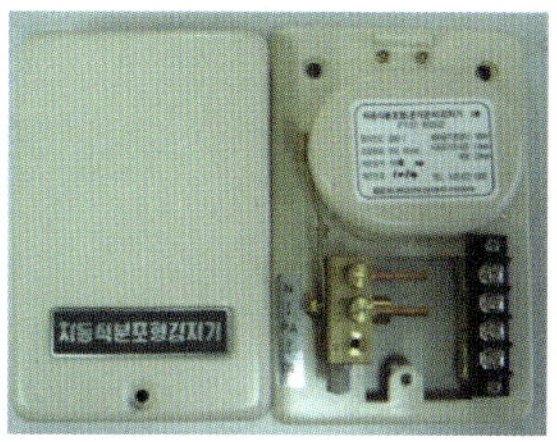
비상전화기		
종단저항		
화재경보벨 비상벨		
시각경보기 (스트로브)	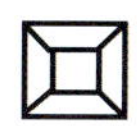	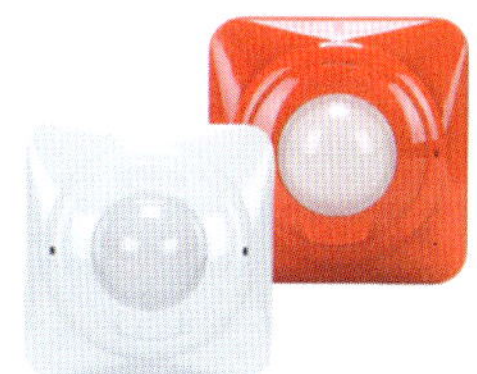
표시등		
싸이렌	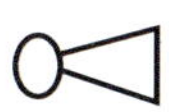	
모터싸이렌	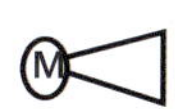	
전자싸이렌	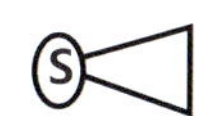	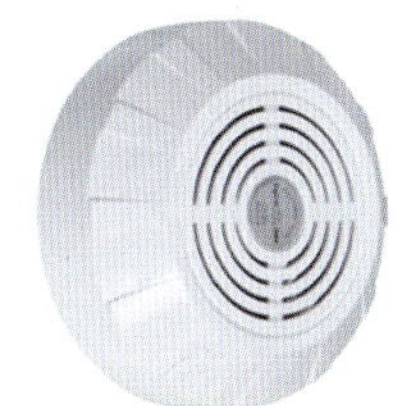

도시기호와 실물사진

(출처 : 소방시설 도시기호, 각 제조판매사 사이트_리더스테크, 화경산업, 건국방재, iifire, 한국소방공사, sejinmart, dbsy119, 대호방재, nofire, navimro)

명칭	도시기호	실물사진
스피커		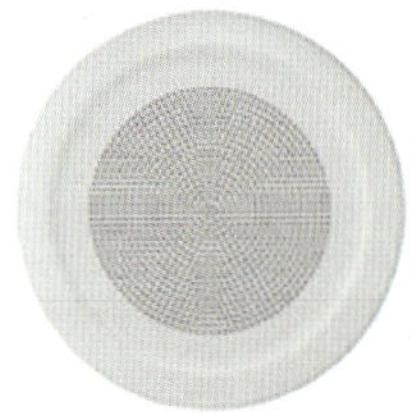
증폭기	AMP	
경보부저	BZ	
보조전원	T R	
표시반	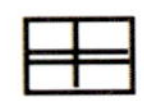	
제어반	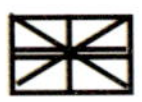	
중계기	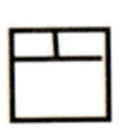	
부수신기	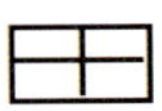	
수신기	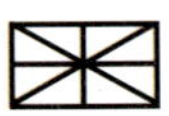	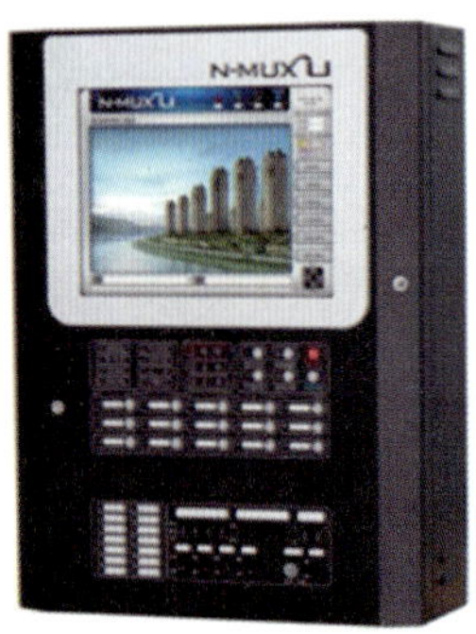

도시기호와 실물사진

(출처 : 소방시설도시기호, 각 제조판매사 사이트_인터엠, nofire, icbusan, nofire, safirtyline, SIEMENS, dbsy119, 동양방재시스템)

3 소화활동, 피난방화 및 기타설비

도시기호와 실물사진

(출처 : 소방시설 도시기호, 각 제조판매사 사이트_able119, nofire119, 올라이트라이프, dbsy119, fpn119, 네이쳐이앤씨, 한국소방안전원, 삼주이엔씨, ecolouver)

연습문제

01

다음 중 드나드는 방향으로 밀거나 당겨서 모두 열 수 있는 문은?

① 자재 여닫이문
② 양 미닫이문
③ 네짝 미서기문
④ 쌍 여닫이문

정답 ①

해설 자재 여닫이문은 출입방향의 양쪽으로 밀거나 당겨서 모두 열 수 있다.

02

다음 중 수계소화설비에서의 체크밸브 도시기호는?

① 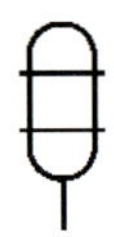
② 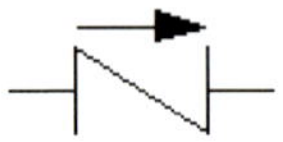
③ 
④ 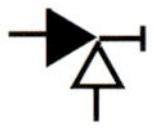

정답 ②

해설 보기는 순서대로 수격방지기, 체크밸브, 릴리프밸브, 앵글밸브이다.

03

다음 중 전선관의 방향이 90° 구부러지는 곳에 사용할 수 <u>없는</u> 공사 자재는?

① 노말밴드
② 소켓
③ 가요성 전선관
④ 유니버셜 엘보

정답 ②

해설 소켓은 직관을 잇는 부분에 사용한다.

학습정리

01 건축도면과 비교

1) 건축설계는 실물에 가까운 표현이 중요하다.
2) 소방설계는 논리적 연결을 표현하는 것이 중요하다.
3) 건축도면은 실제크기로 작성한다.
4) 소방도면은 크기를 키우고 간결한 도시기호로 작성한다.
5) 소방도면은 약어나 도시기호를 모르면 작성할 수 없다.

02 소방도면 표현의 원칙

1) 기구는 크기를 키우고 간결하게 강조한다.
2) 배관, 배선은 선으로 표현하고 주석을 단다.
3) 크기가 큰 장비, 제연덕트 등은 실제크기로 한다.

03 기계분야 도시기호

1) 배관의 중간에 시스템 약어를 표시한다.
2) 규격이 바뀌는 경우는 해당 지점에 바뀐 규격을 표시한다.
3) 배관의 재질, 관이음 방식, 단열조건 등은 시방서에서 정한다.

04 전기분야 도시기호

1) 배관의 중간에 시스템 약어를 표시한다.
2) 배관 및 입선되는 전선의 규격은 시방서로 정한다.
3) 전선관, 전선의 규격과 가닥수는 경로마다 표기하거나 별도의 표(table)를 작성한다.

CHAPTER

07

소방시설 설계자

학습목표

1. 소방시설 설계업의 등록기준과 영업 범위를 구분할 수 있다.
2. 화재안전성능기준과 기술기준을 구분해 설명할 수 있다.
3. 소방시설 설계도서를 항목별로 이해하여 설명할 수 있다.

학습목차

복습점검

문제 1. 여닫이문은 완전히 열었을 때 문짝이 모두 숨겨지는 형태이다.

정답 ×

해설 미닫이문은 완전히 열었을 때 문짝이 보이지 않게 된다.

문제 2. 도시기호 중에서  는 릴리프밸브이다.

정답 ○

해설 스프링의 장력을 이용해 과압을 배출하는 구조를 표현한 '릴리프밸브' 도시기호이다.

문제 3. 강제 전선관의 방향이 90° 구부러지는 곳에는 노말밴드를 사용할 수 있다.

정답 ○

해설 90° 구부러지는 곳에는 노말밴드, 유니버설 엘보를 사용하거나 가요성 전선관을 사용할 수도 있다.

7-1 제도적 배경

1. 소방시설업의 이해 #소방시설업 #소방시설업자 #소방기술자 #전문소방시설 설계업 #일반소방시설 설계업 #성능위주설계자
2. 소방분야 법규 #소방기본법 #소방시설공사업법 #화재조사법 #소방시설법 #화재예방법 #다중이용업소법 #위험물안전관리법
3. 소방관련 법규 #건축법 #건축물방화구조규칙 #건축자재 등 품질인정 및 관리기준 #건축물설비기준규칙 #건축자재 등 품질인정 및 관리기준

1 소방시설업의 이해

1) 소방시설 설계업

- 소방시설공사업법
  - 소방시설업의 등록기준과 영업 범위를 정하고 있다.
- 소방시설업
  - 소방시설설계업, 소방시설공사업, 소방공사감리업, 방염처리업이 있다.
- 소방시설업자
  - 소방시설업을 경영하기 위하여 관련법에 따라 소방시설업을 등록한 자를 말한다.
- 소방기술자
  -소방시설업과 소방시설관리업의 기술인력으로 등록된 사람을 말한다.

소방시설 설계업 등록기준

구분		기술인력	영업 범위
전문소방시설 설계업		• 주된 기술인력 : 소방기술사 1명 이상 • 보조기술인력 : 1명 이상	• 모든 특정소방대상물에 설치되는 소방시설의 설계
일반소방시설 설계업	기계분야	• 주된 기술인력 : 소방기술사 또는 기계분야 소방설비기사 1명 이상 • 보조기술인력 : 1명 이상	• 아파트에 설치되는 기계분야 소방시설(제연설비는 제외한다)의 설계 • 연면적 3만 m^2(공장의 경우에는 1만 m^2) 미만의 특정소방대상물(제연설비가 설치되는 특정소방대상물은 제외한다)에 설치되는 기계분야 소방시설의 설계 • 위험물제조소 등에 설치되는 기계분야 소방시설의 설계
	전기분야	• 주된 기술인력 : 소방기술사 또는 전기분야 소방설비기사 1명 이상 • 보조기술인력 : 1명 이상	• 아파트에 설치되는 전기분야 소방시설의 설계 • 연면적 3만 m^2(공장의 경우에는 1만 m^2) 미만의 특정소방대상물에 설치되는 전기분야 소방시설의 설계 • 위험물제조소 등에 설치되는 전기분야 소방시설의 설계

(출처 : 국가법령정보센터, 소방시설공사업법 시행령 별표1)

2) 소방시설의 성능위주설계

성능위주설계의 자격기술인력 및 영업 범위

성능위주설계자의 자격	기술 인력	설계범위
• 전문 소방시설 설계업을 등록한 자 • 전문 소방시설 설계업 등록기준에 따른 기술인력을 갖춘 자로서 소방청장이 정하여 고시하는 연구기관 또는 단체	소방기술사 2명 이상	• 다음 각 호의 어느 하나에 해당하는 특정소방대상물을 말한다.(신축하는 것만 해당한다) • 연면적 20만 m^2 이상인 특정소방대상물. 다만, 아파트 등은 제외한다. • 50층 이상(지하층은 제외한다)이거나 지상으로부터 높이가 200 m 이상인 아파트 등 • 30층 이상(지하층을 포함한다)이거나 지상으로부터 높이가 120 m 이상인 특정소방대상물(아파트 등은 제외한다) • 연면적 3만 m^2 이상인 특정소방대상물로서 다음 각 목의 어느 하나에 해당하는 특정소방대상물 • 철도 및 도시철도 시설 • 공항시설 • 창고시설 중 연면적 10만 m^2 이상인 것 또는 지하층의 층수가 2개 층 이상이고 지하층의 바닥면적의 합계가 3만 m^2 이상인 것 • 하나의 건축물에 영화상영관이 10개 이상인 특정소방대상물 • 「초고층 및 지하연계 복합건축물 재난관리에 관한 특별법」에 따른 지하연계 복합건축물 • 터널 중 수저(水底)터널 또는 길이가 5천 미터 이상인 것

(출처 : 국가법령정보센터, 소방시설 공사업법 시행령 별표 1의2)

2 소방분야 법규

1) 소방기본법

구분	내용
목적	• 화재를 예방·경계하거나 진압하고 화재, 재난·재해, 그 밖의 위급한 상황에서의 구조·구급 활동 등을 통하여 국민의 생명·신체 및 재산을 보호함
주요 항목	• 소방장비 및 소방용수시설 등 • 화재의 예방과 경계 • 소방활동 등 • 소방산업의 육성·진흥 및 지원 • 한국소방안전원

2) 소방시설공사업법

목적	소방시설공사 및 소방기술의 관리에 필요한 사항을 규정		
주요 항목	• 소방시설업 • 소방시설공사 등 • 도급 • 성능위주설계 • 소방기술자 • 소방시설협회	소방설계 관련	• 소방시설업의 등록기준 및 영업 범위 • 소방시설업자가 보관하여야 하는 관계서류 • 소방기술자 실무교육

3) 소방의 화재조사에 관한 법률

약칭	• 화재조사법
목적	• 화재원인, 화재성장 및 확산, 피해현황 등에 관한 과학적·전문적인 조사에 필요한 사항을 규정
주요 항목	• 화재조사

4) 소방시설 설치 및 관리에 관한 법률

약칭	• 소방시설법
목적	• 특정소방대상물 등에 설치하여야 하는 소방시설 등의 설치·관리와 소방용품 성능관리에 필요한 사항을 규정
주요 항목	• 소방시설 등의 설치·관리 및 방염 • 소방시설등의 자체점검 • 소방시설관리사 및 소방시설관리업 • 소방용품의 품질관리 • 자동차에 설치 또는 비치하는 소화기 • 소방용품의 내용연수 등
소방 설계 관련	• 건축허가 등의 동의 등 • 소방시설의 내진설계기준 • 성능위주설계, 설계평가단 • 주택에 설치하는 소방시설 • 소방시설기준 적용의 특례 • 강화된 소방시설기준의 적용대상 • 유사한 소방시설의 설치 면제의 기준 • 증축·용도변경 시의 소방시설기준 적용의 특례 • 소방시설을 설치하지 않을 수 있는 특정소방 대상물의 범위 • 특정소방대상물의 수용인원 산정 • 화재위험작업 및 임시소방시설 등 • 소방기술심의위원회 • 화재안전기준

5) 화재의 예방 및 안전관리에 관한 법률

약칭	• 화재예방법
목적	• 화재의 예방과 안전관리에 필요한 사항을 규정
주요 항목	• 기본계획의 수립·시행 • 화재안전조사 • 화재의 예방조치 등 • 소방대상물의 안전관리 • 특별관리시설물의 소방안전관리
소방 설계 관련	• 불을 사용하는 설비의 관리기준 등 • 화재의 확대가 빠른 특수가연물 • 화재예방강화지구

6) 초고층 및 지하연계 복합건축물 재난관리에 관한 특별법

약칭	• 초고층재난관리법
목적	• 초고층 및 지하연계 복합건축물과 그 주변지역의 재난관리를 위하여 재난의 예방·대비·대응 및 지원 등에 필요한 사항을 정하여 재난관리체제를 확립함
소방 설계 관련	• 지하연계 복합건축물의 용도 • 유해·위험물질의 종류 및 범위 • 사전재난영향성검토 • 피난안전구역

7) 다중이용업소의 안전관리에 관한 특별법

약칭	• 다중이용업소법
목적	• 화재 등 재난이나 그 밖의 위급한 상황으로부터 국민의 생명·신체 및 재산을 보호하기 위하여 다중이용업소의 안전시설등의 설치·유지 및 안전관리와 화재위험평가, 다중이용업주의 화재배상책임보험에 필요한 사항을 정함
소방 설계 관련	• 영업장의 내부구획 • 피난시설, 방화구획 및 방화시설 • 피난안내도, 피난안내 영상물 • 화재위험평가

8) 위험물안전관리법

약칭	• 위험물관리법
목적	• 위험물의 저장·취급 및 운반과 이에 따른 안전관리에 관한 사항을 규정
소방 설계 관련	• 지정수량 미만인 위험물의 저장·취급 • 위험물의 저장 및 취급의 제한 • 위험물시설의 설치 및 변경

3 소방관련 법규

1) 건축법

목적	• 건축물의 대지·구조·설비 기준 및 용도 등을 정하여 건축물의 안전·기능·환경 및 미관을 향상
소방 설계 관련	• 건축허가 • 건축물의 피난시설 및 용도 제한 • 건축물의 내화구조와 방화벽 • 고층 건축물의 피난 및 안전관리 • 방화지구 • 건축물의 마감재료 • 비상용 승강기 • 피난용 승강기 • 면적 등의 산정 방법

2) 건축물의 피난·방화구조 등의 기준에 관한 규칙

약칭	• 건축물방화구조규칙	
목적	• 건축물의 피난·방화 등에 관한 기술적 기준을 정함	
소방 설계 관련	• 불연재료(일반기준) • 직통계단·피난계단·특별피난계단 • 피난안전구역 • 헬리포트 및 구조공간	• 방화구획 • 계단·복도·반자높이 • 소방관 진입창 • 건축물의 마감재료 • 방화문의 구조 • 피난용승강기

3) 건축자재 등 품질인정 및 관리기준

목적	• 화재 발생 시 건축물의 구조적 안전을 도모하고 화재 확산 및 유독 가스 발생 등을 방지하는 등 인명과 재산을 보호하기 위하여 「건축법」에 따라 건축자재등의 인정 절차, 품질관리 등에 필요한 사항을 정하고, 「건축물방화구조규칙」에 따라 건축자재 등의 시험방법 및 성능기준 등의 세부사항을 정함
소방 설계 관련	• 난연·준불연·불연재료의 성능기준 • 화재 확산 방지구조 • 방화문 성능기준 및 구성 • 자동방화셔터 성능기준 및 구성 • 방화댐퍼 성능기준 및 구성 • 하향식 피난구 성능시험 및 성능기준

4) 건축물의 설비 기준 등에 관한 규칙

약칭	• 건축물설비기준규칙
목적	• 「건축법」에 따른 건축설비의 설치에 관한 기술적 기준 등에 필요한 사항을 규정함
소방 설계 관련	• 관계전문기술자의 협력 • 비상용승강기의 구조 • 환기구의 안전 기준 • 배연설비, 피뢰설비

5) 방송통신설비의 기술기준에 관한 규정

목적	• 관련법 및 규정에 따라 방송통신설비, 관로, 구내통신선로설비 및 구내용 이동통신설비 및 방송통신기자재 등의 기술기준을 규정함
소방 설계 관련	• 위해 등의 방지 • 보호기 및 접지 • 전송설비 및 선로설비의 보호 • 전력유도의 방지 • 전원설비 • 절연저항 • 전자파장해 방지기준 • 구내통신실의 면적확보 • 통신공동구 등의 설치기준

6) 건축물의 화재안전성능보강 방법 등에 관한 기준

목적	• 「건축물관리법」에 따른 화재안전성능 보강대상 건축물에 대한 보강방법 및 기준을 정함
소방 설계 관련	• 드렌쳐 설비 • 스프링클러 설비 • 간이스프링클러 설비 • 하향식 피난구 • 방화문, 옥외피난계단

• 소방시설 설계자는 소방분야 법규 및 소방관련분야 기준들을 모두 숙지하고 준수하여 설계도서를 작성하여야 한다.

7-2 화재안전기준

1. 화재안전기준의 이원화 #화재안전기준 #NFSC #행정규칙(고시) #화재안전성능기준 #화재안전기술기준
2. 성능기준과 기술기준 #NFPC #NFTC #소화설비 #경보설비 #피난구조설비 #소화용수설비 #소화활동설비
3. 성능기준과 기술기준의 비교 #화재안전성능기준 #NFPC #화재안전기술기준 #NFTC #적용범위 #용어의 정의

1 화재안전기준의 이원화

1) 화재안전기준

- 소화기구 및 자동소화장치의 화재안전기준(NFSC 101)부터 소방시설용 비상전원수전설비의 화재안전기준(NFSC 602)까지 33개 고시
- 도로터널의 화재안전기준(NFSC 603)부터 전기저장시설의 화재안전기준(NFSC 607)까지 5개 고시
- 공동주택, 건설현장 및 창고시설의 화재안전기준도 마련되고 있다.

2) 유연성 한계

- 행정규칙(고시)이다.
- 고시 개정 절차로 인해 제때 개정되지 못하면서 신기술·신제품 도입 지연 등의 문제점이 제기되었다.

3) 이원화

- 국가화재안전기준을 성능(기본)기준과 기술(상세)기준으로 이원화하였다.
- 기술이나 환경이 변화하여도 반드시 유지될 필요가 있는 성능기준은 고시 형식으로 정한다.
- 성능기준을 만족하는 구체적인 방법·수단·사양 등을 정하는 기술기준은 공고 형식으로 정한다.

> **고시와 공고?**
> - 공고문서의 종류로 연도표시 일련번호(제2009-○○호)를 사용
> - 공고 : 일시적 또는 단기간의 일정 사항을 알리는 경우 구속력을 가지지 않는 사항
> - 고시 : 법령이 정하는 바에 따라 일정한 사항을 알리기 위한 문서로 일단 정한 후 개정 또는 폐지되지 않는 한 계속적으로 효력이 있는 사항을 알리는 경우 구속력을 가지는 사항

(1) 화재안전성능기준(소방청고시)

- 소방시설에 요구되는 중요성능으로 기술변화에도 반드시 유지될 필요가 있는 기준으로 개정

※ 예 : 자동화재탐지설비의 감지기는 부착 높이에 따라 적응성 있는 감지기로 설치

(2) 화재안전기술기준(소방청공고)

- 성능을 구현하기 위한 특정수치 및 사양, 설치·시험방법 등 기술환경 변화에 따라 적시에 개정하여야 할 기준을 제정

※ 예 : 부착 높이에 따른 적응성 있는 감지기 종류 세부 기준

2 성능기준과 기술기준

- 성능기준 및 기술기준의 종류 및 코드번호는 아래와 같다.
  - 옥내소화전설비의 화재안전성능기준(NFPC 102)
  - 옥내소화전설비의 화재안전기술기준(NFTC 102)

1) 소화설비

101	소화기구및자동소화장치	105	포소화설비
102	옥내소화전설비	106	이산화탄소소화설비
103	스프링클러설비	107	할론소화설비
103A	간이스프링클러설비	107A	할로겐화합물 및 불활성기체소화설비
103B	화재조기진압용 스프링클러설비	108	분말소화설비
104	물분무소화설비	109	옥외소화전설비
104A	미분무소화설비	110	고체에어로졸소화설비

2) 경보설비

201	비상경보설비 및 단독경보형감지기
202	비상방송설비
203	자동화재탐지설비 및 시각경보장치
204	자동화재속보설비
205	누전경보기
206	가스누설경보기

3) 피난구조설비

301	피난기구	303	유도등 및 유도표지
302	인명구조기구	304	비상조명등

4) 소화용수설비

401	상수도소화용수설비	402	소화수조 및 저수조

5) 소화활동설비

501	제연설비
501A	특별피난계단의 계단실 및 부속실제연설비
502	연결송수관설비
503	연결살수설비
504	비상콘센트설비
505	무선통신보조설비

6) 기타설비

602	소방시설용비상전원수전설비	605	지하구
603	도로터널	606	임시소방시설
604	고층건축물	607	전기저장시설

3 성능기준과 기술기준의 비교

- 두 기준의 공통점과 차이점을 파악하기 위해 피난기구의 기준 일부를 비교한다.

피난기구의 화재안전성능기준(NFPC 301)	피난기구의 화재안전기술기준(NFTC 301)
[소방청고시 제2022-51호, 2022. 11. 25., 전부개정]	[소방청공고 제2022-228호, 2022. 12. 1., 제정]
제2조(적용범위) 이 기준은 「소방시설 설치 및 관리에 관한 법률 시행령」(이하 "영"이라 한다) 별표 4 제3호가목 및 「다중이용업소의 안전관리에 관한 특별법 시행령」 별표 1 제1호다목1)에 따른 피난기구의 설치 및 관리에 대해 적용한다.	1. 일반사항 1.1 적용범위 1.1.1 이 기준은 「소방시설 설치 및 관리에 관한 법률 시행령」(이하 "영"이라 한다) 별표 4 제3호가목 및 「다중이용업소의 안전관리에 관한 특별법 시행령」 별표 1 제1호다목1)에 따른 피난기구의 설치 및 관리에 대해 적용한다.
제3조(피난기구의 종류) 영 제3조에 따른 별표 1 제3호가목5)에서 "그 밖에 화재안전기준으로 정하는 것"이란 미끄럼대·피난교·피난용트랩·간이완강기·공기안전매트· 다수인 피난장비·승강식 피난기 등을 말한다.	1.7 피난기구의 종류 1.7.1 영 제3조에 따른 별표 1 제3호가목5)에서 "그 밖에 화재안전기준으로 정하는 것"이란 미끄럼대·피난교·피난용트랩·간이완강기·공기안전매트·다수인 피난장비·승강식피난기 등을 말한다.
제4조(정의) 이 기준에서 사용하는 용어의 정의는 다음과 같다. 1. "완강기"란 사용자의 몸무게에 따라 자동적으로 내려올 수 있는 기구 중 사용자가 교대하여 연속적으로 사용할 수 있는 것을 말한다. 2. "간이완강기"란 사용자의 몸무게에 따라 자동적으로 내려올 수 있는 기구 중 사용자가 연속적으로 사용할 수 없는 것을 말한다. (중략)	1.8 용어의 정의 1.8.1 이 기준에서 사용하는 용어의 정의는 다음과 같다. 1.8.1.1 "완강기"란 사용자의 몸무게에 따라 자동적으로 내려올 수 있는 기구 중 사용자가 교대하여 연속적으로 사용할 수 있는 것을 말한다. 1.8.1.2 "간이완강기"란 사용자의 몸무게에 따라 자동적으로 내려올 수 있는 기구 중 사용자가 연속적으로 사용할 수 없는 것을 말한다. (중략)

- 두 기준의 목적과 용어의 정의는 내용이 같다.

피난기구의 화재안전성능기준(NFPC 301)	피난기구의 화재안전기술기준(NFTC 301)
제5조(적응성 및 설치개수 등) ① 피난기구는 특정소방대상물의 설치장소별로 그에 적응하는 종류의 것으로 설치해야 한다. ② 피난기구는 다음 각 호의 기준에 따른 개수 이상을 설치해야 한다. 1. 층마다 설치하되, 특정소방대상물의 종류에 따라 그 층의 용도 및 바닥면적을 고려하여 한 개 이상 설치하며, 영 별표 2 제1호 가목의 아파트 등에 있어서는 각 세대마다 한 개 이상 설치할 것 2. 제1호에 따라 설치한 피난기구 외에 숙박시설(휴양콘도미니엄을 제외한다)의 경우에는 추가로 객실마다 완강기 또는 둘 이상의 간이완강기를 설치할 것 3. 제1호에 따라 설치한 피난기구 외에 공동주택(「공동주택관리법」제2조 제1항 제2호 가목부터 라목까지 중 어느 하나에 해당하는 공동주택에 한한다)의 경우에는 하나의 관리주체가 관리하는 공동주택 구역마다 공기안전매트 한 개 이상을 추가로 설치할 것 (중략)	**2.1 적응성 및 설치개수 등** 2.1.1 피난기구는 표 2.1.1에 따라 특정소방대상물의 설치장소별로 그에 적응하는 종류의 것으로 설치해야 한다. 2.1.2 피난기구는 다음의 기준에 따른 개수 이상을 설치해야 한다. 2.1.2.1 층마다 설치하되, 숙박시설·노유자시설 및 의료시설로 사용되는 층에 있어서는 그 층의 바닥면적 500 m^2마다, 위락시설·문화집회 및 운동시설·판매시설로 사용되는 층 또는 복합용도의 층(하나의 층이 영 별표 2 제1호 내지 제4호 또는 제8호 내지 제18호 중 2 이상의 용도로 사용되는 층을 말한다)에 있어서는 그 층의 바닥면적 800 m^2마다, 계단실형 아파트에 있어서는 각 세대마다, 그 밖의 용도의 층에 있어서는 그 층의 바닥면적 1,000 m^2마다 1개 이상 설치할 것 2.1.2.2 2.1.2.1에 따라 설치한 피난기구 외에 숙박시설(휴양콘도미니엄을 제외한다)의 경우에는 추가로 객실마다 완강기 또는 2 이상의 간이완강기를 설치할 것 2.1.2.3 2.1.2.1에 따라 설치한 피난기구 외에 공동주택(「공동주택관리법」 제2조 제1항 제2호 가목부터 라목까지 중 어느 하나에 해당하는 공동주택에 한한다)의 경우에는 하나의 관리주체가 관리하는 공동주택 구역마다 공기안전매트 1개 이상을 추가로 설치할 것. 다만, 옥상으로 피난이 가능하거나 인접세대로 피난할 수 있는 구조인 경우에는 추가로 설치하지 않을 수 있다. (중략)

- 화재안전성능기준에서는 용도별로 기본적인 설치개수를 규정한다.
- 화재안전기술기준에서는 용도, 층, 면적 등 세부조건별로 설치개수를 산출하도록 하고 있다.

피난기구의 화재안전성능기준(NFPC 301)	피난기구의 화재안전기술기준(NFTC 301)
③ 피난기구는 다음 각 호의 기준에 따라 설치해야 한다. 1. 피난기구는 계단·피난구 기타 피난시설로부터 적당한 거리에 있는 안전한 구조로 된 피난 또는 소화 활동상 유효한 개구부(가로 0.5미터 이상, 세로 1 m 이상의 것을 말한다)에 고정하여 설치하거나 필요한 때에 신속하고 유효하게 설치할 수 있는 상태에 둘 것	2.1.3 피난기구는 다음의 기준에 따라 설치해야 한다. 2.1.3.1 피난기구는 계단·피난구 기타 피난시설로부터 적당한 거리에 있는 안전한 구조로 된 피난 또는 소화 활동상 유효한 개구부(가로 0.5 m 이상 세로 1 m 이상인 것을 말한다. 이 경우 개구부 하단이 바닥에서 1.2 m 이상이면 발판 등을 설치하여야 하고, 밀폐된 창문은 쉽게 파괴할 수 있는 파괴장치를 비치해야 한다)에 고정하여 설치하거나 필요한 때에 신속하고 유효하게 설치할 수 있는 상태에 둘 것
2. 피난기구를 설치하는 개구부는 서로 동일직선상이 아닌 위치에 있을 것 (중략)	2.1.3.2 피난기구를 설치하는 개구부는 서로 동일직선상이 아닌 위치에 있을 것. 다만, 피난교·피난용트랩·간이완강기·아파트에 설치되는 피난기구 (다수인 피난장비는 제외한다) 기타 피난 상 지장이 없는 것에 있어서는 그렇지 않다. (중략)

- 화재안전성능기준에서는 개구부의 최소크기를 규정한다.
- 화재안전기술기준에서는 개구부가 높거나 밀폐된 창문인 경우에 조치할 방법들을 제시하고 있다.
- 화재안전기술기준에서는 피난기구를 설치하는 방법의 일부 예외조건도 제시하고 있다.

※화재안전기술기준은 성능기준의 대부분을 포함하며 적용의 세부기준과 예외조건까지 제시한다.

7-3 소방시설 인허가

1. 인허가 대상과 절차 #착공신고 #설비의 신설 #설비 또는 구역의 증설 #감리자 지정대상 #인허가 절차 #허가동의
2. 소방시설 설계도서 #설계도서 #해석의 우선순위 #소방감리업무절차서 #설계도서 작성기준 #설계도서 작성원칙

1 인허가 대상과 절차

1) 착공신고 대상

(1) 설비의 신설

- 옥내소화전설비
- 옥외소화전설비
- 스프링클러설비등
- 물분무등소화설비
- 자동화재탐지설비
- 비상경보설비
- 비상방송설비
- 소화용수설비
- 연소방지설비
- 연결송수관설비
- 연결살수설비
- 무선통신보조설비
- 제연설비
- 비상콘센트설비

(2) 설비 또는 구역의 증설

- 옥내소화전설비, 옥외소화전설비
- (간이)스프링클러설비, 물분무등소화설비의 방호구역
- 자동화재탐지설비의 경계구역
- 제연설비 제연구역
- 연결살수설비, 연소방지설비의 살수구역
- 연결송수관설비의 송수구역
- 비상콘센트설비의 전용회로

(3) 수신반·소화펌프·동력(감시)제어반의 개설, 이전, 정비

※ 작동불능으로 긴급히 교체하거나 보수하는 경우는 예외

2) 감리자 지정대상

공사감리자 지정대상

구분	신설	개설	증설
옥내소화선설비 스프링클러설비등의 방호·방수구역 물분무등소화설비의 방호·방수구역 옥외소화전설비	O	O	O
자동화재탐지설비 비상방송설비 통합감시시설	O	O	
비상조명등	O	O	
소화용수설비	O	O	
연결송수관설비, 무선통신보조설비	O	O	
제연설비의 제연구역 비상콘센트설비의 전용회로 연소방지설비의 살수구역	O	O	O

(출처 : 국가법령정보센터, 소방시설공사업법 시행령)

3) 소방시설의 인허가 절차

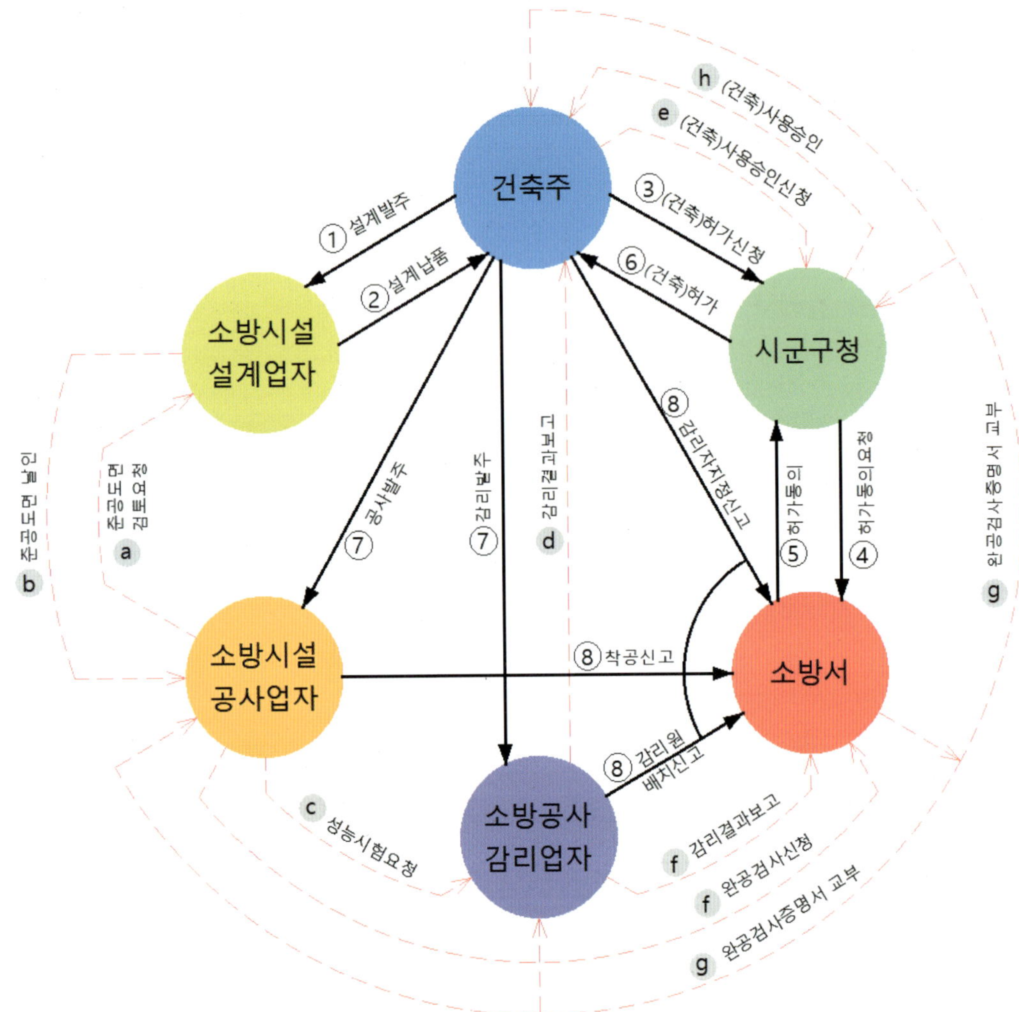

소방시설의 인허가 절차

- 소방시설을 설계, 시공하여 완공하기까지의 인허가 절차는 다음과 같다.

(1) 착공 전

① 설계발주	② 설계납품
③ (건축)허가신청	④ 허가동의요청
⑤ 허가동의	⑥ (건축)허가
⑦ 공사발주, 감리발주	
⑧ 착공신고, 감리자지정신고, 감리원배치신고	

(2) 완공 후

ⓐ 준공도면 검토요청	ⓑ 준공도면 날인
ⓒ 성능시험요청	ⓓ 감리결과보고
ⓔ (건축)사용승인신청	ⓕ 감리결과보고, 완공검사신청
ⓖ 완공검사증명서 교부	ⓗ (건축)사용승인

- 건축물의 사용승인 이후에는 소방안전관리자를 선임하여야 한다.

2 소방시설 설계도서

1) 설계도서의 적용

(1) 설계도서

- 설계의 성과물로 만들어진 일체의 도서
- 설계도면, 시방서, 내역서 등 공사의 인허가와 실시공을 위한 도서들을 포괄적으로 이른다.
- 소방설계자는 일반적인 설계도서 외에 소방시설의 인허가를 위해 계산서, 설치계획표를 추가로 작성한다.

(2) 해석의 우선순위

- 계약으로 우선순위를 정하지 아니하였으나 서로 일치하지 않을 때는 다음과 같이 적용의 우선순위를 둔다.

① 공사시방서 ② 설계도면
③ 전문시방서 ④ 표준시방서
⑤ 산출내역서 ⑥ 승인된 상세시공도면
⑦ 관계법규의 유권해석 ⑧ 감리자의 지시사항

소방감리업무절차서(소방청, 소방시설협회 가이드)
설계도서 작성기준(건설교통부 고시)

2) 건축허가동의 절차

- 설계자는 관련서류를 취합하여 관할 소방서 민원실과 건축허가동의를 위한 업무협의를 거친다.
- 이후 "건축행정시스템 세움터(www.eais.go.kr)"에 관련서류를 등록한다.

3) 허가동의 관련서류

구분		
소방분야	• 소방설계도서 • 계통도 • 평면도 • 상세도 • 시방서 • 계산서	• 소방시설 설치계획표 • 임시소방시설 설치계획표 (설치시기, 위치, 종류, 방법 등 세부사항을 포함) • 소방시설업 등록증 사본 • 기술인력 자격증 사본
건축분야	• 건축개요 • 배치도 • 건축평면도	• 건축단면도 • 주단면 상세도(내장재료 명시) • 창호도
전기통신 분야 (해당 시)	• 비상조명등 설계도면 • 비상발전기 용량계산서 • 비상방송설비 설계도면	
계약서	• 설계계약서	

4) 설계도서 작성원칙

구분	내용
적법성	• 관련 법규 및 조례, 지침을 준수한다. • 관계기관과 사전협의를 거친다.
호환성	• 타 공종과의 협의와 조정을 반영한다. • 설계도서 간 표현과 내용이 일치되도록 한다.
명확성	• 쉽고 간단명료하게 작성한다. • 누락, 오기가 없도록 정확히 작성한다.

연습문제

01 소방시설공사 및 소방기술의 관리에 필요한 사항을 규정한 법은?

① 소방기본법 ② 소방시설공사업법
③ 화재조사법 ④ 화재예방법

정답 ②
해설 소방시설공사업법은 소방시설공사 및 소방기술의 관리에 필요한 사항을 규정한다.

02 다음 중 설계도서에 해당되지 않는 것은?

① 소방시설 평면도 ② 소화펌프실 상세도
③ 건축허가서 ④ 표준시방서

정답 ③
해설 설계도서란 설계도면, 시방서, 내역서 등 인허가와 실시공을 위한 도서를 포괄적으로 이른다.

03 다음은 화재안전기준에 대한 설명이다 잘못된 것은?

① 이전의 화재안전기준은 유연성이 부족해 이원화되었다.
② 화재안전기준과 화재안전성능기준으로 이원화되었다.
③ 화재안전성능기준은 기본적으로 요구되는 성능을 고시하였다.
④ 화재안전기술기준은 기술적인 제반사항들을 고시하였다.

정답 ④
해설 화재안전기술기준은 적시에 개정하여야 할 기술적인 제반사항들을 공고하였다.

학습정리

01 소방시설업

1) “소방시설업”에는 소방시설설계업, 소방시설공사업, 소방공사감리업, 방염처리업이 있다.
2) “전문소방시설 설계업”은 모든 소방시설의 설계를 할 수 있다.
3) “성능위주설계자”는 소방기술사를 2명 이상 보유하여야 한다.
4) 소방시설 설계자는 소방분야 및 관련법규를 숙지하고 준수하여야 한다.

02 화재안전기준

1) 화재안전기준은 유연성에 한계를 가져 이원화되었다.
2) 화재안전성능기준은 반드시 유지되어야 하는 중요성능을 기준으로 개정하였다.
3) 화재안전기술기준은 기술환경에 따라 적시에 개정하여야 할 기준을 제정하였다.
4) 화재안전기술기준은 성능기준의 대부분을 포함하며 적용의 세부기준과 예외조건까지 제시한다.

03 소방시설의 인허가

1) 소방시설공사업법에서 착공신고 및 감리자를 지정하여야 하는 소방시설공사를 규정하고 있다.
2) (건축)허가를 득하려면 관할소방서의 허가동의 절차를 거쳐야 한다.
3) (건축)사용승인을 득하려면 관할소방서의 완공검사증명을 득하여야 한다.

04 소방시설 설계도서

1) 설계도서란 설계의 성과물로 만들어진 일체의 도서를 말한다.
2) 소방설계자는 소방시설의 인허가를 위해 계산서, 설치계획표를 추가로 작성한다.
3) 설계도서는 적합성, 호환성, 명확성을 원칙으로 작성하여야 한다.

CHAPTER

08

소방시설 설치계획

학습목표

1. 건축물의 구조와 용도를 이해하여 구분해 낼 수 있다.
2. 건축물의 규모를 이해하여 산정해 낼 수 있다.
3. 소방시설 설치계획표의 구성항목들을 이해하여 작성할 수 있다.

학습목차

1. 건축물의 용도
2. 건축물의 규모
3. 소방시설 설치계획표

복습점검

문제 1. 소방기본법은 소방시설공사 및 소방기술의 관리에 필요한 사항을 규정한다.

정답 ×

해설 소방시설공사 및 소방기술의 관리에 필요한 사항을 규정한 것은 '소방시설공사업법'이다.

문제 2. 설계도서란 설계도면, 시방서, 내역서 등 인허가와 실시공을 위한 도서를 이른다.

정답 ○

해설 이외에도 시공상세도, 산출서 등 인허가와 실시공을 위한 도서를 포괄적으로 이른다.

문제 3. 화재안전기술기준은 기본적으로 요구되는 성능을 고시하였다.

정답 ○

해설 화재안전성능기준은 기본적으로 요구되는 성능을 고시하였고, 화재안전기술기준은 기술적인 제반사항들을 공고하였다.

8-1 건축물의 용도

1. 건축계획	#분리발주 #건축(설계)개요 #기본설계 #실시설계 #소방시설등
2. 건축의 이해	#신축 #증축 #개축 #재축 #이전 #대수선 #리모델링 #철근콘크리트조 #철골조 #벽식구조 #라멘조 #주요구조부 #내화구조
3. 건축물의 용도구분	#특정소방대상물 #단독주택 #야영장 시설 #지하가 #지하구 #문화재 #복합건축물

1 건축계획

1) 소방시설의 설계절차

설계계약	분리발주 및 직접계약 건축설계안 검토
↓ 건축계획 참여·검토	건축계획물의 용도와 규모 확인 건축(설계)개요 검토
↓ 설치계획	적용할 시설의 결정 소방시설 설치계획 수립
↓ 기본설계	건축, 기계, 전기 등 타분야 협의안 도출 소방시설별 계통도 및 평면도 작성 건축주 브리핑
↓ 실시설계	설계도서 완성 및 관련 인허가

- 실질적인 소방설계는 건축계획에서부터 시작된다.
- 건축계획에 참여하여 소방시설 및 관련시설의 적용을 협의한다.

2) 소방시설 등의 종류

용어	구분	종류	비고
소방 시설등	소방시설	소화설비 경보설비 피난구조설비 소화용수설비 소화활동설비	소방시설법
	비상구		
	그 밖에 소방 관련시설	방화문 방화셔터	소방시설법 시행령

- 소방법에 따르는 '소방시설등' 이외에도 건축법을 따르는 피난·구조 및 방화시설을 이해하고 관련된 건축용어들도 알아야 건축물에 적합한 설치계획을 세울 수 있다.

2 건축의 이해

1) 건축의 종류

• 건축법 시행령 제2조에서 신축, 증축, 개축, 재축 및 이전에 대하여 정의한다.

신축

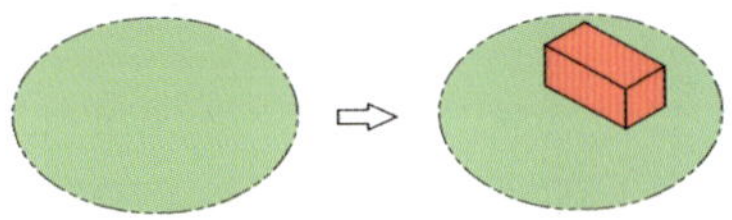

• 새로 건축물을 축조(築造)하는 것

증축

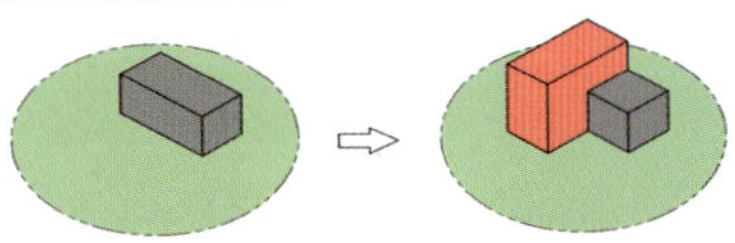

• 기존 건축물의 건축면적, 연면적, 층수 또는 높이를 늘리는 것

개축 / 재축

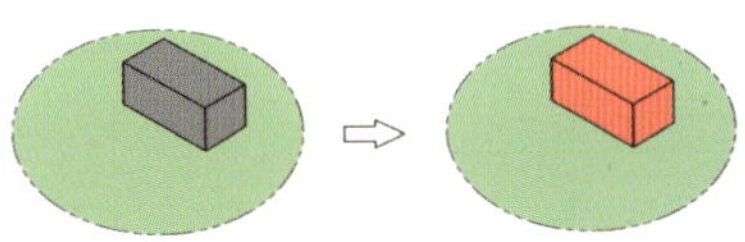

• 기존 건축물의 전부 또는 일부를 해체하고 종전의 범위에서 건축물을 다시 축조하는 것 → 개축
• 천재지변이나 그 밖의 재해로 멸실된 경우 종전 규모 이하로 다시 축조하는 것 → 재축

이전

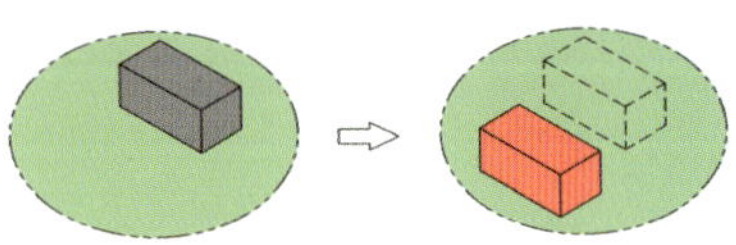

• 건축물의 주요구조부를 해체하지 아니하고 같은 대지의 다른 위치로 옮기는 것

• 건축법 제2조에서 대수선과 리모델링에 대해 정의한다.

구분	내용
대수선	• 건축물의 기둥, 보, 내력벽, 주계단 등의 구조나 외부 형태를 수선·변경하거나 증설하는 것으로서 대통령령으로 정하는 것을 말한다. • 세부적인 것들은 「건축법 시행령 제3조의 2(대수선의 범위)」에서 정하고 있다.
리모델링	• 건축물의 노후화를 억제하거나 기능 향상 등을 위하여 대수선하거나 건축물의 일부를 증축 또는 개축하는 행위를 말한다.

2) 구조의 종류

(1) 구성재료에 의한 분류

구분	내용
철근콘크리트조	• 형틀 속에 철근을 조립하고 그 사이에 콘크리트를 부어 일체식으로 구성한 구조
철골철근콘크리트조	• 철골조와 철근콘크리트조를 함께 사용
철골조	• 형강, 강판을 용접, 리벳,볼트로 짜맞춤
시멘트블록구조	• 시멘트블록과 몰탈로 내력벽을 구성
벽돌구조	• 벽돌로 내력벽을 쌓는 구조

• 내화구조의 건축물은 철근콘크리트조 또는 철골철근콘크리트조가 주로 쓰인다.

(2) 하중지지에 의한 분류

벽식 구조	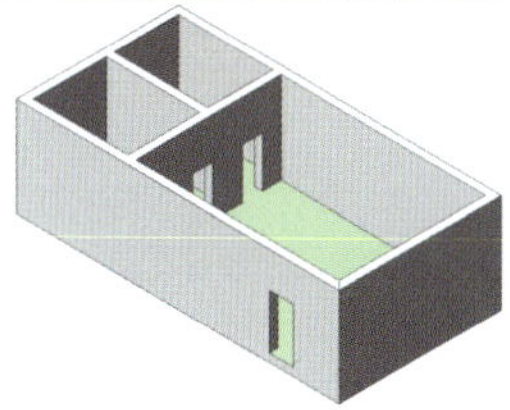	• 벽체가 하중을 지지하는 구조로 아파트에 주로 쓰인다.
라멘조	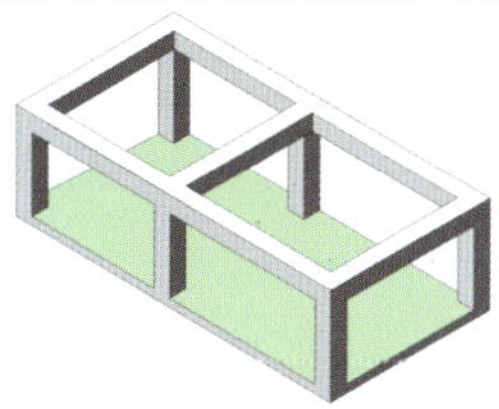	• 보와 기중이 하중을 지지하는 구조로 일반적인 건축물에 쓰인다.

3) 주요구조부

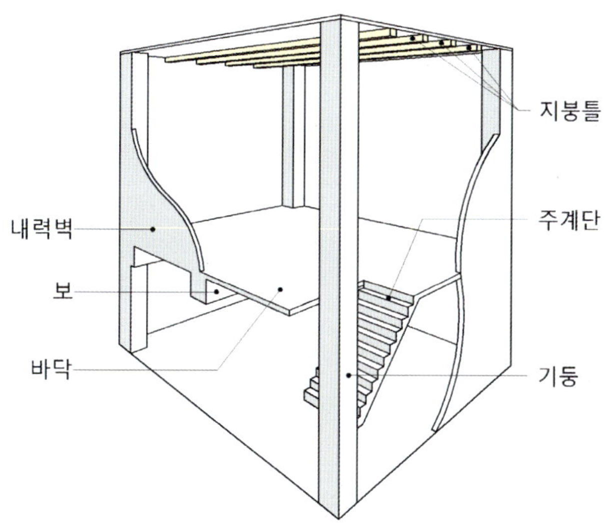

주요구조부

• 주요구조부란 내력벽, 보, 바닥, 지붕틀, 주계단 및 기둥을 말한다.

• 다만, 사이기둥, 최하층 바닥, 작은 보, 차양, 옥외 계단, 그 밖에 이와 유사한 것으로 건축물의 구조상 중요하지 아니한 부분은 제외한다.

4) 내화구조

• 화재를 견딜 수 있는 성능을 가진 구조이다.

• 「건축물방화구조규칙」의 3조에서 정하고 있다.

• [별표 1]에서는 용도 및 부재별로 내화구조의 성능기준을 규정한다.

5) 방화구조

• 화염의 확산을 막을 수 있는 성능을 가진 구조이다.

• 「건축물방화구조규칙」의 4조에서 정하고 있다.

6) 재료의 난연성능

• 「건축물방화구조규칙」의 5~7조에서 정하고 있다.

• 세부 시험기준은 「건축자재 등 품질인정 및 관리기준」 23~25조에서 규정한다.

불연재료	• 불에 타지 아니하는 성능을 가진 재료
준불연재료	• 불연재료에 준하는 성질을 가진 재료
난연재료	• 불에 잘 타지 아니하는 성능을 가진 재료

• 건축계획의 기본사항을 이해하고 용도와 규모를 파악하면 적용할 소방시설의 구체적인 설치계획을 세울 수 있다.

3 건축물의 용도구분

- 건축물은 유사한 구조, 이용목적 및 형태별로 그 용도가 나뉜다.

건축법 시행령
[별표 1]
용도별 건축물의 종류

1. 단독주택
2. 공동주택
3. 제1종 근린생활시설
4. 제2종 근린생활시설
5. 문화 및 집회시설
6. 종교시설
7. 판매시설
8. 운수시설
9. 의료시설
10. 교육연구시설
11. 노유자시설
12. 수련시설
13. 운동시설
14. 업무시설
15. 숙박시설
16. 위락시설
17. 공장
18. 창고시설
19. 위험물 저장 및 처리 시설
20. 자동차 관련 시설
21. 동물 및 식물 관련 시설
22. 자원순환 관련 시설
23. 교정 및 군사 시설
24. 방송통신시설
25. 발전시설
26. 묘지 관련 시설
27. 관광 휴게시설
28. 장례시설
29. 야영장 시설

1. 단독주택
   가. 단독주택
   나. 다중주택 : 여러사람이 장기간 거주할 수 있는 구조로서 실별로 취사시설이 없으며 1동의 바닥면적의 합계가 660 m^2 이하이고 주택의 층수가 3개층 이하일 것
   다. 다가구주택 : 1동의 바닥면적이 660 m^2 이하이고 주택인 층수가 3개층 이하이며 동별 세대수가 총19세대 이하일 것
   라. 공관

소방시설법 시행령
[별표 2]
특정소방대상물

1. 공동주택
2. 근린생활시설
3. 문화 및 집회시설
4. 종교시설
5. 판매시설
6. 운수시설
7. 의료시설
8. 교육연구시설
9. 노유자 시설
10. 수련시설
11. 운동시설
12. 업무시설
13. 숙박시설
14. 위락시설
15. 공장
16. 창고시설
17. 위험물 저장 및 처리 시설
18. 항공기 및 자동차 관련 시설
19. 동물 및 식물 관련 시설
20. 자원순환 관련 시설
21. 교정 및 군사 시설
22. 방송통신시설
23. 발전시설
24. 묘지 관련 시설
25. 관광 휴게시설
26. 장례시설
27. 지하가
28. 지하구
29. 문화재
30. 복합건축물

1. 공동주택
   가. 아파트등 : 주택인 층수가 5개층 이상
   나. 연립주택 : 1동의 바닥면적이 660 m^2를 초과하고 4개층 이하
   다. 다세대주택 : 1동의 바닥면적이 660 m^2 이하이고, 4개층 이하
   라. 기숙사 : 학생 또는 종업원이 쓰는 공동취사시설 이용 세대 수가 50% 이상인 것

27. 지하가 : 지하상가, 터널
28. 지하구 : 전력구, 통신구 및 공동구
29. 문화재 : 지정문화재 중 건축물
30. 복합건축물 : 하나의 건축물이 1~27까지의 것 중 둘 이상의 용도로 사용되는 것(부대적인 것 제외)

8-2

건축물의 규모

1. 면적의 산정 #대지면적 #건축면적 #바닥면적 #연면적 #층고 #층수 #베란다 #발코니 #테라스 #캐노피 #필로티
2. 건폐율과 용적률 #건폐율 #건축면적 #대지면적 #용적률 #지상층의 연면적 #수평투영면적
3. 건축(설계)개요 #건축물의 용도 #건축물의 규모 #건폐율 #용적률 #건축(설계)개요

1 면적의 산정

- 층별 바닥면적의 산정을 통해 연면적, 용적률, 건폐율이 결정된다.

■ 층별 바닥면적 개요

구 분	층 별		면 적		용 도	구 조	비 고
			㎡	Py			
바닥면적		지하 1층	531.29	160.72	업무시설 (사무실) 기계/전기실/창고	철근콘크리트조	업무시설: 408.51㎡ 기계/전기실/창고: 126.88㎡
		2층	459.86	139.11	업무시설 (사무실) 기계식 주차장	철근콘크리트조	업무시설: 421.37㎡ 기계식 주차장: 56.52㎡
	소 계		991.15	299.83	제2종근린생활시설	철골 철근콘크리트조	
		지상 1층	339.25	102.62	제2종근린생활시설 (일반음식점)	철골 철근콘크리트조	
		2층	344.07	104.08	업무시설 (사무실)	철골 철근콘크리트조	
		3층	344.07	104.08	업무시설 (사무실)	철골 철근콘크리트조	
		4층	344.07	104.08	업무시설 (사무실)	철골 철근콘크리트조	
		5층	322.03	97.41	업무시설 (사무실)	철골 철근콘크리트조	
		6층	322.03	97.41	업무시설 (사무실)	철골 철근콘크리트조	
		7층	94.54	28.60	업무시설 (사무실)	철골 철근콘크리트조	
		옥탑 1층	51.24	15.50	계단실, EL기계식	철근콘크리트조	연면적제외(2 가구)
	소 계		2,110.06	638.28			
합	계		3,101.21	938.11			

건축물의 면적 산출 예

1) 면적 및 층수

- 면적산정은 정해진 기준과 방법에 따라야 한다.
- 건축법 시행령 119조에서 면적, 높이, 층고 및 층수 등을 정하고 있다.

구분	내용
대지 면적	• 대지의 수평투영면적
건축 면적	• 건축물의 외벽(외벽이 없는 경우에는 외곽 부분의 기둥으로 한다.)의 중심선으로 둘러싸인 부분의 수평투영면적
바닥 면적	• 건축물의 각 층 또는 그 일부로써 벽, 기둥, 그 밖에 이와 비슷한 구획의 중심선으로 둘러싸인 부분의 수평투영면적
연 면적	• 하나의 건축물 각 층의 바닥면적의 합계
높이	• 지표면으로부터 그 건축물의 상단까지의 높이
층고	• 방의 바닥구조체 윗면으로부터 위층 바닥구조체의 윗면까지의 높이
층수	• 지하층을 제외한 지상층의 수 (건축면적의 1/8 이하인 옥상층 제외)

2) 바닥구조물의 종류

- 건축물의 외부로 개방하거나 돌출된 바닥구조물을 '노대'라 한다.
- 노대는 발코니, 베란다, 테라스 등이 있다.

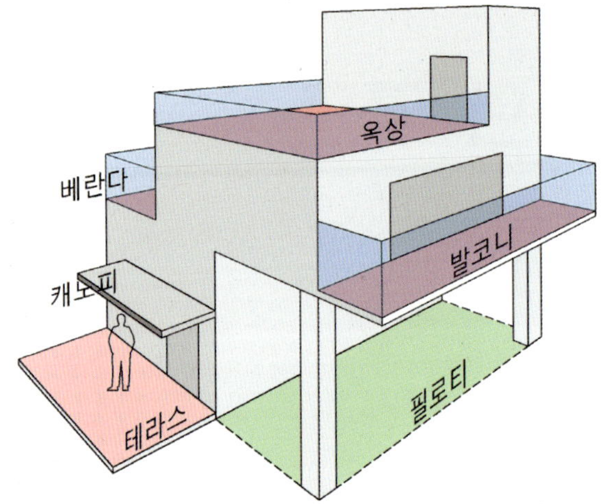

바닥구조물의 종류

구분	내용
베란다	• 위층 면적이 줄면서 아래층 옥상을 활용하는 공간 • 지붕이 없으면 바닥면적에 산입하지 않는다.
발코니	• 건축물 외벽에 접하여 부가적으로 설치되는 공간 • 기준에 적합하게 확장할 수 있다. • 외벽에서 1.5 m를 제외하고 바닥면적에 산입한다.
테라스	• 지표면에 닿도록 설치한 바닥 구조물 • 높이가 1m 미만인 경우에는 바닥면적에 산입하지 않는다.
캐노피	• 벽, 기둥의 구획이 없는 바닥구조물 • 끝에서 1 m를 후퇴한 선으로 바닥면적에 산입한다.
필로티	• 지상층에 외벽, 설비 등을 설치하지 않고 개방시킨 구조 • 공중의 통행, 차량의 통행, 주차에 전용하거나 공동주택의 경우에는 면적에 산입하지 않는다.

2 건폐율과 용적률

- 산정한 바닥면적은 용적률, 건폐율의 산정기준이 되어 허가, 건축, 시설적용 시 지켜야 할 법규들의 기준이 된다.

1) 건폐율(建蔽率, building coverage)

- 대지면적에 대한 건축물의 면적비이다.

$$건폐율[\%] = \frac{건축면적}{대지면적}$$

- 건폐율이 높을수록 건축물 간의 간격은 조밀해진다.

2) 용적률(容積率, floor area ratio)

- 대지면적에 대한 건축물 연면적 비율이다.

$$용적률[\%] = \frac{지상층의\ 연면적}{대지면적}$$

- 용적률을 산정할 때의 연면적은 지하층의 면적을 제외한다.
- 용적률이 높을수록 건축물의 층수와 높이는 높아지게 된다.

3) 산정 예

- 아래와 같은 건축물의 건폐율 및 용적률을 구해보자.

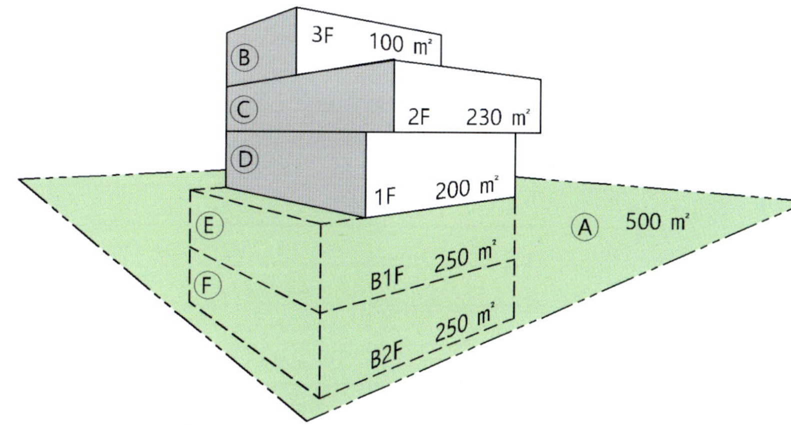

용적률, 건폐율의 산정 예

대지면적	500 m²	Ⓐ
건축면적	230 m²	지상층 부분의 수평투영면적 Ⓒ
연면적	1030 m²	Ⓑ + Ⓒ + Ⓓ + Ⓔ + Ⓕ
건폐율	46%	Ⓒ / Ⓐ
용적률	106%	(Ⓑ + Ⓒ + Ⓓ) / Ⓐ

3 건축(설계)개요

- 건축물의 용도, 지역 및 관련법규에 따라 건폐율과 용적률 제한이 다르다.
- 건폐율과 용적률의 제한을 초과하지 않는 건축물의 규모가 결정되면 구체적인 건축(설계)개요가 작성될 수 있다.

■ 설 계 개 요

구 분	내 용			비 고
대지위치				
지역 / 지구	도시지역. 제3종일반주거지역, 도로(접합)			
대지면적	844.50㎡			
도로현황	북측: 6M도로, 남측: 6M도로			
건축용도	업무시설 및 제2종근린생활시설			
건축규모	지하 2층 / 지상 7층			
건물 최고 높이	28.40 m			
건축면적	421.92 ㎡			
건 폐 율	49.96%	421.92 / 844.50 x 100 = 49.96%		법정: 50% 이하
연 면 적	3,101.21㎡			
용 적 율	249.86%	2,110.06 / 844.50 x 100 = 249.86%		법정: 250% 이하
주차계획	주차계획	30 대		업무시설: 시설면적 100㎡당 1대 근린생활시설: 시설면적 134㎡당 1대
	법정주차	30 대	업무시설: 2,690.68 / 100 = 26.907 대 근생시설: 354.01 / 134 = 2.642 대 ∴ 29.55대	
조경계획	계획면적	128.00㎡	(15.10 %)	법정: 대지면적 15% 이상 – 자연지반 면적: 조경면적의 10퍼센트 이상
	법정면적	126.68㎡ 12.67㎡	조경면적: 844.50㎡ x 15% = 126.68㎡ 자연지반: 126.68㎡ x 10% = 12.67㎡	
정 화 조	00톤 오수정화조 설치			
비 고				

설계개요 예

- 건축(설계)개요를 기초로 하여 소방시설의 설치계획을 세울 수 있다.

8-3 소방시설 설치계획

1. 소방시설의 적용 #건축(설계)개요 #무창층 #피난용 개구부 #강화유리 #일반유리
2. 설치하여야 할 소방시설 #소화설비 #경보설비 #피난구조설비 #소화용수설비 #소화활동설비
3. 설치를 면제하는 소방시설 #스프링클러설비 #물분무등소화설비 #단독경보형감지기 #자동화재탐지설비 #비상경보설비 #비상방송설비
4. 소방시설의 선정 #소방시설 선정표 #소방시설 설치계획표 #건축주 #설계자 #건축물현황 #소방시설

1 소방시설의 적용

1) 관련규정

- 소방관련법을 적용하여 설치할 소방시설의 종류를 정한다.
- 건축물의 용도 및 규모 등 건축(설계)개요를 기초로 하여 적용을 검토한다.
- 내화구조, 방화구획, 마감재료의 재질 등을 확인하며, 소방법에 따른 무창층 여부를 확인하여야 한다.

2) 무창층

- 바닥면적의 1/30 초과하는 피난용 개구부를 확보하지 못한 지상층이다.
- 무창층이라면 창을 통한 피난이 곤란한 것으로 보아 설치하여야 하는 소방시설의 판단기준을 강화하고 있다.

※ 신축학교에 바닥면적이 600 m^2를 넘는 무창층이 있다면 연면적이 3,000 m^2 이하라 하더라도 옥내소화전을 설치하여야 한다.

3) 피난용 개구부의 조건

- 지름 50 cm 원이 내접하는 크기 이상

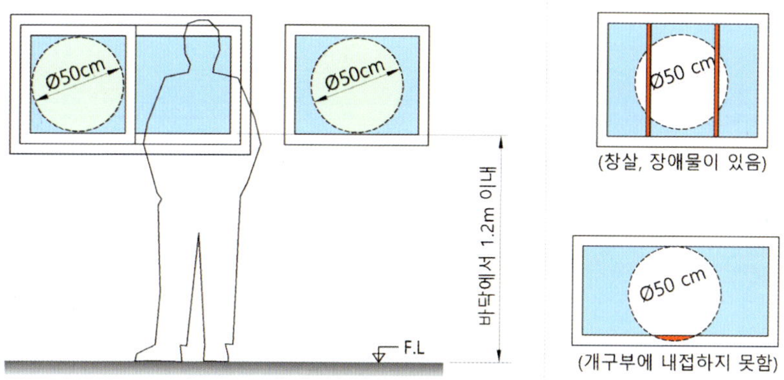

피난용 개구부 예

- 바닥에서 개구부 하단까지 1.2 m 이내
- 피난이 가능하도록 창살, 장애물 없을 것
- 내부 또는 외부에서 쉽게 파괴 가능할 것

※ 유리의 경우 강화유리는 두께 5 mm, 일반유리 6 mm 이하이어야 한다. 복층유리도 같다.

- 도로, 차량이 진입할 수 있는 빈터를 향할 것

※ 도로의 폭이 일반도로는 4 m, 막다른 도로는 2 m 이상이어야 한다.

2 설치하여야 할 소방시설

- 소방시설 설치 및 관리에 관한 법률 시행령 [별표 4]에서 설치해야 하는 소방시설의 종류를 정한다.

1) 소화설비

구분	내용
가. 소화기	1) 연면적 33 m^2 이상인 것. 다만, 노유자 시설의 경우에는 투척용 소화용구 등을 화재안전기준에 따라 산정된 소화기 수량의 2분의 1 이상으로 설치할 수 있다. 2) 1)에 해당하지 않는 시설로써 가스시설, 발전시설 중 전기저장시설 및 문화재 3) 터널 4) 지하구
나. 자동소화장치	후드 및 덕트가 설치되어 있는 주방이 있는 특정소방대상물로 한다. 이 경우 해당 주방에 자동소화장치를 설치해야 한다. 1) 주거용 주방자동소화장치를 설치해야 하는 것: 아파트 등 및 오피스텔의 모든 층 2) 상업용 주방자동소화장치를 설치해야 하는 것 (2022.12.1. 항목신설) 가) 판매시설 중 「유통산업발전법」 제2조제3호에 해당하는 대규모점포에 입점해 있는 일반음식점 나) 「식품위생법」 제2조제12호에 따른 집단급식소 3) 캐비닛형 자동소화장치, 가스자동소화장치, 분말자동소화장치 또는 고체에어로졸자동소화장치를 설치해야 하는 것 : 화재안전기준에서 정하는 장소
다. 옥내소화전	위험물 저장 및 처리 시설 중 가스시설, 지하구 및 업무시설 중 무인변전소(방재실 등에서 스프링클러설비 또는 물분무등소화설비를 원격으로 조정할 수 있는 무인변전소로 한정한다)는 제외한다. 1) 다음의 어느 하나에 해당하는 경우에는 모든 층 가) 연면적 3,000 m^2 이상인 것(지하가 중 터널은 제외한다.) 나) 지하층·무창층(축사는 제외한다)으로써 바닥면적이 600 m^2 이상인 층이 있는 것 다) 층수가 4층 이상인 것 중 바닥면적이 600 m^2 이상인 층이 있는 것 2) 1)에 해당하지 않는 근린생활시설, 판매시설, 운수시설, 의료시설, 노유자시설, 업무시설, 숙박시설, 위락시설, 공장, 창고시설, 항공기 및 자동차 관련 시설, 교정 및 군사시설 중 국방·군사시설, 방송통신시설, 발전시설, 장례시설 또는 복합건축물로서 다음의 어느 하나에 해당하는 경우는 모든 층 가) 연면적 1,500 m^2 이상인 것 나) 지하층·무창층으로서 바닥면적이 300 m^2 이상인 층이 있는 것 다) 층수가 4층 이상인 것 중 바닥면적이 300 m^2 이상인 층이 있는 것 3) 건축물의 옥상에 설치된 차고·주차장으로써 사용되는 면적이 200 m^2 이상인 경우 해당 부분 4) 지하가 중 터널로서 다음에 해당하는 터널 가) 길이가 1,000 m 이상인 터널 나) 예상교통량, 경사도 등 터널의 특성을 고려하여 행정안전부령으로 정하는 터널 5) 1) 및 2)에 해당하지 않는 공장 또는 창고시설로서 「화재의 예방 및 안전관리에 관한 법률 시행령」 별표 2에서 정하는 수량의 750배 이상의 특수가연물을 저장·취급하는 것
라. 스프링클러설비	위험물 저장 및 처리 시설 중 가스시설 및 지하구는 제외한다 1) 층수가 6층 이상인 특정소방대상물의 경우에는 모든 층. 다만, 다음의 어느 하나에 해당하는 경우는 제외한다. 가) 주택 관련 법령에 따라 기존의 아파트등을 리모델링하는 경우로서 건축물의 연면적 및 층의 높이가 변경되지 않는 경우. 이 경우 해당 아파트 등의 사용검사 당시의 소방시설의 설치에 관한 대통령령 또는 화재안전기준을 적용한다. 나) 스프링클러설비가 없는 기존의 특정소방대상물을 용도변경하는 경우. 다만, 2)부터 6)까지 및 9)부터 12)까지의 규정에 해당하는 특정소방대상물로 용도변경하는 경우에는 해당 규정에 따라 스프링클러설비를

라. 스프링클러 설비

설치한다.

2) 기숙사(교육연구시설 · 수련시설 내에 있는 학생 수용을 위한 것을 말한다) 또는 복합건축물로서 연면적 5,000 m^2 이상인 경우에는 모든 층
3) 문화 및 집회시설(동 · 식물원은 제외한다), 종교시설(주요구조부가 목조인 것은 제외한다), 운동시설(물놀이형 시설 및 바닥이 불연재료이고 관람석이 없는 운동시설은 제외한다)로서 다음의 어느 하나에 해당하는 경우에는 모든 층
   가) 수용인원이 100명 이상인 것
   나) 영화상영관의 용도로 쓰는 층의 바닥면적이 지하층 또는 무창층인 경우에는 500 m^2 이상, 그 밖의 층의 경우에는 1,000 m^2 이상인 것
   다) 무대부가 지하층 · 무창층 또는 4층 이상의 층에 있는 경우에는 무대부의 면적이 300 m^2 이상인 것
   라) 무대부가 다) 외의 층에 있는 경우에는 무대부의 면적이 500m^2 이상인 것
4) 판매시설, 운수시설 및 창고시설(물류터미널로 한정한다)로서 바닥면적의 합계가 5,000 m^2 이상이거나 수용인원이 500명 이상인 경우에는 모든 층
5) 다음의 어느 하나에 해당하는 용도로 사용되는 시설의 바닥면적의 합계가 600 m^2 이상인 것은 모든 층
   가) 근린생활시설 중 조산원 및 산후조리원
   나) 의료시설 중 정신의료기관
   다) 의료시설 중 종합병원, 병원, 치과병원, 한방병원 및 요양병원
   라) 노유자시설
   마) 숙박이 가능한 수련시설
   바) 숙박시설
6) 창고시설(물류터미널은 제외한다)로서 바닥면적 합계가 5천m^2 이상인 경우는 모든 층
7) 특정소방대상물의 지하층 · 무창층(축사는 제외한다) 또는 층수가 4층 이상인 층으로서 바닥면적이 1,000 m^2 이상인 층이 있는 경우에는 해당 층
8) 랙식 창고(rack warehouse): 랙(물건을 수납할 수 있는 선반이나 이와 비슷한 것을 말한다. 이하 같다)을 갖춘 것으로서 천장 또는 반자(반자가 없는 경우에는 지붕의 옥내에 면하는 부분을 말한다)의 높이가 10 m를 초과하고, 랙이 설치된 층의 바닥면적의 합계가 1,500 m^2 이상인 경우에는 모든 층

라. 스프링클러 설비

9) 공장 또는 창고시설로서 다음의 어느 하나에 해당하는 시설
   가) 「화재의 예방 및 안전관리에 관한 법률 시행령」 별표 2에서 정하는 수량의 1천 배 이상의 특수가연물을 저장 · 취급하는 시설
   나) 「원자력안전법 시행령」 제2조제1호에 따른 중 · 저준위방사성폐기물(이하 "중 · 저준위방사성폐기물"이라 한다)의 저장시설 중 소화수를 수집 · 처리하는 설비가 있는 저장시설
10) 지붕 또는 외벽이 불연재료가 아니거나 내화구조가 아닌 공장 또는 창고시설로써 다음의 어느 하나에 해당하는 것
   가) 창고시설(물류터미널로 한정한다) 중 4)에 해당하지 않는 것으로서 바닥면적의 합계가 2,500 m^2 이상이거나 수용인원이 250명 이상인 경우는 모든 층
   나) 창고시설(물류터미널은 제외한다) 중 6)에 해당하지 않는 것으로서 바닥면적의 합계가 2,500 m^2 이상인 경우는 모든 층
   다) 공장 또는 창고시설 중 7)에 해당하지 않는 것으로서 지하층 · 무창층 또는 층수가 4층 이상인 것 중 바닥면적이 500 m^2 이상인 경우는 모든 층
   라) 랙식 창고 중 8)에 해당하지 않는 것으로서 바닥면적의 합계가 750 m^2 이상인 경우는 모든 층
   마) 공장 또는 창고시설 중 9)가)에 해당하지 않는 것으로서 「화재의 예방 및 안전관리에 관한 법률 시행령」 별표 2에서 정하는 수량의 500배 이상의 특수가연물을 저장 · 취급하는 시설
11) 교정 및 군사시설 중 다음의 어느 하나에 해당하는 경우는 해당 장소
   가) 보호감호소, 교도소, 구치소 및 그 지소, 보호관찰소, 갱생보호시설, 치료감호시설, 소년원 및 소년분류심사원의 수용거실
   나) 「출입국관리법」 제52조제2항에 따른 보호시설(외국인보호소의 경우에는 보호대상자의 생활공간으로 한정한다. 이하 같다)로 사용하는 부분. 다만, 보호시설이 임차건물에 있는 경우는 제외한다.
   다) 「경찰관 직무집행법」 제9조에 따른 유치장
12) 지하가(터널은 제외한다)로써 연면적 1,000 m^2 이상인 것
13) 발전시설 중 전기저장시설
14) 1)부터 13)까지의 특정소방대상물에 부속된 보일러실 또는 연결통로 등

마. 간이스프링클러설비	1) 공동주택 중 연립주택 및 다세대주택(연립주택 및 다세대주택에 설치하는 간이스프링클러설비는 화재안전기준에 따른 주택전용 간이스프링클러설비를 설치한다) 2) 근린생활시설 중 다음의 어느 하나에 해당하는 것 가) 근린생활시설로 사용하는 부분의 바닥면적 합계가 1천m^2 이상인 것은 모든 층 나) 의원, 치과의원 및 한의원으로써 입원실이 있는 시설 다) 조산원 및 산후조리원으로서 연면적 600 m^2 미만인 시설 3) 의료시설 중 다음의 어느 하나에 해당하는 시설 가) 종합병원, 병원, 치과병원, 한방병원 및 요양병원(의료재활시설은 제외한다)으로 사용되는 바닥면적의 합계가 600 m^2 미만인 시설 나) 정신의료기관 또는 의료재활시설로 사용되는 바닥면적의 합계가 300 m^2 이상 600 m^2 미만인 시설 다) 정신의료기관 또는 의료재활시설로 사용되는 바닥면적의 합계가 300 m^2 미만이고, 창살(철재·플라스틱 또는 목재 등으로 사람의 탈출 등을 막기 위하여 설치한 것을 말하며, 화재 시 자동으로 열리는 구조로 되어 있는 창살은 제외한다)이 설치된 시설 4) 교육연구시설 내에 합숙소로서 연면적 100 m^2 이상인 경우에는 모든 층 5) 노유자시설로써 다음의 어느 하나에 해당하는 시설 가) 제7조제1항제7호 각 목에 따른 시설[같은 호 가목2) 및 같은 호 나목부터 바목까지의 시설 중 단독주택 또는 공동주택에 설치되는 시설은 제외하며, 이하 "노유자 생활시설"이라 한다] 나) 가)에 해당하지 않는 노유자시설로 해당 시설로 사용하는 바닥면적의 합계가 300 m^2 이상 600 m^2 미만인 시설 다) 가)에 해당하지 않는 노유자 시설로 해당 시설로 사용하는 바닥면적의 합계가 300 m^2 미만이고, 창살(철재·플라스틱 또는 목재 등으로 사람의 탈출 등을 막기 위하여 설치한 것을 말하며, 화재 시 자동으로 열리는 구조로 되어 있는 창살은 제외한다)이 설치된 시설 6) 숙박시설로 사용되는 바닥면적의 합계가 300 m^2 이상 600 m^2 미만인 시설 7) 건물을 임차하여 「출입국관리법」 제52조제2항에 따른 보호시설로 사용하는 부분 8) 복합건축물(별표 2 제30호나목의 복합건축물만 해당한다)로써 연면적 1,000 m^2 이상인 것은 모든 층
바. 물분무등소화설비	위험물 저장 및 처리 시설 중 가스시설 및 지하구는 제외한다 1) 항공기 및 자동차 관련 시설 중 항공기 격납고 2) 차고, 주차용 건축물 또는 철골 조립식 주차시설. 이 경우 연면적 800 m^2 이상인 것만 해당한다. 3) 건축물의 내부에 설치된 차고 · 주차장으로서 차고 또는 주차의 용도로 사용되는 면적이 200 m^2 이상인 경우 해당 부분(50세대 미만 연립주택 및 다세대주택은 제외한다) 4) 기계장치에 의한 주차시설을 이용하여 20대 이상의 차량을 주차할 수 있는 시설 5) 특정소방대상물에 설치된 전기실·발전실·변전실(가연성 절연유를 사용하지 않는 변압기·전류차단기 등의 전기기기와 가연성 피복을 사용하지 않은 전선 및 케이블만을 설치한 전기실·발전실 및 변전실은 제외한다)·축전지실·통신기기실 또는 전산실, 그 밖에 이와 비슷한 것으로서 바닥면적이 300 m^2 이상인 것[하나의 방화구획 내에 둘 이상의 실(室)이 설치되어 있는 경우에는 이를 하나의 실로 보아 바닥면적을 산정한다]. 다만, 내화구조로 된 공정제어실 내에 설치된 주조정실로써 양압시설(외부 오염 공기 침투를 차단하고 내부의 나쁜 공기가 자연스럽게 외부로 흐를 수 있도록 한 시설을 말한다)이 설치되고 전기기기에 220 볼트 이하인 저전압이 사용되며 종업원이 24시간 상주하는 곳은 제외한다. 6) 소화수를 수집·처리하는 설비가 설치되어 있지 않은 중·저준위방사성폐기물의 저장시설. 이 시설에는 이산화탄소소화설비, 할론소화설비 또는 할로겐화합물 및 불활성기체 소화설비를 설치해야 한다. 7) 지하가 중 예상 교통량, 경사도 등 터널의 특성을 고려하여 행정안전부령으로 정하는 터널. 이 시설에는 물분무소화설비를 설치해야 한다. 8) 문화재 중 「문화재보호법」 제2조제3항제1호 또는 제2호에 따른 지정문화재로써 소방청장이 문화재청장과 협의하여 정하는 것

구분	내용
사. 옥외 소화전 설비	아파트등, 위험물 저장 및 처리 시설 중 가스시설, 지하구 및 지하가 중 터널은 제외한다. 1) 지상 1층 및 2층의 바닥면적의 합계가 9,000 m^2 이상인 것. 이 경우 같은 구(區) 내의 둘 이상의 특정소방대상물이 행정안전부령으로 정하는 연소(延燒) 우려가 있는 구조인 경우는 이를 하나의 특정소방대상물로 본다. 2) 문화재 중 「문화재보호법」 제23조에 따라 보물 또는 국보로 지정된 목조건축물 3) 1)에 해당하지 않는 공장 또는 창고시설로서 「화재의 예방 및 안전관리에 관한 법률 시행령」 별표 2에서 정하는 수량의 750배 이상의 특수가연물을 저장 · 취급하는 것

2) 경보설비

구분	내용
가. 단독 경보형 감지기	5)의 연립주택 및 다세대주택에 설치하는 단독경보형 감지기는 연동형으로 설치해야 한다. 1) 교육연구시설 내에 있는 기숙사 또는 합숙소로서 연면적 2,000 m^2 미만인 것 2) 수련시설 내에 있는 기숙사 또는 합숙소로써 연면적 2,000 m^2 미만인 것 3) 다목7)에 해당하지 않는 수련시설(숙박시설이 있는 것만 해당한다) 4) 연면적 400 m^2 미만의 유치원 5) 공동주택 중 연립주택 및 다세대주택
나. 비상 경보 설비	모래 · 석재 등 불연재료 공장 및 창고시설, 위험물 저장 및 처리 시설 중 가스시설, 사람이 거주하지 않거나 벽이 없는 축사 등 동물 및 식물 관련 시설 및 지하구는 제외한다. 1) 연면적 400 m^2 이상인 것은 모든 층 2) 지하층 또는 무창층의 바닥면적이 150 m^2(공연장의 경우 100 m^2) 이상인 것은 모든 층 3) 지하가 중 터널로서 길이가 500 m 이상인 것 4) 50명 이상의 근로자가 작업하는 옥내 작업장

구분	내용
다. 자동 화재 탐지 설비	1) 공동주택 중 아파트 등 · 기숙사 및 숙박시설의 경우에는 모든 층 2) 층수가 6층 이상인 건축물의 경우에는 모든 층 3) 근린생활시설(목욕장은 제외한다), 의료시설(정신의료기관 및 요양병원은 제외한다), 위락시설, 장례시설 및 복합건축물로서 연면적 600 m^2 이상인 경우에는 모든 층 4) 근린생활시설 중 목욕장, 문화 및 집회시설, 종교시설, 판매시설, 운수시설, 운동시설, 업무시설, 공장, 창고시설, 위험물 저장 및 처리 시설, 항공기 및 자동차 관련 시설, 교정 및 군사시설 중 국방 · 군사시설, 방송통신시설, 발전시설, 관광 휴게시설, 지하가(터널은 제외한다)로서 연면적 1,000 m^2 이상인 경우는 모든 층 5) 교육연구시설(교육시설 내에 있는 기숙사 및 합숙소를 포함한다), 수련시설(수련시설 내에 있는 기숙사 및 합숙소를 포함하며, 숙박시설이 있는 수련시설은 제외한다), 동물 및 식물 관련 시설(기둥과 지붕만으로 구성되어 외부와 기류가 통하는 장소는 제외한다), 자원순환 관련 시설, 교정 및 군사시설(국방 · 군사시설은 제외한다) 또는 묘지 관련 시설로서 연면적 2,000 m^2 이상인 경우에는 모든 층 6) 노유자 생활시설의 경우에는 모든 층 7) 6)에 해당하지 않는 노유자 시설로서 연면적 400 m^2 이상인 노유자시설 및 숙박시설이 있는 수련시설로써 수용인원 100명 이상인 경우는 모든 층 8) 의료시설 중 정신의료기관 또는 요양병원으로서 다음의 어느 하나에 해당하는 시설 가) 요양병원(의료재활시설은 제외한다) 나) 정신의료기관 또는 의료재활시설로 사용되는 바닥면적의 합계가 300 m^2 이상인 시설 다) 정신의료기관 또는 의료재활시설로 사용되는 바닥면적의 합계가 300 m^2 미만이고, 창살(철재 · 플라스틱 또는 목재 등으로 사람의 탈출 등을 막기 위하여 설치한 것을 말하며, 화재 시 자동으로 열리는 구조로 되어 있는 창살은 제외한다)이 설치된 시설 9) 판매시설 중 전통시장

구분	내용
다. 자동화재탐지설비	10) 지하가 중 터널로써 길이가 1,000 m 이상인 것 11) 지하구 12) 3)에 해당하지 않는 근린생활시설 중 조산원 및 산후조리원 13) 4)에 해당하지 않는 공장 및 창고시설로서 「화재의 예방 및 안전관리에 관한 법률 시행령」 별표 2에서 정하는 수량의 500배 이상의 특수가연물을 저장·취급하는 것 14) 4)에 해당하지 않는 발전시설 중 전기저장시설
라. 시각경보기	자동화재탐지설비를 설치해야 하는 특정소방대상물 중 다음의 어느 하나에 해당하는 것 1) 근린생활시설, 문화 및 집회시설, 종교시설, 판매시설, 운수시설, 의료시설, 노유자시설 2) 운동시설, 업무시설, 숙박시설, 위락시설, 창고시설 중 물류터미널, 발전시설 및 장례시설 3) 교육연구시설 중 도서관, 방송통신시설 중 방송국 4) 지하가 중 지하상가
마. 화재알림설비	1) 판매시설 중 전통시장 (2023.12.1. 항목 신설) 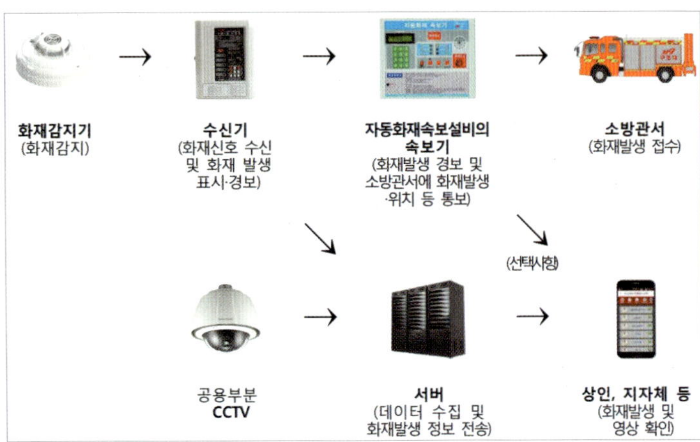 **화재알림시설 기본구성안** (출처 : 화재알림시설 가이드라인, 소방청)
바. 비상방송설비	위험물 저장 및 처리 시설 중 가스시설, 사람이 거주하지 않거나 벽이 없는 축사 등 동물 및 식물 관련 시설, 지하가 중 터널 및 지하구는 제외한다. 1) 연면적 3,500 m^2 이상인 것은 모든 층 2) 층수가 11층 이상인 것은 모든 층 3) 지하층의 층수가 3층 이상인 것은 모든 층
사. 자동화재속보설비	방재실 등 화재 수신기가 설치된 장소에 24시간 화재를 감시할 수 있는 사람이 근무하고 있는 경우에는 자동화재속보설비를 설치하지 않을 수 있다. 1) 노유자 생활시설 2) 노유자 시설로서 바닥면적이 500 m^2 이상인 층이 있는 것 3) 수련시설(숙박시설이 있는 것만 해당한다)로써 바닥면적이 500m^2 이상인 층이 있는 것 4) 문화재 중 「문화재보호법」 제23조에 따라 보물 또는 국보로 지정된 목조건축물 5) 근린생활시설 중 다음의 하나에 해당하는 시설 가) 의원, 치과의원 및 한의원으로써 입원실이 있는 시설 나) 조산원 및 산후조리원 6) 의료시설 중 다음의 어느 하나에 해당하는 것 가) 종합병원, 병원, 치과병원, 한방병원 및 요양병원(의료재활시설은 제외한다) 나) 정신병원 및 의료재활시설로 사용되는 바닥면적의 합계가 500 m^2 이상인 층이 있는 것 7) 판매시설 중 전통시장
아. 통합감시시설	지하구로 한다.
자. 누전경보기	내화구조가 아닌 건축물로써 벽·바닥 또는 반자의 전부나 일부를 불연재료 또는 준불연재료가 아닌 재료에 철망을 넣어 만든 것만 해당한다. 계약전류용량이 100 A를 초과하는 특정소방대상물

구분	내용
차. 가스누설경보기	가스시설이 설치된 경우만 해당한다. 1) 문화 및 집회시설, 종교시설, 판매시설, 운수시설, 의료시설, 노유자시설 2) 수련시설, 운동시설, 숙박시설, 창고시설 중 물류터미널, 장례시설

3) 피난구조설비

구분	내용
가. 피난기구	• 모든 층에 화재안전기준에 적합한 것으로 설치한다. • 피난층, 지상 1층, 지상 2층, 층수가 11층 이상인 층과 위험물 저장 및 처리시설 중 가스시설, 지하가 중 터널 및 지하구의 경우에는 설치하지 않을 수 있다. • 노유자시설 중 피난층이 아닌 지상 1층과 피난층이 아닌 지상 2층은 설치하여야 한다.
나. 인명구조기구	1) 방열복 또는 방화복(안전모, 보호장갑 및 안전화를 포함한다), 인공소생기 및 공기호흡기를 설치해야 하는 특정소방대상물: 지하층 포함 층수가 7층 이상인 것 중 관광호텔로 사용하는 층 2) 방열복 또는 방화복(안전모, 보호장갑 및 안전화를 포함한다) 및 공기호흡기를 설치해야 하는 특정소방대상물: 지하층을 포함하는 층수가 5층 이상인 것 중 병원 용도로 사용하는 층 3) 공기호흡기를 설치해야 하는 특정소방대상물은 다음의 어느 하나에 해당하는 것으로 한다. 가) 수용인원 100명 이상인 문화 및 집회시설 중 영화상영관 나) 판매시설 중 대규모점포 다) 운수시설 중 지하역사 라) 지하가 중 지하상가 마) 제1호바목 및 화재안전기준에 따라 이산화탄소소화설비(호스릴 이산화탄소소화설비는 제외한다)를 설치해야 하는 특정소방대상물
다. 유도등	1) 다음을 제외하는 모든 특정소방대상물에는 피난구유도등, 통로유도등 및 유도표지를 설치한다. 가) 동물 및 식물 관련 시설 중 축사로써 가축을 직접 가두어 사육하는 부분 나) 지하가 중 터널 2) 객석유도등은 다음 하나의 경우에 설치한다. 가) 유흥주점영업시설(손님이 춤을 출 수 있는 무대가 설치된 카바레, 나이트클럽 또는 그 밖에 이와 비슷한 영업시설만 해당) 나) 문화 및 집회시설 다) 종교시설 라) 운동시설 3) 피난유도선은 화재안전기준에서 정하는 장소에 설치한다.
라. 비상조명등	창고시설 중 창고 및 하역장, 위험물 저장 및 처리 시설 중 가스시설 및 사람이 거주하지 않거나 벽이 없는 축사 등 동물 및 식물 관련 시설은 제외한다. 1) 지하층을 포함하는 층수가 5층 이상인 건축물로서 연면적 3,000 m^2 이상인 경우에는 모든 층 2) 1)에 해당하지 않는 특정소방대상물로서 그 지하층 또는 무창층의 바닥면적이 450 m^2 이상인 경우에는 해당 층 3) 지하가 중 터널로서 그 길이가 500 m 이상인 것
마. 휴대용비상조명등	1) 숙박시설 2) 수용인원 100명 이상의 영화상영관, 판매시설 중 대규모점포, 철도 및 도시철도 시설 중 지하역사, 지하가 중 지하상가

4) 소화용수설비

구분	내용
상수도소화용수설비	가. 연면적 5,000 m^2 이상인 것. 다만, 위험물 저장 및 처리 시설 중 가스시설, 지하가 중 터널 또는 지하구의 경우에는 제외한다. 나. 가스시설로서 지상에 노출된 탱크의 저장용량의 합계가 100톤 이상인 것 다. 자원순환 관련 시설 중 폐기물재활용시설 및 폐기물처분시설
소화수조·저수조	상수도소화용수설비를 설치해야 하는 특정소방대상물의 대지 경계선으로부터 180 m 이내에 지름 75 mm 이상인 상수도용 배수관이 설치되지 않은 지역의 경우에는 화재안전기준에 따른 소화수조 또는 저수조를 설치해야 한다.

5) 소화활동설비

구분	설치 대상
가. 제연설비 (거실)	1) 문화 및 집회시설, 종교시설, 운동시설 중 무대부의 바닥면적이 200 m^2 이상인 경우에는 해당 무대부 2) 문화 및 집회시설 중 영화상영관으로서 수용인원 100명 이상인 경우는 해당 영화상영관 3) 지하층이나 무창층에 설치된 근린생활시설, 판매시설, 운수시설, 숙박시설, 위락시설, 의료시설, 노유자시설 또는 창고시설(물류터미널로 한정한다)로써 해당 용도로 사용되는 바닥면적의 합계가 1,000 m^2 이상인 경우 해당 부분 4) 운수시설 중 시외버스정류장, 철도 및 도시철도 시설, 공항시설 및 항만시설의 대기실 또는 휴게시설로써 지하층 또는 무창층의 바닥면적이 1,000 m^2 이상인 경우에는 모든 층 5) 지하가(터널은 제외한다)로써 연면적 1,000 m^2 이상인 것 6) 지하가 중 예상 교통량, 경사도 등 터널의 특성을 고려하여 행정안전부령으로 정하는 터널
(계단·부속실)	7) 특정소방대상물(갓복도형 아파트 등은 제외한다)에 부설된 특별피난계단, 비상용 승강기의 승강장 또는 피난용 승강기의 승강장
나. 연결송수관설비	위험물 저장 및 처리 시설 중 가스시설 및 지하구는 제외한다. 1) 층수가 5층 이상으로서 연면적 6,000 m^2 이상인 경우는 모든 층 2) 1)에 해당하지 않는 특정소방대상물로서 지하층을 포함하는 층수가 7층 이상인 경우는 모든 층 3) 1) 및 2)에 해당하지 않는 특정소방대상물로서 지하층의 층수가 3층 이상이고 지하층 바닥면적의 합계가 1,000 m^2 이상인 경우는 모든 층 4) 지하가 중 터널로서 길이가 1,000 m 이상인 것
다. 연결살수설비	지하구는 제외한다. 1) 판매시설, 운수시설, 창고시설 중 물류터미널로서 해당 용도로 사용되는 부분의 바닥면적의 합계가 1,000 m^2 이상인 경우는 해당 시설 2) 지하층(피난층으로 주된 출입구가 도로와 접한 경우는 제외한다)으로서 바닥면적의 합계가 150 m^2 이상인 경우에는 지하층의 모든 층. 다만, 「주택법 시행령」 제46조제1항에 따른 국민주택규모 이하인 아파트등의 지하층(대피시설로 사용하는 것만 해당한다)과 교육연구시설 중 학교의 지하층의 경우에는 700m^2 이상인 것으로 한다. 3) 가스시설 중 지상에 노출된 탱크의 용량이 30톤 이상인 탱크시설 4) 1) 및 2)의 특정소방대상물에 부속된 연결통로
라. 비상콘센트설비	위험물 저장 및 처리 시설 중 가스시설 및 지하구는 제외한다. 1) 층수가 11층 이상인 특정소방대상물의 경우에는 11층 이상의 층 2) 지하층의 층수가 3층 이상이고 지하층의 바닥면적의 합계가 1,000 m^2 이상인 것은 지하층의 모든 층 3) 지하가 중 터널로서 길이가 500 m 이상인 것
마. 무선통신보조설비	위험물 저장 및 처리 시설 중 가스시설 및 지하구는 제외한다. 1) 지하가(터널은 제외한다)로써 연면적 1,000 m^2 이상인 것 2) 지하층의 바닥면적의 합계가 3,000 m^2 이상인 것 또는 지하층의 층수가 3층 이상이고 지하층의 바닥면적의 합계가 1,000 m^2 이상인 것은 지하층의 모든 층 3) 지하가 중 터널로서 길이가 500 m 이상인 것 4) 지하구 중 공동구 5) 층수가 30층 이상인 것으로서 16층 이상 부분의 모든 층
바. 연소방지설비	지하구(전력 또는 통신사업용인 것만 해당한다)에 설치한다.

3 설치를 면제하는 소방시설

- 소방시설 설치 및 관리에 관한 법률 시행령 [별표 5]에서 설치를 면제할 수 있는 조건을 정한다.
- 동등성능 이상을 확보하거나 적용이 곤란한 것이 명확하여 대안을 마련하였다면 면제할 수 있도록 한다.

시설	면제 조건
스프링클러	• 물분무등소화설비
물분무등 소화	• 차고·주차장에 스프링클러설비
간이 스프링클러	• 스프링클러설비, 물분무소화설비 또는 미분무소화설비
단독경보형 감지기	• 자동화재탐지설비
비상 경보설비	• 자동화재탐지설비 • 단독경보형 감지기를 2개 이상의 단독경보형 감지기와 연동하여 설치
비상 방송설비	• 자동화재탐지설비 또는 비상경보설비와 같은 수준 이상의 음향을 발하는 장치를 부설한 방송설비
피난설비	• 그 위치·구조 또는 설비의 상황에 따라 피난상 지장이 없다고 인정되는 경우
연결 살수설비	• 가. 송수구를 부설한 스프링클러, 간이스프링클러, 물분무소화설비 또는 미분무소화설비 • 나. 가스 관계 법령에 따라 설치되는 물분무장치 등에 소방대가 사용할 수 있는 연결송수구가 설치되거나 6시간 이상 수원이 확보된 경우
제연설비	• 가. 다음의 어느 하나의 경우(터널 제외) 1) 화재 시 제연기능으로 자동전환되는 공기조화설비 2) 직접 외기와 통하는 배출구의 면적의 합계가 해당 제연구역 바닥면적의 100분의 1 이상이고, 배출구부터 각 부분까지의 수평거리가 30 m 이내이며, 공기유입구가 설치되어 있는 경우 • 나. 노대와 연결된 특별피난계단 또는 노대가 설치된 비상용 승강기의 승강장
비상조명등	• 피난구유도등 또는 통로유도등의 유효범위
누전경보기	• 아크경보기 또는 지락차단장치를 설치한 경우
무선통신 보조설비	• 이동통신 구내 중계기 선로설비 또는 무선이동중계기 등을 무선통신보조설비기준에 적합하게 설치한 경우
상수도 소화용수 설비	• 가. 수평거리 140 m 이내에 공공의 소화전이 있는 경우 • 나. 설치가 곤란하여 소화수조 또는 저수조를 설치하는 경우
연소 방지설비	• 스프링클러설비, 물분무소화설비 또는 미분무소화설비
연결 송수관설비	• 옥외에 연결송수구 및 옥내에 방수구가 부설된 옥내소화전설비, 스프링클러설비, 간이스프링클러설비 또는 연결살수설비
자동화재 탐지설비	• 자동화재탐지설비의 (감지·수신·경보)기능과 성능을 가진 스프링클러설비 또는 물분무등소화설비
옥외 소화전설비	• 보물 또는 국보로 지정된 목조문화재에 상수도소화용수설비를와 방수기구함 및 호스, 노즐과 같이 설치한 경우
옥내소화전	• 호스릴 방식의 미분무소화설비
자동소화장치	• (주거용 주방자동소화장치는 제외한다)물분무등소화설비

4 소방시설의 선정

• 대상별 설치 여부를 적용하여 선정표를 작성한다.

소방시설 선정표		날 짜	20 . . .	
		작 성	(서명)	
		검 토	(서명)	
구 분	**시 설 명**	**적 용**	**근 거**	**비 고**
1) 소화설비	가. 소화기	○	1)	
	나. 자동소화장치	○	3)	
	다. 옥내소화전	○	1)의 가)	
	라. 스프링클러설비	○	1)	
	마. 간이스프링클러설비		8)	SP면제
	바. 물분무등소화설비		4)	SP면제
	사. 옥외소화전설비		해당없음	
2) 경보설비	가. 단독경보형감지기		해당없음	
	나. 비상경보설비		1)	자탐면제
	다. 자동화재탐지설비	○	2)	
	라. 시각경보기	○	1), 2)	
	마. 화재알림설비		해당없음	
	바. 비상방송설비		해당없음	
	사. 자동화재속보설비		해당없음	
	아. 통합감시시설		해당없음	
	자. 누전경보기		해당없음	
	차. 가스누설경보기		해당없음	
3) 피난구조설비	가. 피난기구	○	가.	
	나. 인명구조기구		해당없음	
	다. 유도등	○	1)	
	라. 비상조명등	○	1)	
	마. 휴대용비상조명등		해당없음	
4) 소화용수설비 (상수도소화전 또는 수조)			해당없음	
5) 소화활동설비	가a. 거실제연설비		해당없음	
	가b. 계단부속실제연설비		해당없음	
	나. 연결송수관설비	○	2)	
	다. 연결살수설비		2)	SP면제
	라. 비상콘센트설비		해당없음	
	마. 무선통신보조설비		해당없음	
	바. 연소방지설비		해당없음	

[별지 제1호의3서식] [1 쪽]

소 방 시 설 설 치 계 획 표				
건축주	(1) 성 명		(2) 주민등록번호 법인등록번호	
	(3) 주 소			
설계자	(4) 설 계 업 체 명	㈜ 소나무엔지니어링	(5) 대 표 자	나 사 장 서명 (인)
	(6) 등 록 번 호	경기 고양 제 1234 - 56호	(7) 설 계 자	진 그 림 서명 (인)
	(8) 주 소	☎ (031) 123 - 4567		
건축물 현황	(9) 위 치			
	(10) 건 물 명 칭		(11) 공 사 종 류	신축
	(12) 구 조	철근콘크리트조, 라멘조	(13) 층 수	지하2층/지상7층
	(14) 주 용 도	복합건축물(업무+근린생활)	(15) 부 속 용 도	
	(16) 대 지 면 적	844.50 ㎡	(17) 건 축 면 적	421.92 ㎡
	(18) 연 면 적	3,101.21 ㎡	(19) 지 하 면 적	996.76 ㎡
	(20) 용 적 율	249.86%	(21) 건 폐 율	49.96%
	(22) 지 역	도시지역, 도로(집합), 제3종일반주거지역	(23) 지 구	
	(24) 착공예정일	20 년 월	(25) 완공예정일	20 년 월
소방시설	종 류	설 치 내 역		
	(26) 소 화 설 비	소화기구, 옥내소화전설비, 스프링클러설비		
	(27) 경 보 설 비	자동화재탐지설비, 시각경보장치		
	(28) 피난구조설비	피난기구, 유도등설비, 비상조명등설비		
	(29) 소화활동설비	해당없음		
	(30) 소화용수설비	연결송수관설비		

21024-29611 일
95 . 11 . 10승인

210㎜ X 297㎜
(인쇄용지(2급)60g/㎡)

소방시설 설치계획표 (전기)

표지포함 (3) 쪽중 (3)쪽

(1) 주 용 도	복합건축물(업무+근린생활)	(2) 주 요 구 조	철근콘크리트조, 라멘조
(3) 연 면 적	3,101.210 m²	(4) 층 수	지하2층/지상7층
(5) 무창층 / 바닥면적		(6) 특수가연물 취급량	

소 방 시 설 설 치 명 세

(7) 층 별	(8) 바닥면적	(9) 용 도	(10) 설치세부명세																	
			비상경보		자동화재탐지설비			유도등				스프링클러			수신반	비상조명	시각경보기			
			발신기	회로	발신기	회로	감지기	피난구	거실통로	복도통로	계단통로	회로	감지기	전자싸이렌						
B2층	459.86 m²	업무시설 기계,전기실			1	2	18	6	3	1	2	1		1		6	4			
B1층	531.29 m²	업무시설 (사무)			1	5	16	6	2	1	2	2	1	2		6	7			
1층	339.25 m²	근린생활시설			1	1	14	6	1	1	1	1		1	1	6	5			
2층	344.07 m²	업무시설 (사무)			1	2	16	1	1	1	1	1		1		2	2			
3층	344.07 m²	업무시설 (사무)			1	1	15	1	1	1	1	1		1		2	2			
4층	344.07 m²	업무시설 (사무)			1	1	15	1	1	1	1	1		1		2	2			
5층	322.03 m²	업무시설 (사무)			1	2	12	1	1	1	1	1		1		2	2			
6층	322.03 m²	업무시설 (사무)			1	1	15	2	1	1	1	1		1		11	2			
7층	94.54 m²	업무시설 (사무)			1	1	6	3	1		1	1		1		4	2			
옥탑층	51.24 m²	업무시설 (사무)			1	3	7		1			1		1		2	1			
합 계	3,101.21 m²	옥탑면적제외			11	20	148	33	14	9	12	12	1	12	2	49	34			

소방시설 설치계획표 (기계)

표지포함 (3) 쪽중 (2)쪽

(1) 주 용 도	복합건축물(업무+근린생활)	(2) 주 요 구 조	철근콘크리트조, 라멘조
(3) 연 면 적	3,101.210 m²	(4) 층 수	지하2층/지상7층
(5) 무창층 / 바닥면적		(6) 특수가연물 취급량	

소 방 시 설 설 치 명 세

(7) 층 별	(8) 바닥면적	(9) 용 도	(10) 설치세부명세																					
			소화기						스프링클러				드렌처		소화용수		피난기구		연결송수		제연설비				
																						전실			
			분말소화기	자동소화장치	자동확산소화기	소공간소화약제	적응소화기	옥내소화전	습식	밸브	준비작동식	밸브	건식	개방밸브	상수도소화전	소화수조	완강기	피난사다리	방수구	기구함	거실	급기	배기	연결송수구	
B2층	459.86 m²	업무시설 기계,전기실	8					1	40	1									1						
B1층	531.29 m²	업무시설 (사무)	9				3	1	48	1	측벽4x14=56, 상향6	1							1	1					
1층	339.25 m²	근린생활시설	9					1	50	1														3	
2층	344.07 m²	업무시설 (사무)	6					1	47	1									1	1					
3층	344.07 m²	업무시설 (사무)	6					1	47	1							1		1						
4층	344.07 m²	업무시설 (사무)	6					1	47	1							1		1						
5층	322.03 m²	업무시설 (사무)	6					1	50	1							2	1		1					
6층	322.03 m²	업무시설 (사무)	8					1	45	1							1		1						
7층	94.54 m²	업무시설 (사무)	3					1	10	1							1		1						
옥탑층	51.24 m²	업무시설 (사무)	2					1	4	1							1		1						
합 계	3,101.21 m²	옥탑면적제외	72				3	11	438	11		1								3				6	

연습문제

01

다음 중 소방시설에 해당하지 않는 것은?

① 방화문
② 제연설비
③ 상수도 소화전
④ 자동화재탐지설비

정답 ①
해설 소방시설 등 = (소방시설+비상구+그 밖에 소방관련시설)이다. 방화문은 '그 밖에 소방관련시설'에 해당한다.

02

지상층에 외벽, 설비 등을 설치하지 않고 개방시킨 구조를 이르는 건축용어는 무엇인가?

① 필로티
② 캐노피
③ 발코니
④ 베란다

정답 ①
해설 지상층에 외벽, 설비 등을 설치하지 않고 기둥 및 일부 내력벽으로만 지지하는 구조를 필로티 구조라 한다.

03

다음 중 무창층을 판단하는 기준이 되는 피난용 개구부가 될수 없는 것은?

① 바닥에서 개구부 하단까지 높이가 110 cm이다.
② 고정창의 유리가 두께 6 mm의 강화유리이다.
③ 창살, 장애물이 없는 창문의 내폭이 55 cm이고 높이는 60 cm이다.
④ 고정창의 유리가 두께 5 mm의 일반유리가 두 겹인 이중접합 유리이다.

정답 ②
해설 고정창의 유리는 쉽게 파괴가 가능하여야 한다. 강화유리라면 그 두께가 5 mm 이하이어야 한다.

학습정리

01 건축물의 용도

1) 소방시설의 설계절차
   설계계약 ⇒ 건축계획 참여·검토 ⇒ 설치계획 ⇒ 기본설계 ⇒ 실시설계
2) 실질적인 소방설계는 건축계획에서부터 시작된다.
3) 건축의 종류는 신축, 증축, 개축, 재축, 이전, 대수선 및 리모델링이 있다.
4) 건축구조는 구성재료에 따라 철근콘트리트조, 철골철근콘크리트조, 철골조 등이 있다.
5) 건축구조는 하중지지 공법에 따라 벽식구조, 라멘조가 대표적이다.
6) 주요구조부는 내력벽, 보, 바닥, 지붕틀, 주계단, 기둥이다.
7) 재료의 난연성능은 불연재료, 준불연재료, 난연재료가 있다.
8) 건축물의 용도 구분은 건축법 및 소방법에서 유사하게 나누고 있다.

02 건축물의 규모

1) 층별 바닥면적 산정을 통해 연면적, 용적률, 건폐율이 결정된다.
2) 건축물의 노대는 발코니, 베란다, 테라스 등이 있다.
3) 건폐율은 건축면적을 대지면적으로 나누어 구한다.
4) 용적률은 지상층의 연면적을 대지면적으로 나누어 구한다.
5) 건폐율과 용적률이 높을수록 간격은 조밀해지고 층수와 높이는 높아진다.
6) 건축물의 용도와 규모가 결정되면 건축(설계)개요가 작성될 수 있다.
7) 건축(설계)개요를 기초로 하여 소방시설 설치계획을 세울 수 있다.

03 소방시설 설치계획

1) 소방관련법을 적용하여 설치할 소방의 종류를 정한다.
2) 건축(설계)개요를 기초로 하여 적용을 검토한다.
3) 내화구조, 방화구획, 마감재료의 재질 등을 확인하며, 소방법에 따른 무창층의 여부를 확인하여야 한다.
4) 설치할 소방시설, 설치를 면제하는 소방시설을 검토하여 소방시설 설치계획표를 작성한다.

CHAPTER

09

실시설계

학습목표

1. 도면목록표 및 범례표를 이해하고 판독할 수 있다.
2. 소화펌프실 상세도를 이해하고 판독할 수 있다.
3. 화면녹화 실습을 통해 학습내용을 그려낼 수 있다.

학습목차

1. 도면목록 및 범례표
2. 소화펌프실 상세도
3. 화면녹화 실습

복습점검

문제 1. 비상구는 소방시설등에 포함된다.

정답 ○

해설 소방시설 등 = (소방시설+비상구+그 밖에 소방관련시설)이다. '그 밖에 소방관련시설'은 방화문, 방화셔터이다.

문제 2. 건폐율은 건축면적을 대지면적으로 나누어 구한다.

정답 ○

해설 건폐율 = 건축면적 / 대지면적, 건폐율이 높을수록 건축물의 배치가 조밀해 진다.

문제 3. 무창층은 피난용 개구부를 바닥면적의 1/50 이상 확보하지 못한 지상층이다.

정답 ×

해설 무창층은 피난용 개구부를 바닥면적의 1/30 이상 확보하지 못한 지상층이다.

9-1 도면목록 및 범례표

1.기본설계와 실시설계	#기본설계 #실시설계 #기계분야 #전기분야 #도면목록표
2. 도면목록 및 범례표(기계분야)	#도면목록표 #범례표 #장비일람표 #도면의 순서 #도번 #도면명 #내진설계
3. 도면목록 및 범례표(전기분야)	#자동화재탐지설비 #유도등설비 #비상방송설비 #범례표 #도시기호

1 기본설계와 실시설계

1) 기본설계

- 소방시설의 설치계획이 수립되면 실시설계를 위한 기본설계를 시작한다.

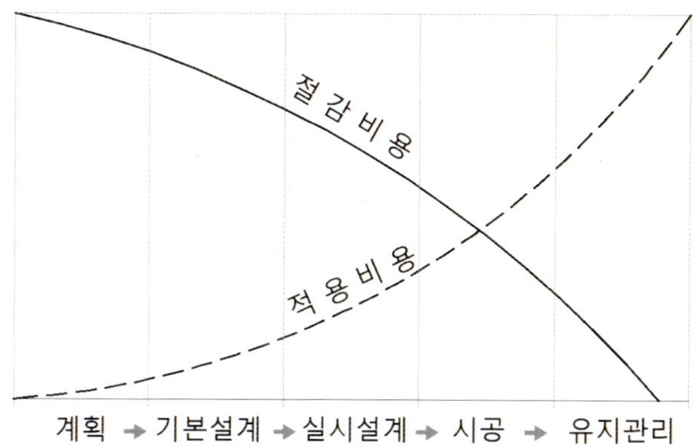

진행에 따른 설계효과

- 기본설계는 실시설계에 근접할수록, 또한 합리적인 시공방향을 제시하며 안정된 유지관리성을 확보할수록 성공적이라 할 수 있다.

2) 실시설계

- 소방시설은 기능 및 기술적 측면에서 기계 및 전기분야로 나뉜다.
- 소방시설 공사업법 시행령 [별표 1] 소방시설업의 업종별 등록기준 및 영업 범위에서 설계분야의 기계 및 전기분야 대상을 나누고 있다.

가. 기계분야	1) 소화기구, 자동소화장치, 옥내소화전설비, 스프링클러설비등, 물분무등소화설비, 옥외소화전설비, 피난기구, 인명구조기구, 상수도소화용수설비, 소화수조·저수조, 그 밖의 소화용수설비, 제연설비, 연결송수관설비, 연결살수설비 및 연소방지설비 2) 기계분야 소방시설에 부설되는 전기시설. 다만, 비상전원, 동력회로, 제어회로, 기계분야 소방시설을 작동하기 위하여 설치하는 화재감지기에 의한 화재감지장치 및 전기신호에 의한 소방시설의 작동장치는 제외한다.
나. 전기분야	1) 단독경보형감지기, 비상경보설비, 비상방송설비, 누전경보기, 자동화재탐지설비, 시각경보기, 자동화재속보설비, 가스누설경보기, 통합감시시설, 유도등, 비상조명등, 휴대용비상조명등, 비상콘센트설비 및 무선통신보조설비 2) 기계분야 소방시설에 부설되는 전기시설 중 가목2) 단서의 전기시설

- 나뉘어진 분야별로 도면목록표를 작성한다.

2 도면목록 및 범례표(기계분야)

학 과	소방방재안전	과 목	소방CAD
학 번	00000000000	성 명	홍길동

소 방 도 면 목 록 표

도 번	도 면 명	축 척	
		A1	A3
MF - 01	소화 도 면 목 록 및 소 화 범 례	NONE	NONE
MF - 02	소 화 장 비 일 람 표	NONE	NONE
MF - 03	소 화 배 관 계 통 도	NONE	NONE
MF - 04	펌프실 확대 소화 배관 평면도	1/50	1/100
MF - 05	지하 2층 소화 배관 평면도	1/100	1/200
MF - 06	지하 1층 소화 배관 평면도	1/100	1/200
MF - 07	지상 1층 소화 배관 평면도	1/100	1/200
MF - 08	지상 2층 소화 배관 평면도	1/100	1/200
MF - 09	지상 3,4층 소화 배관 평면도	1/100	1/200
MF - 10	지상 5층 소화 배관 평면도	1/100	1/200
MF - 11	지상 6층 소화 배관 평면도	1/100	1/200
MF - 12	지상 7층 소화 배관 평면도	1/100	1/200
MF - 13	지붕 옥탑층 소화 배관 평면도	1/100	1/200
MF - 14	소 화 상 세 도 -1	1/100	1/200
MF - 15	소 화 상 세 도 -2	1/100	1/200
MF - 16	지 하 저 수 조 상 세 도 - 1	NONE	NONE
MF - 17	지 하 저 수 조 상 세 도 - 2	NONE	NONE

도 번	도 면 명	축 척	
		A1	A3
MF - 101	소화 배관 계통도(입상관 버팀대)	NONE	NONE
MF - 102	소화 배관 계통도(지진분리이음)	NONE	NONE
MF - 103	지하 2층 소화 배관 내진 평면도(횡방향)	1/100	1/200
MF - 104	지하 1층 소화 배관 내진 평면도(횡방향)	1/100	1/200
MF - 105	지상 1층 소화 배관 내진 평면도(횡방향)	1/100	1/200
MF - 106	지상 2층 소화 배관 내진 평면도(횡방향)	1/100	1/200
MF - 107	지상 3,4층 소화 배관 내진 평면도(횡방향)	1/100	1/200
MF - 108	지상 5층 소화 배관 내진 평면도(횡방향)	1/100	1/200
MF - 109	지상 6층 소화 배관 내진 평면도(횡방향)	1/100	1/200
MF - 110	지상 7층 소화 배관 내진 평면도(횡방향)	1/100	1/200
MF - 111	지붕옥탑층 소화 배관 내진 평면도(횡방향)	1/100	1/200
MF - 112	지하 2층 소화 배관 내진 평면도(종방향)	1/100	1/200
MF - 113	지하 1층 소화 배관 내진 평면도(종방향)	1/100	1/200
MF - 114	지상 1층 소화 배관 내진 평면도(종방향)	1/100	1/200
MF - 115	지상 2층 소화 배관 내진 평면도(종방향)	1/100	1/200
MF - 116	지상 3,4층 소화 배관 내진 평면도(종방향)	1/100	1/200
MF - 117	지상 5층 소화 배관 내진 평면도(종방향)	1/100	1/200
MF - 118	지상 6층 소화 배관 내진 평면도(종방향)	1/100	1/200
MF - 119	지상 7층 소화 배관 내진 평면도(종방향)	1/100	1/200
MF - 120	지붕옥탑층 소화 배관 내진 평면도(종방향)	1/100	1/200
MF - 121	가압송수장치 내진 상세도	NONE	NONE
MF - 122	소화 내진 설치 상세도 - 1	NONE	NONE
MF - 123	소화 내진 설치 상세도 - 2	NONE	NONE
MF - 124	소화 내진 설치 상세도 - 3	NONE	NONE
MF - 125	소화 내진 설치 상세도 - 4	NONE	NONE
MF - 126	소화 내진 설치 상세도 - 5	NONE	NONE
MF - 127	소화 내진 설치 기준안	NONE	NONE

소 방 범 례

SYMBOL	DESCRIPTIONS
—H—	옥내소화전배관 (KS D 3562) (압력배관) INDOOR HYDRANT PIPING
—SP—	스프링클러배관 (KS D 3562) (압력배관) SPRINKLER PIPING
—SD—	드렌처설비배관 (KS D 3507) DRENCHER PIPING
—SC—	연결송수관 (KS D 3507) HOSE CONNECTION PIPING
—D—	배수관 (KS D 3507) DRAIN PIPING
	옥내소화전함(일반형) INDOOR HYDRANT
	옥내소화전함(단구형방수구내장형) INDOOR HYDRANT (W/SINGLE CONNECTION)
	옥외소화전함(일반형) OUTDOOR HYDRANT
	방수기구함 FIRE HOSE CABINET
	개폐표시형게이트밸브 (탬퍼스위치 부착) GATE VALVE (O.S & Y TYPE) ø50 이하 : 청동제 , ø65이상 : 주철제 · (10kg/cm²)
	스모렌스키체크밸브 CHECK VALVE ø50 이하 : 청동제 , ø65이상 : 주철제 · (10kg/cm²)
	스트레이너 Y - STRAINER ø50 이하 : 청동제 , ø65이상 : 주철제 · (10kg/cm²)
	후렉시블조인트 FLEXIBLE JOINT (10kg/cm²)
	안전변 RELIEF VALVE
P.S	압력스위치 PRESSURE SWITCH
W.H.C	수격방지구 WATER HAMMER CUSHION
	연결송수구(쌍구형) HOSE CONNECTION (DOUBLE TYPE)
	알람밸브 ALARM VALVE
	프리액션밸브 PRIACTION PIPE VALVE
	스프링클러헤드(상향식) SPRINKLER HEAD (72°C UP-LIGHT TYPE)
	스프링클러헤드(하향식) SPRINKLER HEAD (72°C PENDENT TYPE)
	스프링클러헤드(하향식) SPRINKLER HEAD (105°C PENDENT TYPE)
	모터댐퍼 FIRE MOTOR DAMPER
	시험밸브함 TEST VALVE BOX (SPRINKLER SYSTEM)
	상수도소화용수전 CITY WATER HYDRANT (100A x 65A x 65A)
소	A.B.C 분말소화기(축압식) DRY CHEMICAL FIRE EXTINGUISHER (A.B.C 3.3kg)
자	자동확산소화기 AUTOMATIC FIRE DIFFUSION EXTINGUISHER (3kg)
자	자동식소화기 AUTOMATIC FIRE EXTINGUISHER (3kg)

- 주 기 -

1. 방화구획관통부의 내화충진시공

도 면 명	도면목록표 및 범례표	축 척 (A3)	1 / NONE	도 번	MF - 01

도면목록 및 범례표(기계분야) 예

소 방 도 면 목 록 표

도 번	도 면 명	축 척	
		A1	A3
MF - 01	소화 도 면 목 록 및 소 화 범 례	NONE	NONE
MF - 02	소 화 장 비 일 람 표	NONE	NONE
MF - 03	소 화 배 관 계 통 도	NONE	NONE
MF - 04	펌프실 확대 소화 배관 평면도	1/ 50	1/100
MF - 05	지하 2층 소화 배관 평면도	1/100	1/200
MF - 06	지하 1층 소화 배관 평면도	1/100	1/200
MF - 07	지상 1층 소화 배관 평면도	1/100	1/200
MF - 08	지상 2층 소화 배관 평면도	1/100	1/200
MF - 09	지상 3,4층 소화 배관 평면도	1/100	1/200
MF - 10	지상 5층 소화 배관 평면도	1/100	1/200
MF - 11	지상 6층 소화 배관 평면도	1/100	1/200
MF - 12	지상 7층 소화 배관 평면도	1/100	1/200
MF - 13	지붕 옥탑층 소화 배관 평면도	1/100	1/200
MF - 14	소 화 상 세 도 - 1	1/100	1/200
MF - 15	소 화 상 세 도 - 2	1/100	1/200
MF - 16	지 하 저 수 조 상 세 도 - 1	NONE	NONE
MF - 17	지 하 저 수 조 상 세 도 - 2	NONE	NONE

소방(기계) 도면목록표 예

1) 도면목록표

(1) 작성방법

- 소방시설(기계분야)의 도면목록을 작성한다.
- 도번, 도면명 및 축척을 열로 한다.
- 도면목록표, 범례표, 장비일람표, 계통도 및 평면도로 구성한다.
- 전체평면도에 표현하기가 곤란한 경우에는 확대도, 상세도를 추가한다.

(2) 도면의 순서

- 도면목록 및 범례표
- 장비일람표
- 계통도
- 소화펌프실 확대평면도
- 옥외 평면도 (1층 평면도로 대체 가능)
- 각층 평면도
- 각종 상세도

(3) 구성항목

도번	• 중분류는 'MF'로 하여 순서대로 연번을 배정한다. • 경우에 따라 001~008, 101~110과 같이 숫자 앞자리로 소분류 할 수 있다.
도면명	• 층수와 내용을 간결하고 명확하게 표현하는 이름으로 정한다.
축척	• A3 규격에서의 축척을 주로 쓰며 A1 규격도 병기할 수 있다.

도 번	도 면 명	축 척	
		A1	A3
MF - 101	소화 배관 계통도(입상관 버팀대)	NONE	NONE
MF - 102	소화 배관 계통도(지진분리이음)	NONE	NONE
MF - 103	지하 2층 소화 배관 내진 평면도(횡방향)	1/100	1/200
MF - 104	지하 1층 소화 배관 내진 평면도(횡방향)	1/100	1/200
MF - 105	지상 1층 소화 배관 내진 평면도(횡방향)	1/100	1/200
MF - 106	지상 2층 소화 배관 내진 평면도(횡방향)	1/100	1/200
MF - 107	지상 3,4층 소화 배관 내진 평면도(횡방향)	1/100	1/200
MF - 108	지상 5층 소화 배관 내진 평면도(횡방향)	1/100	1/200
MF - 109	지상 6층 소화 배관 내진 평면도(횡방향)	1/100	1/200
MF - 110	지상 7층 소화 배관 내진 평면도(횡방향)	1/100	1/200
MF - 111	지붕옥탑층 소화 배관 내진 평면도(횡방향)	1/100	1/200
MF - 112	지하 2층 소화 배관 내진 평면도(종방향)	1/100	1/200
MF - 113	지하 1층 소화 배관 내진 평면도(종방향)	1/100	1/200
MF - 114	지상 1층 소화 배관 내진 평면도(종방향)	1/100	1/200
MF - 115	지상 2층 소화 배관 내진 평면도(종방향)	1/100	1/200
MF - 116	지상 3,4층 소화 배관 내진 평면도(종방향)	1/100	1/200
MF - 117	지상 5층 소화 배관 내진 평면도(종방향)	1/100	1/200
MF - 118	지상 6층 소화 배관 내진 평면도(종방향)	1/100	1/200
MF - 119	지상 7층 소화 배관 내진 평면도(종방향)	1/100	1/200
MF - 120	지붕옥탑층 소화 배관 내진 평면도(종방향)	1/100	1/200
MF - 121	가압송수장치 내진 상세도	NONE	NONE
MF - 122	소화 내진 설치 상세도 - 1	NONE	NONE
MF - 123	소화 내진 설치 상세도 - 2	NONE	NONE
MF - 124	소화 내진 설치 상세도 - 3	NONE	NONE
MF - 125	소화 내진 설치 상세도 - 4	NONE	NONE
MF - 126	소화 내진 설치 상세도 - 5	NONE	NONE
MF - 127	소화 내진 설치 기준안	NONE	NONE

소방(내진) 도면목록표 예

2) 내진설비

(1) 내진대상

- 소방시설 중 옥내소화전설비, 스프링클러설비, 물분무등소화설비는 내진설계를 하여야 한다.

(2) 내진설계 절차

- 소화배관의 기본설계를 마친 후에 소방시설의 내진설비를 설계한다.

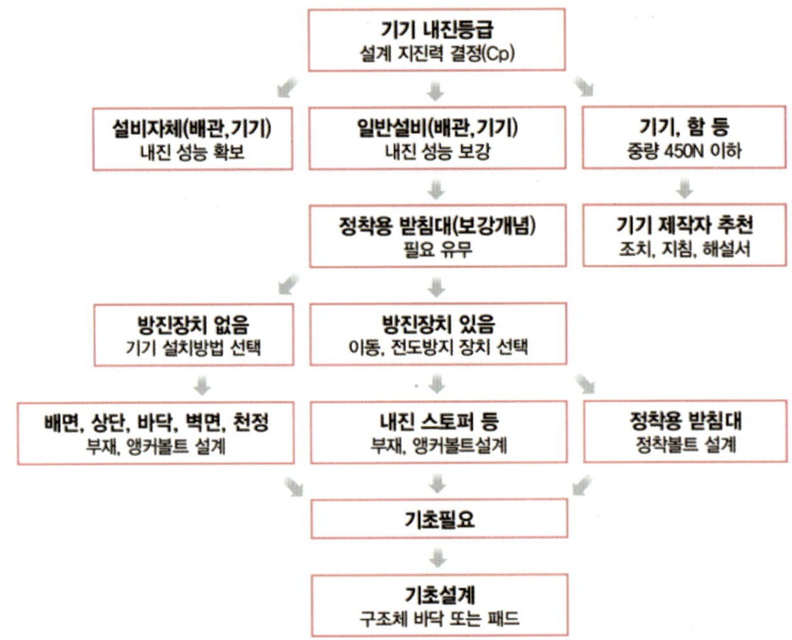

내진설계 흐름도

(출처 : 소방청 내진설계 해설서)

- 소방(기계) 도면에 흔들림방지 버팀대, 지진분리이음, 지진분리장치 및 가지배관 고정장치를 배치한다.
- 유수검지장치 주위, 소화펌프실 및 수조의 상세도를 첨부한다.
- 정착용 앵커를 설치할 구조체 패드는 구조설계 시 반영되도록 협의를 거친다.

3) 소방범례표

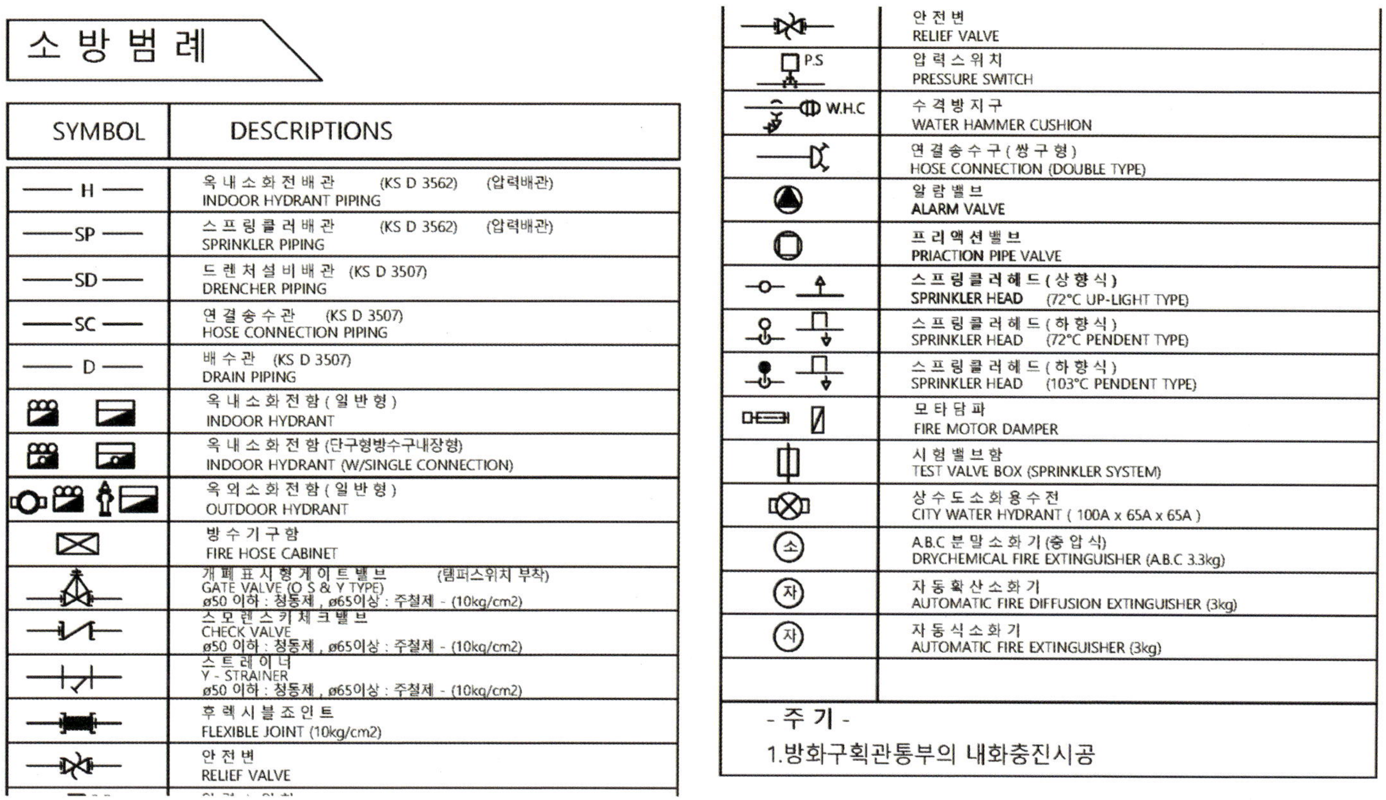

소 방 범 례

SYMBOL	DESCRIPTIONS
— H —	옥내소화전배관 (KS D 3562) (압력배관) INDOOR HYDRANT PIPING
—SP—	스프링클러배관 (KS D 3562) (압력배관) SPRINKLER PIPING
—SD—	드렌처설비배관 (KS D 3507) DRENCHER PIPING
—SC—	연결송수관 (KS D 3507) HOSE CONNECTION PIPING
— D —	배수관 (KS D 3507) DRAIN PIPING
	옥내소화전함(일반형) INDOOR HYDRANT
	옥내소화전함 (단구형방수구내장형) INDOOR HYDRANT (W/SINGLE CONNECTION)
	옥외소화전함(일반형) OUTDOOR HYDRANT
	방수기구함 FIRE HOSE CABINET
	개폐표시형게이트밸브 (탬퍼스위치 부착) GATE VALVE (O.S & Y TYPE) ø50 이하 : 청동제 , ø65이상 : 주철제 - (10kg/cm2)
	스모렌스키체크밸브 CHECK VALVE ø50 이하 : 청동제 , ø65이상 : 주철제 - (10kg/cm2)
	스트레이너 Y - STRAINER ø50 이하 : 청동제 , ø65이상 : 주철제 - (10kg/cm2)
	후렉시블조인트 FLEXIBLE JOINT (10kg/cm2)
	안전변 RELIEF VALVE
	안전변 RELIEF VALVE
P.S	압력스위치 PRESSURE SWITCH
W.H.C	수격방지구 WATER HAMMER CUSHION
	연결송수구(쌍구형) HOSE CONNECTION (DOUBLE TYPE)
	알람밸브 ALARM VALVE
	프리액션밸브 PRIACTION PIPE VALVE
	스프링클러헤드(상향식) SPRINKLER HEAD (72°C UP-LIGHT TYPE)
	스프링클러헤드(하향식) SPRINKLER HEAD (72°C PENDENT TYPE)
	스프링클러헤드(하향식) SPRINKLER HEAD (103°C PENDENT TYPE)
	모타댐파 FIRE MOTOR DAMPER
	시험밸브함 TEST VALVE BOX (SPRINKLER SYSTEM)
	상수도소화용수전 CITY WATER HYDRANT (100A x 65A x 65A)
소	A.B.C 분말소화기(축압식) DRYCHEMICAL FIRE EXTINGUISHER (A.B.C 3.3kg)
자	자동확산소화기 AUTOMATIC FIRE DIFFUSION EXTINGUISHER (3kg)
자	자동식소화기 AUTOMATIC FIRE EXTINGUISHER (3kg)

- 주 기 -

1.방화구획관통부의 내화충진시공

소방(기계) 범례표 예

(1) 도시기호(Symbol)

- 도시기호(Symbol)와 설명(Descriptions)을 열로 한다.
- 도면의 판독 시에 혼란이 없도록 규정된 도시기호를 따른다.
- 해당 프로젝트에 적용되는 시설들을 모두 포함하는 것이 좋다.

(2) 설명(Descriptions)

- 설비의 명칭 용도 및 재질 등을 요약하여 설명한다.
- 시공 시 혼란이 있을 수 있어 시공자, 감리자가 특히 주의할 것이 있다면 주기로 적는다.
  (예: 방화구획관통부는 내화충진 시공할 것)

3 도면목록 및 범례표(전기분야)

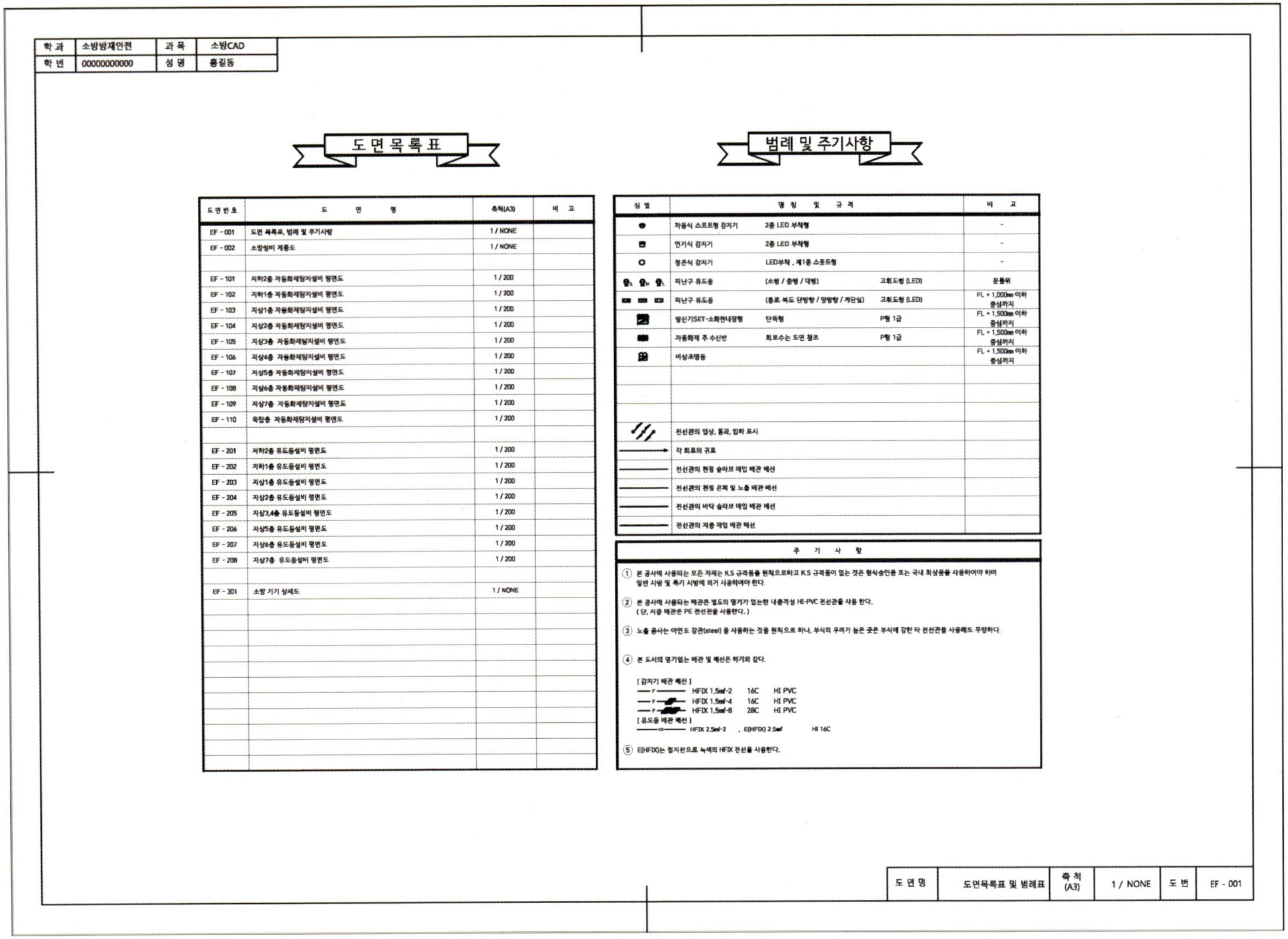

도면목록 및 범례표(전기분야) 예

도면번호	도　면　명	축척(A3)
EF - 001	도면 목록표, 범례 및 주기사항	1 / NONE
EF - 002	소방설비 계통도	1 / NONE
EF - 101	지하2층 자동화재탐지설비 평면도	1 / 200
EF - 102	지하1층 자동화재탐지설비 평면도	1 / 200
EF - 103	지상1층 자동화재탐지설비 평면도	1 / 200
EF - 104	지상2층 자동화재탐지설비 평면도	1 / 200
EF - 105	지상3층 자동화재탐지설비 평면도	1 / 200
EF - 106	지상4층 자동화재탐지설비 평면도	1 / 200
EF - 107	지상5층 자동화재탐지설비 평면도	1 / 200
EF - 108	지상6층 자동화재탐지설비 평면도	1 / 200
EF - 109	지상7층 자동화재탐지설비 평면도	1 / 200
EF - 110	옥탑층 자동화재탐지설비 평면도	1 / 200
EF - 201	지하2층 유도등설비 평면도	1 / 200
EF - 202	지하1층 유도등설비 평면도	1 / 200
EF - 203	지상1층 유도등설비 평면도	1 / 200
EF - 204	지상2층 유도등설비 평면도	1 / 200
EF - 205	지상3,4층 유도등설비 평면도	1 / 200
EF - 206	지상5층 유도등설비 평면도	1 / 200
EF - 207	지상6층 유도등설비 평면도	1 / 200
EF - 208	지상7층 유도등설비 평면도	1 / 200
EF - 301	소방 기기 상세도	1 / NONE

소방(전기) 도면목록표 예

1) 도면목록표

(1) 작성방법

- 소방시설(전기분야)의 도면목록을 작성한다.
- 전기분야의 도면은 배관이 복잡하여 소방시설별로 구분하여 평면도를 작성한다.

  예) 자동화재탐지설비 평면도, 유도등설비 평면도, 비상방송설비 평면도, 무선통신보조설비 평면도 등
- 한눈에 전체계통을 파악하기 위한 계통도는 가능하면 하나로 작성하는 것이 좋다.

(2) 도면의 순서

- 도면목록 및 범례표
- 계통도
- 옥외 평면도 (1층 평면도로 대체 가능)
- 각층 평면도
- 각종 상세도

(3) 구성항목

도번	• 중분류는 'EF'로 하여 순서대로 연번을 배정한다. • 경우에 따라 001~008, 101~110과 같이 숫자 앞자리로 소분류할 수 있다.
도면명	• 층수와 내용을 간결하고 명확하게 표현하는 이름으로 정한다.
축척	• A3 규격에서의 축척을 주로 쓰며 A1 규격도 병기할 수 있다.

심 벌	명 칭 및 규 격			비 고
	차동식 스포트형 감지기	2종 LED 부착형		-
	연기식 감지기	2종 LED 부착형		-
	정온식 감지기	LED부착 , 제1종 스폿트형		-
	피난구 유도등	(소형 / 중형 / 대형)	고휘도형 (LED)	FL + 1.5m 이상
	거실통로유도등	(단방향, 양방향)	고휘도형 (LED)	FL + 1.5m 이상
	복도통로유도등	(단방향, 양방향)	고휘도형 (LED)	FL + 1.0m 이하
	계단통로유도등	(방향 및 층수 표시)	고휘도형 (LED)	FL + 1.0m 이하
	발신기SET-소화전내장형	단독형	P형 1급	FL + 1.5m 이하
	자동화재 주 수신반	회로수는 도면 참조	P형 1급	FL + 1.5m 이하
	비상조명등			FL + 3.0m 이하
	전선관의 입상, 통과, 입하 표시			
	각 회로의 귀로			
	전선관의 천정 슬라브 매입 배관 배선			
	전선관의 천정 은폐 및 노출 배관 배선			
	전선관의 바닥 슬라브 매입 배관 배선			
	전선관의 지중 매입 배관 배선			

소방(전기) 범례표 예

2) 범례표

(1) 도시기호

- 도시기호와 설명을 열로 한다.
- 도면의 판독 시에 혼란이 없도록 규정된 도시기호를 따른다.
- 해당 프로젝트에 적용되는 시설들을 모두 포함하는 것이 좋다.

(2) 설명

- 설비의 명칭, 규격 등을 요약하여 설명한다.
- 시공 시 혼란이 있을 수 있어 시공자, 감리자가 특히 주의할 것이 있다면 주기로 적는다.

예) FL+1.5 m 이하

9-2 소화펌프실 상세도

1 소방장비 일람표

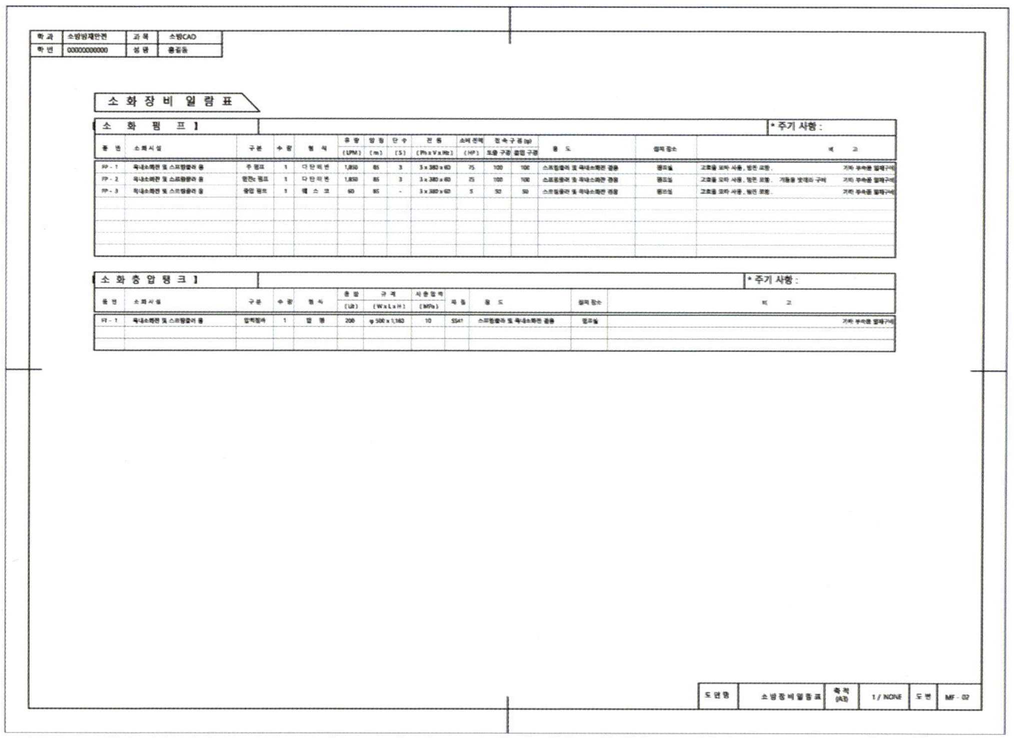

소방장비 일람표 예

1) 내용

- 소방시설에 포함할 각 장비별로 번호를 정한 후에 명칭 및 상세규격을 제시한다.
- 수계소화설비의 경우 소화펌프, 기동용수압개폐장치가 해당된다.
- 제연설비의 경우 제연용 송풍기가 해당된다.
- 타공종과 기능을 겸용하는 경우에는 해당 공종의 장비일람표에만 포함할 수도 있다.

예) 소화수원과 겸용하는 저수조, 거실제연과 겸용하는 공기조화용 송풍기

2) 작성절차

- 설계자는 해당 장비의 주로 생산하는 제조사의 제원과 해당 프로젝트에 적합한 성능을 비교하여 장비를 선정한다.
- 시공자 및 감리자가 장비를 결정하는 데 혼란이 없도록 명확히 작성한다.

【 소 화 펌 프 】

* 주기 사항 :

품 번	소화시설	구분	수 량	형 식	유 량 (LPM)	양 정 (m)	단 수 (S)	전 원 (Ph x V x Hz)	소비 전력 (HP)	접속구경(φ) 토출 구경	접속구경(φ) 흡입 구경	용 도	설치 장소	비 고
FP - 1	옥내소화전 및 스프링클러 용	주 펌프	1	다 단 터 빈	1,850	85	3	3 x 380 x 60	75	100	100	스프링클러 및 옥내소화전 겸용	펌프실	고효율 모타 사용, 방진 포함. 기타 부속품 일체구비
FP - 2	옥내소화전 및 스프링클러 용	엔진c 펌프	1	다 단 터 빈	1,850	85	3	3 x 380 x 60	75	100	100	스프링클러 및 옥내소화전 겸용	펌프실	고효율 모타 사용, 방진 포함. 기동용 밧데리 구비 기타 부속품 일체구비
FP - 3	옥내소화전 및 스프링클러 용	충압 펌프	1	웨 스 코	60	85	-	3 x 380 x 60	5	50	50	스프링클러 및 옥내소화전 겸용	펌프실	고효율 모타 사용, 방진 포함. 기타 부속품 일체구비

소화펌프 장비일람표 예

HP	5	7.5	10	15	20	25	30	40	50	60	75	100	125	150	175	200
kW	3.7	5.5	7.5	11	15	19	22	30	37	45	55	75	90	110	132	150

전동기 소비전력의 환산표

3) 항목별 결정방법

항목	결정방법
품번	• 장비의 번호를 적는다. 예) 펌프는 FP-, 송풍기는 FSF-, FEF-
명칭	• 장비의 용도를 포함하여 정한다. 예) 옥내소화전 주펌프, 충압펌프
유량	• 정격유량을 충족하도록 한다. 예) 스프링클러의 기준개수가 20개이면 1,600 L/min
양정	• 전양정 ≥ 낙차+마찰손실+최저방사압
단수	• 제조사의 제원을 참고한다. • 양정이 높아질수록 단수가 많아진다.
전원	• 상과 전압을 제시한다. 예) 3상x380Vx60Hz
소비 전력	• 정격출력을 위한 공급전력을 kW로 적는다. 전동기 방식의 경우에는 전동기의 표준규격을 따라 선정하여야 한다. 예) 전동력을 계산한 결과 47 kW라면, 표준규격에서 바로 위 값인 55 kW로 선정한다.
접속 구경	• 제조사의 제원을 참고한다. • 연결되는 배관의 구경은, – 접속구경보다 크거나 같아야 한다. – 최대유속이 4 m/s를 넘지 않도록 한다.
비고	• 특기할 만한 주기사항을 적는다. 예) 고효율 모터 사용, 방진 포함

2 소화펌프실 확대평면도

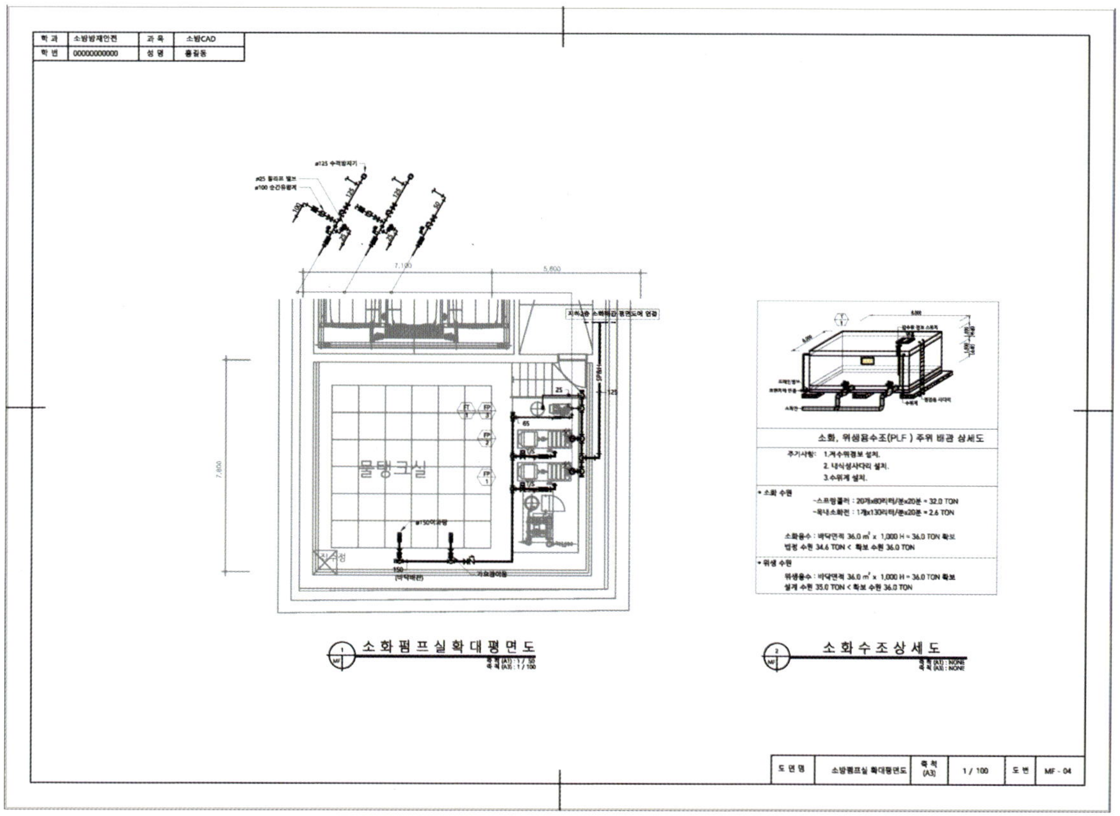

소화펌프실 확대평면도 예

1) 내용

- 소화펌프실은 펌프, 배관 등이 조밀하게 설치되어야 하므로 전체 평면도에 이를 자세히 표현하기는 곤란하다.
- 이를 명확히 표현하기 위해서 축척을 작게 하여 별도의 상세도를 작성한다.
- 소화펌프 주위배관의 상세도와 수원은 설치되는 부착물 및 입출구의 위치를 표현하는 상세도를 첨부한다.

2) 작성절차

- 설계자는 선정한 소방장비의 제원을 수집하고 점검 공간을 고려하여 장비를 배치한다.
- 수원의 양에 따른 수조의 제원은 해당 펌프실의 구조적 공간을 감안하여 가로, 세로 및 높이를 결정한다.
- 장비를 배치하고 배관 및 부착물을 상세히 표현할 수 있는 축척을 결정하여 작성한다.

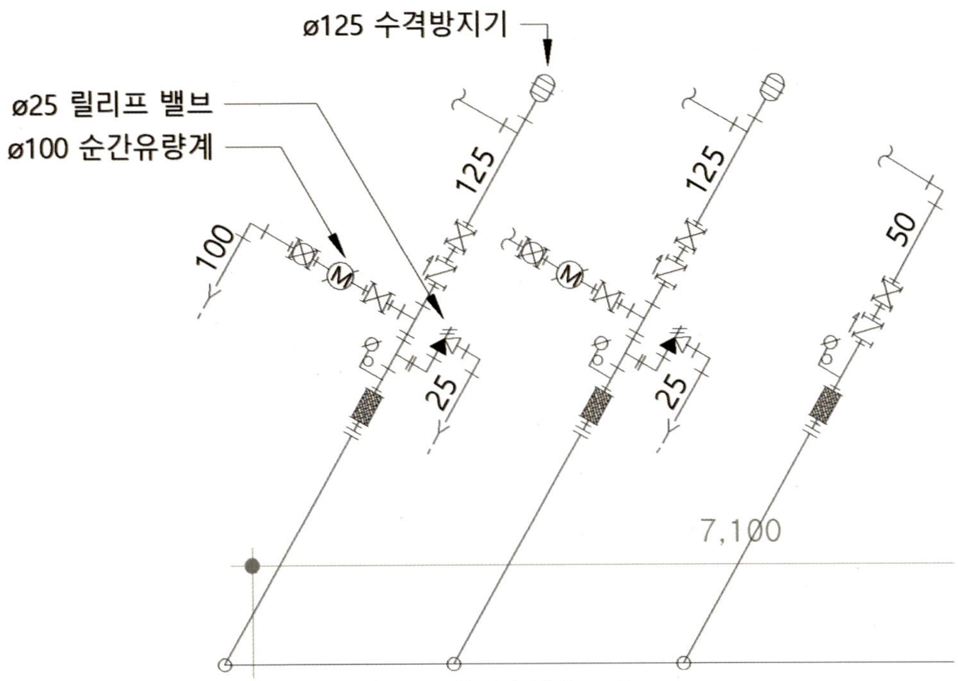

소화펌프 토출배관 상세도 예

관경[mm]		32	40	50	65	80	100	125
유량계 [L/min]	최소유량	70	110	220	450	700	900	1200
	최대유량	360	550	1100	2200	3300	4500	6000
펌프의 정격유량 (< 최대유량 ÷ 1.75)		200	300	600	1200	1800	2500	3400

후로셀 유량계의 유량범위

3) 소화펌프 토출배관 상세도

(1) 주펌프

관경	• 주배관의 관경과 동일하게 한다.
릴리프 밸브	• 화재안전기준에서는 20 mm 이상으로 규정하고 있으며 일반적으로는 25 mm를 설치한다. • 허용압력이 주펌프의 최대압력(=체절압력)에 미달하지 않도록 한다. 예) 정격양정이 100 m라도 체절압력이 125 m라면 허용압력이 10 kgf/㎠인 릴리프밸브를 적용할 수 없다. 20 kgf/㎠의 릴리프밸브를 사용한다.
유량계	• 유량계는 펌프의 정격유량의 175%까지 측정할 수 있어야 한다. • 유량계의 유량범위에 따라 관경을 결정한다. 예) 정격유량이 1000 LPM이라면, 유량계의 최대유량이 1750 LPM 이상인 65 mm를 선정한다.

- 예비펌프는 주펌프와 같다.
- 옥상수조를 설치하지 않거나 비상전원에 펌프의 동력을 포함하지 않는 경우에는 예비펌프를 엔진구동방식으로 할 수 있다.

(2) 충압펌프

- 릴리프밸브, 유량계는 부착하지 않는다.

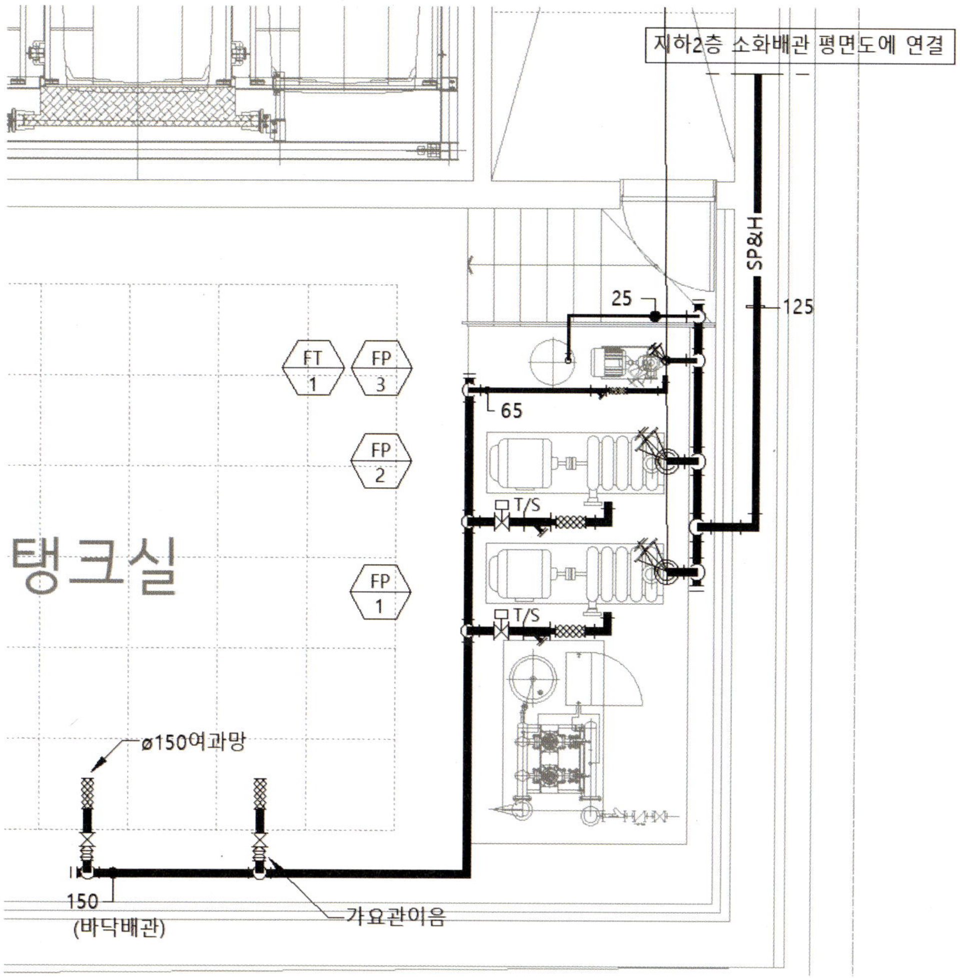

소화펌프 주위배관 상세도 예

4) 소화펌프 및 수원의 주위배관 상세도

- 관경은 주배관보다 크거나 같게 한다.
- 최대유속이 4 m/s를 초과하지 않도록 한다.
- 건축설비용의 물탱크가 5톤 이상인 경우에는 수조의 내부를 칸막이로 나눈다.
- 칸막이가 있다면 흡수구를 칸마다 설치하여야 한다.
- 흡수구에는 이물질의 유입을 방지하는 여과망을 부착한다.
- 지진의 충격을 흡수하는 가요성 이음관을 부착한다.

  ※소방시설의 내진설계기준에 근거한다.
- 흡입 측 배관은 바닥에 설치하므로 평면상으로 저수조, 펌프, 압력챔버 등과 겹칠 수 없다.
- 평면도에 연결되어 끊기는 부분에는 배관의 용도 및 관경을 표시하여 시공오류를 방지한다.

5) BIM 예

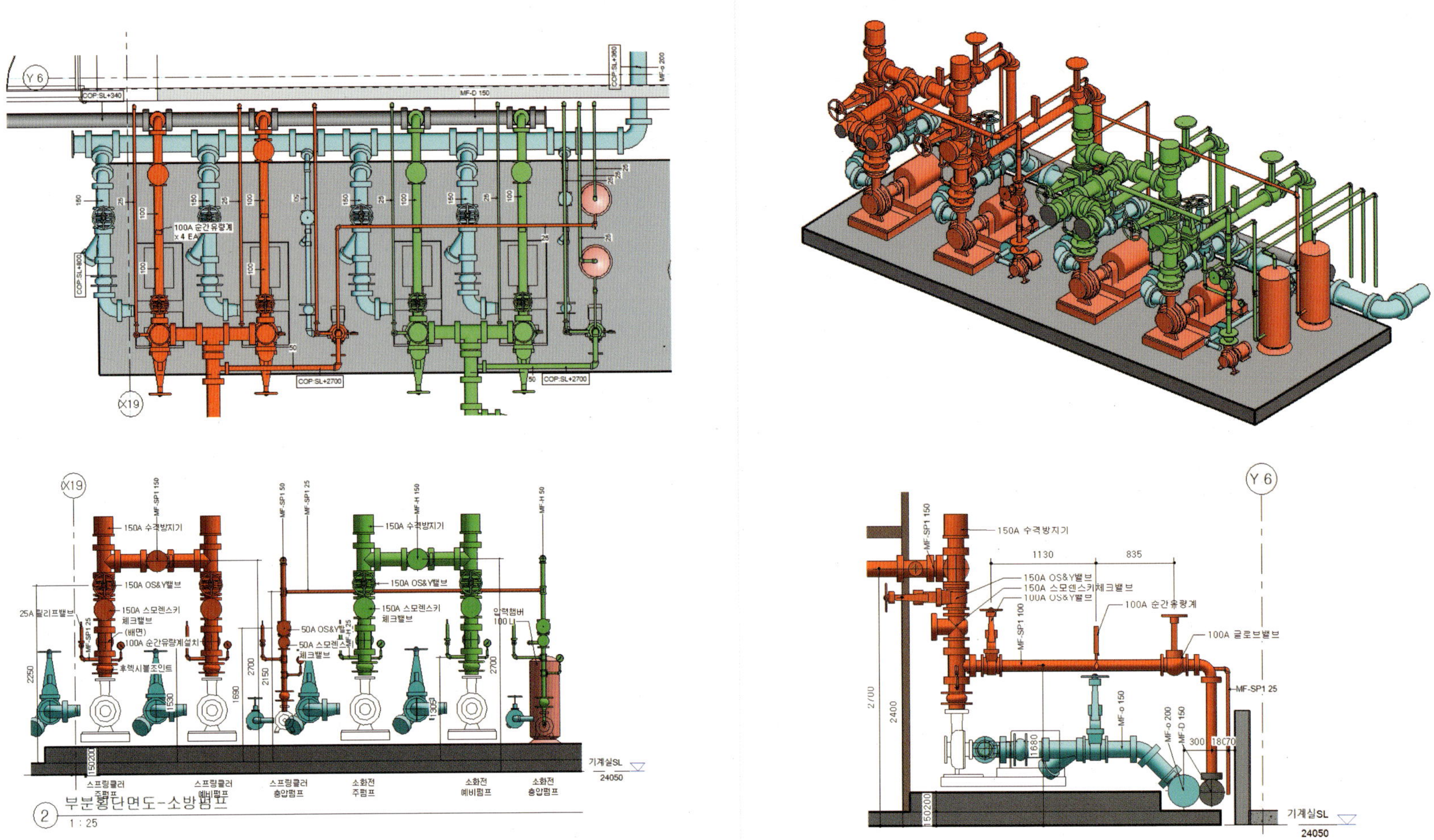

BIM으로 구현한 소화펌프실 상세도 예

- AUTODESK 社의 BIM(Building Information Modeling)프로그램인 Revit MEP로 작성한 결과물이다.
- CAD를 기반으로 한 3D 공간에 광범위한 설계정보를 담을 수 있는 BIM 기법이 점차 보급되고 있다.

3 소화수조 상세도

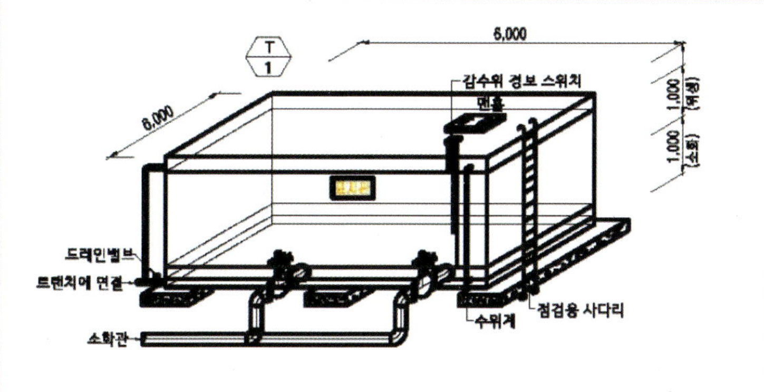

소화, 위생용수조(PLF) 주위 배관 상세도

주기사항: 1.저수위경보 설치.
2. 내식성사다리 설치.
3.수위계 설치.

* 소화 수원

-스프링클러 : 20개x80리터/분x20분 = 32.0 TON
-옥내소화전 : 1개x130리터/분x20분 = 2.6 TON

소화용수 : 바닥면적 36.0 m^2 x 1,000 H = 36.0 TON 확보
법정 수원 34.6 TON < 확보 수원 36.0 TON

* 위생 수원

위생용수 : 바닥면적 36.0 m^2 x 1,000 H = 36.0 TON 확보
설계 수원 35.0 TON < 확보 수원 36.0 TON

소화수조 상세도 예

1) 고려사항

- 구조적 공간을 감안하여 수조의 크기를 결정한다.
- 수조규격의 90%를 저수량으로 한다.

예) 저수조가 가로 6 m, 세로 6 m, 높이 4 m의 크기라면 수조의 최대 저수량은 129.6톤이 된다.

- 흡수구, 점검용 사다리, 수위계, 저수위 센서, 맨홀 등 부착물을 상세히 표기하여 시공에 반영되도록 한다.

2) 유효수량

- 전용의 경우에는 저수량이 유효수량 이상을 확보할 수 있도록 한다.

저수량 > 유효수량 > 법정수량

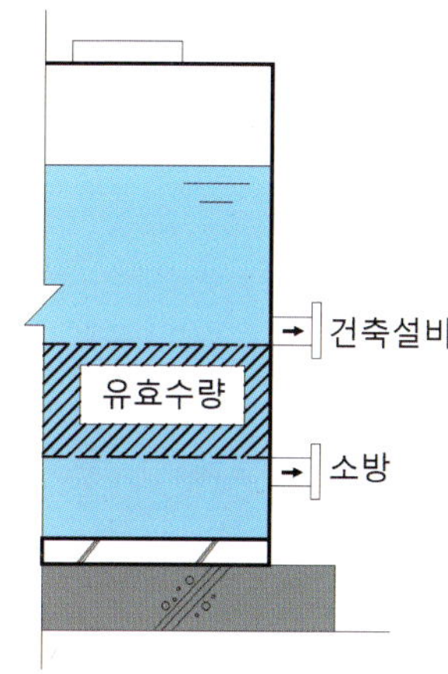

겸용하는 수조의 유효수량

- 건축설비와 겸용하는 경우는 건축설비용 흡수구의 하단과 소방용 흡수구의 상단 사이가 확보한 유효수량이 된다.

9-3 화면녹화 실습

YouTube 첫걸음 소방CAD

1 소방장비일람표

2 소화펌프실 확대평면도

3 BIM 개요

4 소화수조 상세도

연습문제

01

다음 중 도면목록표에 포함되지 않는 항목은?

① 장비번호 ② 도면
③ 도면명 ④ 축척

정답 ①
해설 도면목록표는 도번, 도면명 및 축적을 순서대로 포함한다.

02

건축설비와 겸용으로 하는 소화수조의 경우에 가장 큰 것을 선택하시오.

① 최대 저수량 ② 수조의 크기
③ 확보한 유효수량 ④ 확보하여야 할 법정수량

정답 ②
해설 수조크기의 90% 정도가 최대 저수량이며 확보한 유효수량은 법정 수량 이상을 충족하여야 한다.

03

다음은 기본설계와 실시설계에 대한 설명이다 가장 옳은 것은?

① 실시설계를 토대로 하여 기본설계를 작성한다.
② 기본설계는 단시간에 작성하여야 하므로 시공상의 고려사항은 배제하여 작성한다.
③ 기본설계의 품질이 높을수록 총비용의 절감효과를 높일 수 있다.
④ 실시설계는 법적인 의무사항이 아니라면 기본설계와 동일하게 작성한다.

정답 ③
해설 기본설계를 토대로 실시설계를 작성한다.
실시설계는 기본설계보다 폭넓은 조사와 검토를 통해 보다 합리적으로 작성하여 총비용을 절감할 수 있다.

학습정리

01 도면목록 및 범례표

1) 기본설계가 실시설계와 근접할수록 비용절감의 효과를 높일 수 있다.
2) 기계분야 및 전기분야로 나누어 분야별 도면목록표를 작성한다.
3) 도면목록표는 도번, 도명 및 축척을 열로한다.
4) 기계분야는 도면목록 및 범례표, 장비일람표, 계통도, 소화펌프실 확대평면도, 옥외 평면도, 각층 평면도, 각종 상세도 순서로 한다.
5) 전기분야는 도면목록 및 범례표, 계통도, 옥외 평면도, 각층 평면도, 각종 상세도 순서로 한다.
6) 범례표는 도시기호와 그 설명을 열로 한다.
7) 도시기호는 해당 프로젝트에 적용되는 시설들을 모두 포함하는 것이 좋다.

02 소방장비일람표

1) 소방시설에 포함할 장비의 번호, 명칭, 상세규격으로 구성한다.
2) 시공자 및 감리자가 장비를 결정하는 데 혼란이 없도록 명확히 작성한다.
3) 상세규격은 유량, 양정, 전원, 소비전력 및 접속구경 등 제원을 검토하여 작성한다.
4) 소비전력은 전동기의 표준규격을 따라 선정한다.
5) 특기할 만한 주의사항은 비고란에 적는다.

03 소화펌프실 확대평면도

1) 소화펌프 주위 배관 및 소화수조의 상세도를 포함한다.
2) 설계자는 제원과 점검공간을 고려하여 장비를 배치한다.
3) 펌프의 토출 측은 평면에 표현할 수 없으므로 별도의 상세도, 입면도를 작성한다.
4) 유량계, 릴리프밸브, 주배관의 관경은 화재안전기술기준을 준수하고 제원을 검토하여 결정한다.
5) 예비펌프의 주위배관은 주펌프와 동일하다.
6) 충압펌프에는 릴리프밸브, 유량계를 부착하지 않는다.
7) 흡수구, 점검용 사다리, 수위계, 저수위 센서, 맨홀 등 부착물을 상세히 표기한다.
8) 법정 수량 이상의 유효수량을 확보하도록 저수조의 크기 및 저수량을 결정한다.

CHAPTER 10

소화설비 실시설계

학습목표

1. 소화설비 평면도를 이해하며 판독할 수 있다.
2. 소화설비 계통도를 이해하며 판독할 수 있다.
3. 화면녹화 실습을 통해 학습내용을 그려낼 수 있다.

학습목차

복습점검

문제 1. 도면목록표에는 장비의 명칭 및 수량을 기입한다.

정답 ×

해설 도면목록표에는 도번, 도면명 및 축척을 순서대로 기입한다.

문제 2. 건축설비와 겸용으로 소화수조를 사용할 경우에 확보한 유효수량은 법정 수량을 초과할 수 없다.

정답 ×

해설 수조의 크기 > 저수량 > 확보한 유효수량 > 확보하여야 할 법정 수량

문제 3. 기본설계의 품질이 높을수록 총비용의 절감효과를 높일 수 있다.

정답 ○

해설 기본설계 이후에 실시설계를 거친다. 설계의 품질이 높을수록 성능향상과 비용절감의 효과는 커진다.

10-1 소화설비 평면도

1. 작성순서	#바탕편집 #기구배치 #배관연결 #수량산출 #일람표 작성
2. 바탕편집 및 기구배치	#바탕편집 #기구배치 #가독성 #기구선정 #배열검토 #보행거리 #수평거리
3. 배관연결 및 일람표 작성	#입상배관(Riser Pipe) #소화펌프실 확대평면도 #소방기구 일람표 #유수검지장치실 #관경

1 작성순서

단계	내용
바탕편집	• 바탕이 되는 건축평면도를 하나의 레이어로 편집한다.
↓	
기구배치	• 기준에 맞고 성능을 확보할 수 있는 위치에 배치한다.
↓	
배관연결	• '유수검지장치실'을 확인한다. • 주배관, 교차배관의 경로를 정한다. • 가지배관을 그린 후 헤드와 연결한다.
↓	
수량산출	• 배관의 용도 및 관경을 기입한다. • 소방기구류의 수량을 산출한다.
↓	
일람표 작성	• 도시기호, 명칭, 규격 및 산출한 수량을 적는다. • 필요한 경우 별도의 상세도를 추가한다.

- 건축평면도는 상대적으로 흐린 색상의 한 레이어로 편집한다.
- 한 장의 도면은 다양한 공종의 이해를 바탕으로 작성되어야 한다.
- 평면도는 해당 층에 설치되는 소방시설을 모두 표현하는 것이 전제된다.
- 소방시설에 적용되는 소방기구 및 장비류는 관련기준에 근거하여 합리적으로 배치한다.
- 입상배관, 유수검지장치실, 주배관, 교차배관의 위치와 경로를 정하여 작성한다.
- 배관의 용도와 관경을 기입하여 배관물량 산출에 혼란이 없도록 한다.
- 소방기구류의 수량을 산출해 일람표를 작성한다.
- 도면의 이해나 표현이 부족한 경우에는 별도의 상세도를 추가할 수 있다.

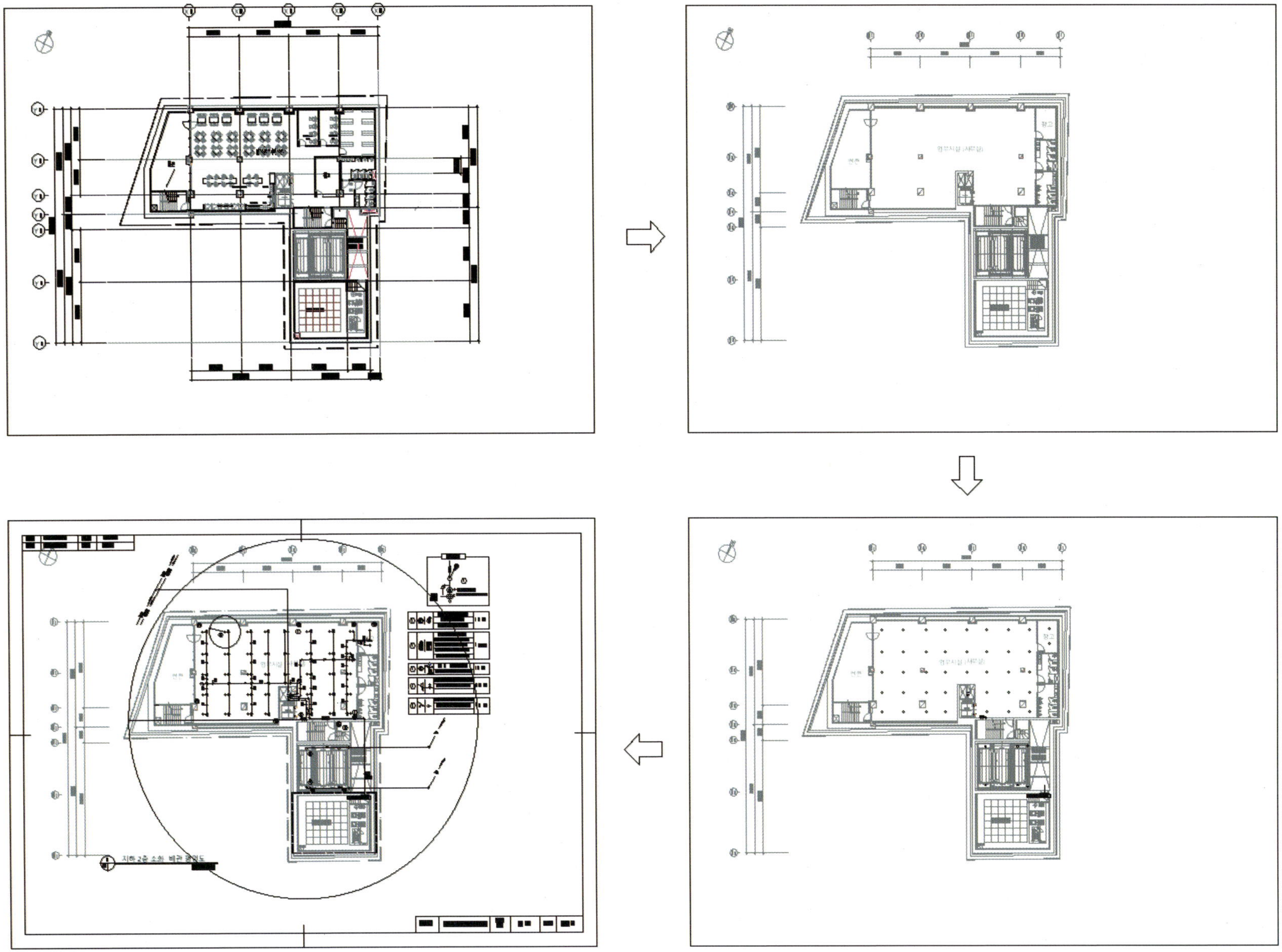

소화설비 평면도 작성순서

2 바탕편집 및 기구배치

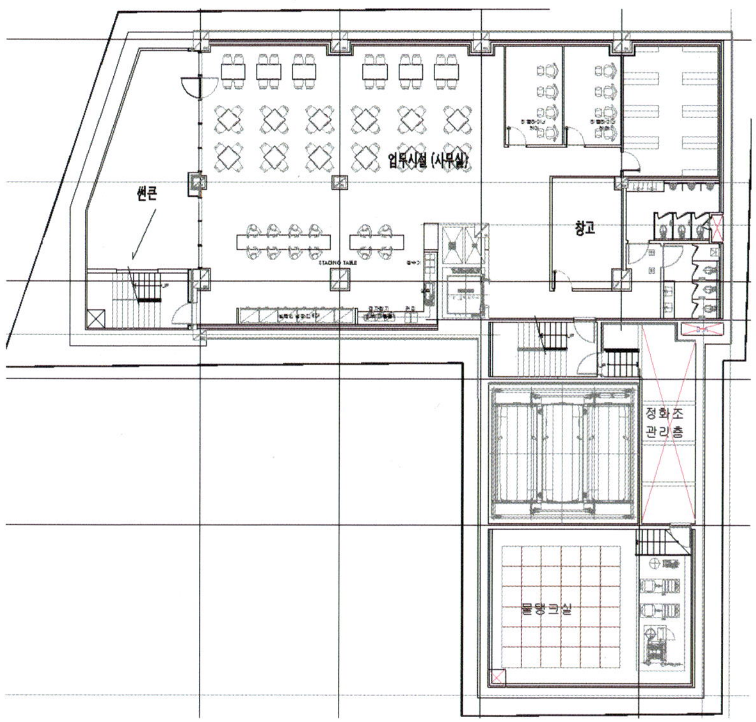

건축평면도 예

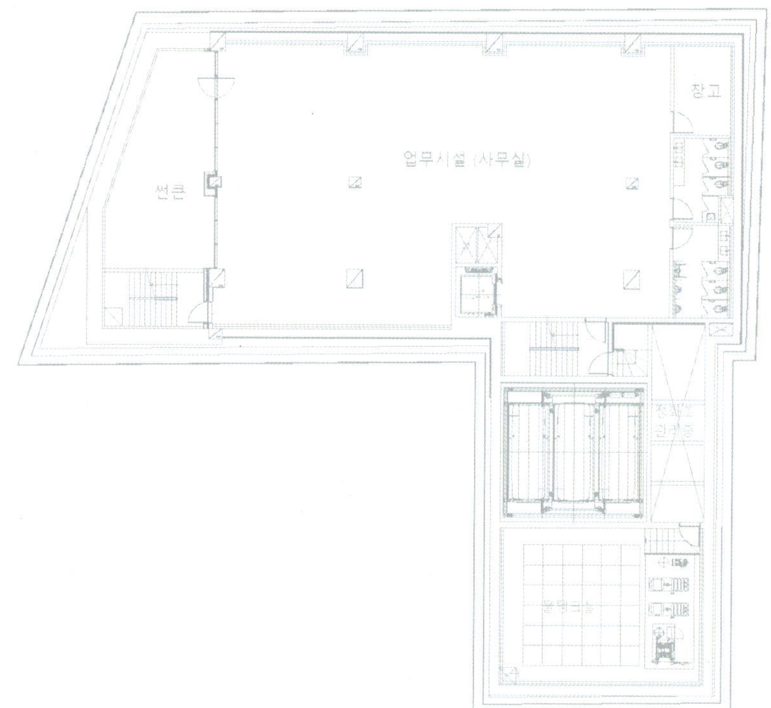

건축평면도의 바탕편집 예

1) 바탕편집

- 평면도는 실제 설치되는 소방시설들을 제 위치에 표현하는 것이 목적이다.
- 따라서 소방기구 및 장비류가 제 위치에 잘 보이게 표현되어야 한다.
- 건축평면도에서 소방시설에는 무의미한 가구, 주석 등이 있다면 삭제하여 가독성을 높인다.
- 바탕으로 할 건축평면도를 추출하였으면 흐린 색으로 하여 소방기구 및 장비류가 강조되도록 한다.

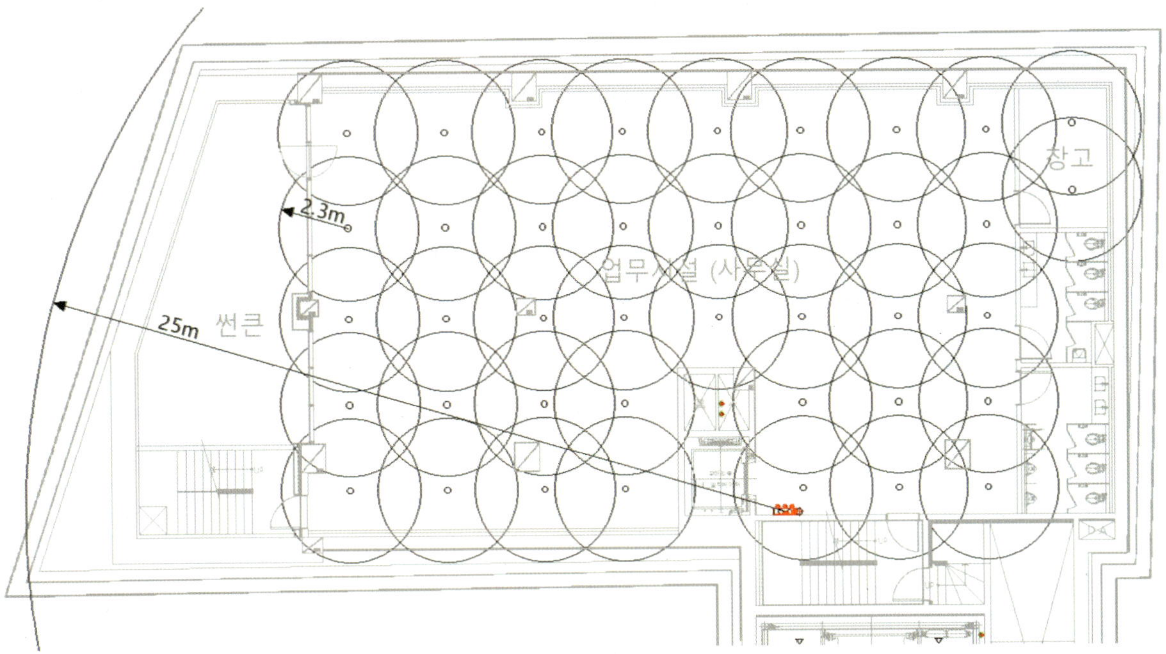

바탕편집과 기구배치 예

2) 기구배치

(1) 순서

단계	내용
기구선정	• 헤드, 소화전, 소화기 등
⬇	
블록선택	• 해당 블록 선택 • 삽입축척 결정
⬇	
배열검토	• 보행거리 준수 • 수평거리 준수
⬇	
배치완료	• 기구, 배열 검토

- 계획된 소방시설에 맞는 소방기구들을 선정한다.
- 도면에 표현되었을 때 식별이 용이하도록 도시기호와 축척을 고려하여 블록을 선택한다.
- 보행거리, 수평거리 및 사용의 적합성을 검토하여 배치를 완료한다.

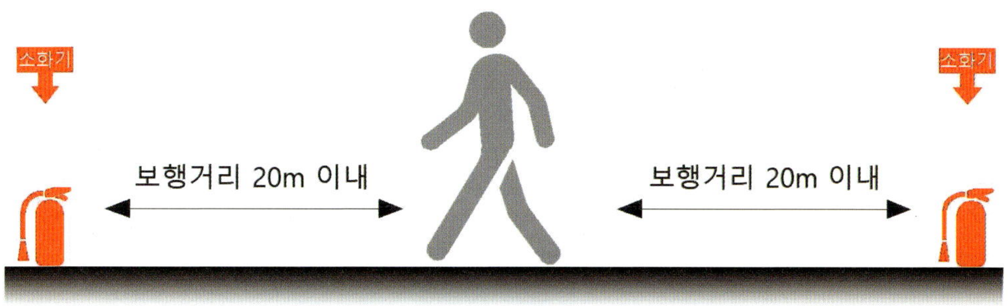

소화기의 보행거리

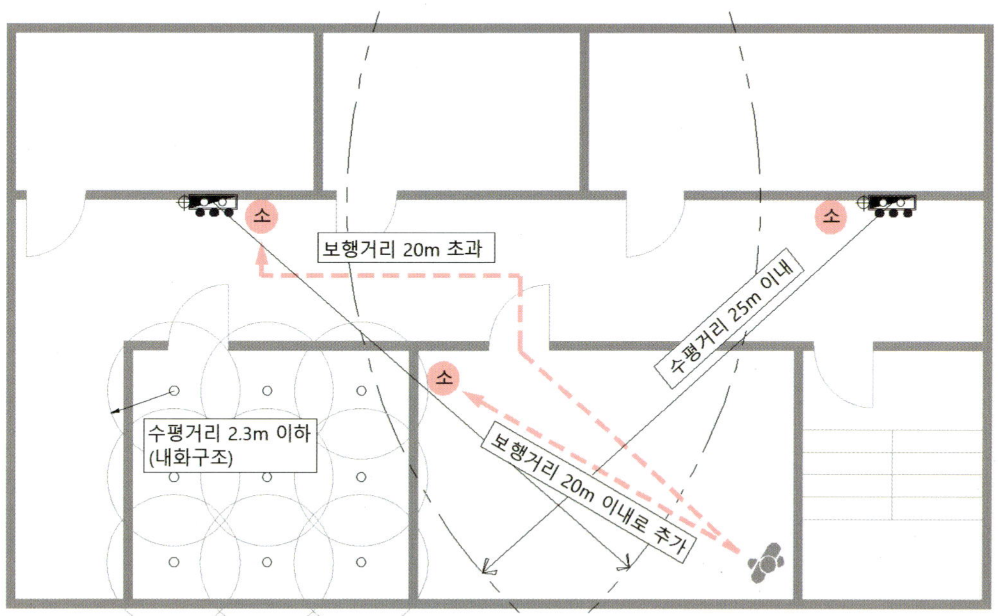

보행거리와 수평거리 예

(2) 보행거리

- 두 지점 사이를 걸어서 이동하는 거리
- 복도는 중심선으로 하고 장애물이 없는 넓은 거실은 직선거리로 한다.

설비		보행거리
소화기	소형	20 m 이하
	대형	30 m 이하
연결 송수관 설비	방수구	계단으로부터 5 m 이내
	방수 기구함	방수구에서 5 m 이내

(3) 수평거리

- 두 지점 사이의 직선거리

설비		수평거리
소화전	옥내	25 m 이하
	옥외	40 m 이하
스프링클러 헤드	내화 구조	2.3 m 이하
	아파트	2.6 m 이하 (형식승인 유효반경)

3 배관연결 및 일람표 작성

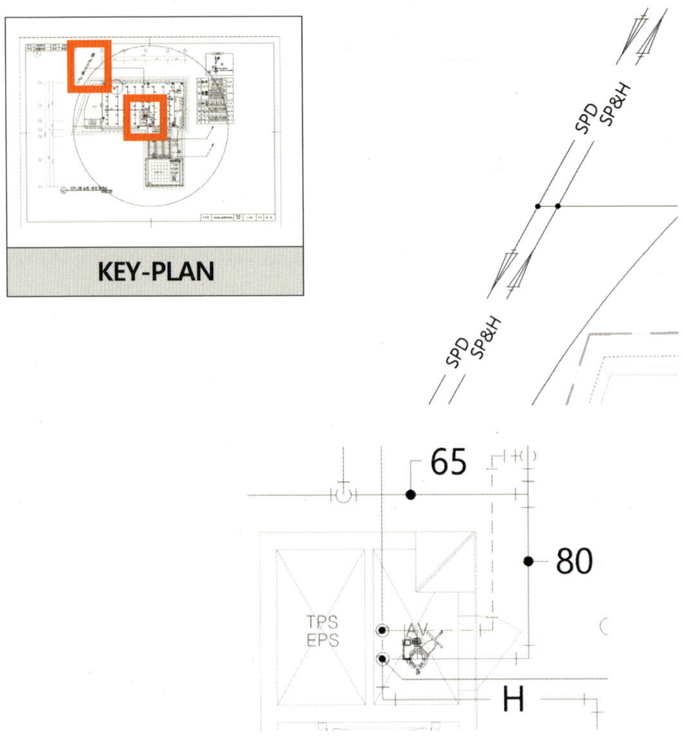

입상배관과 유수검지장치실 예

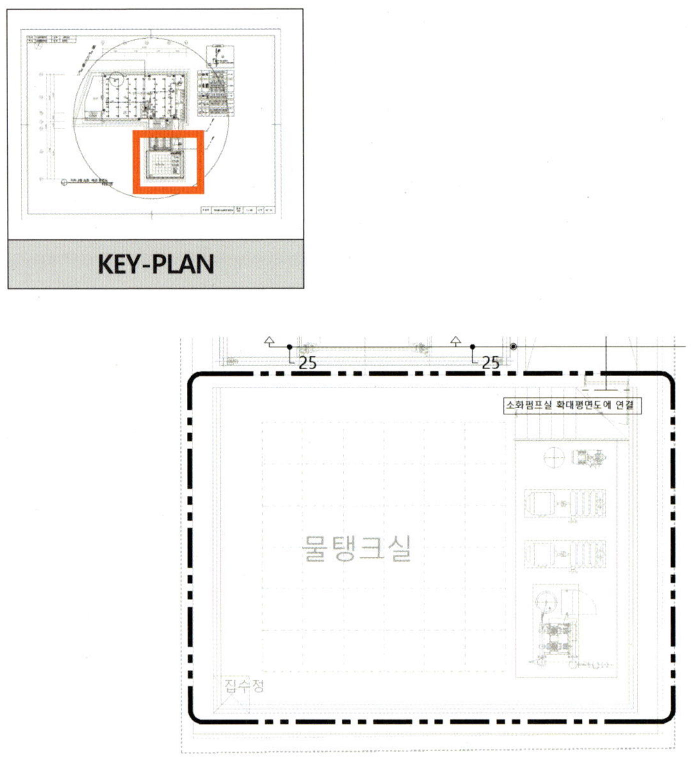

소화펌프실 확대평면도 예

1) 입상배관과 유수검지장치실

- 실제 입상배관(Riser Pipe)의 위치에 입상관을 표현하고 수직경로상의 범례 및 관경(=Riser)을 작성한다.
- 유수검지장치실은 실제크기를 검토해서 유지관리를 위한 출입문설치 및 주변공간의 확보를 검토한다.

2) 소화펌프실 확대평면도

- 축척을 크게 한 경우에는 소화펌프실의 주위배관을 상세히 표현하기 곤란하다.
- 소화펌프실 확대평면도를 별도로 작성하고 배관의 연결부분 까지만 표시한다.

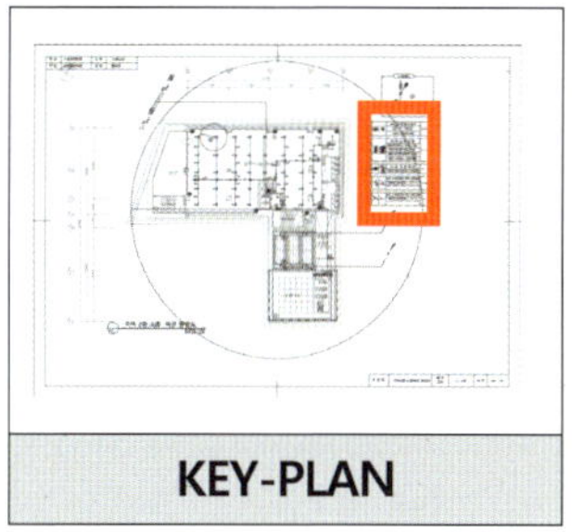

번호	기호	내용	수량
1		A.B.C 급 분 말 소 화 기 3 단 위 = 3.3 KG - 소화기 받침대 포함 -	x 8 EA
2		옥 내 소 화 전 함 소방호스Φ40 x 15 M x 2본 Φ40 방사형 관창 x 1EA Φ65 단구형 방수구 x 1EA 전면 스테인리스, 내함 철	x 1 SETS
3		80 Φ 알 람 밸 브 2차측 사이트글라스 오리피스	x 1 EA
4		Φ15 스프링클러 헤드 (폐쇄형) 하향식 감지온도 = 72 ° C	x 40 EA
5		Φ15 스프링클러 헤드 (폐쇄형) 측벽식 감지온도 = 72 ° C	x 8 EA

소방기구 일람표 예

3) 소방기구 일람표

- 설치하는 소방시설에 따르는 소방기구의 세부내용을 적는다.
- 계통도와 같은 일람표를 사용하고 수량을 추가하여 적는다.

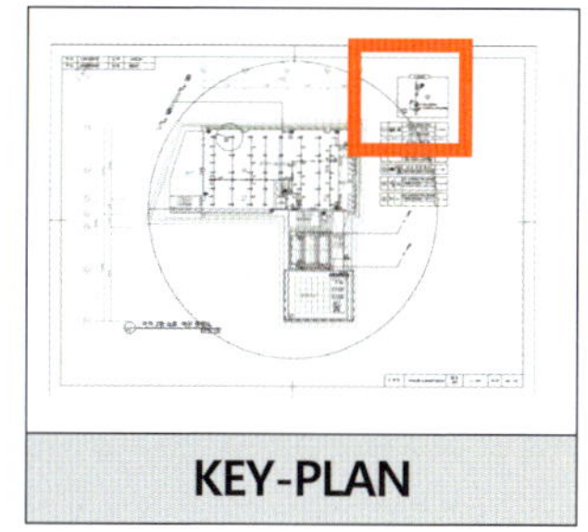

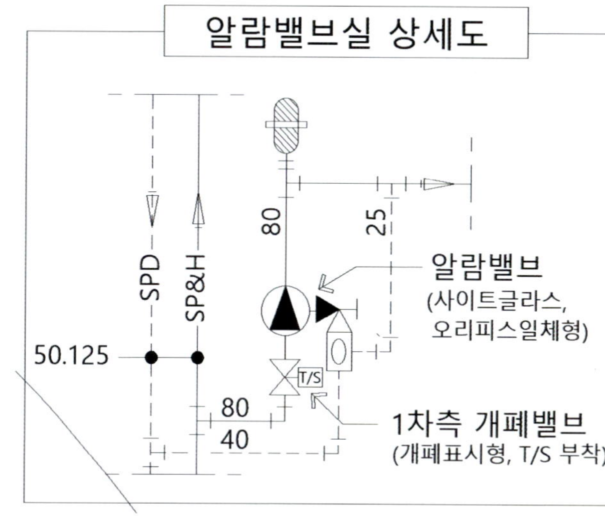

알람밸브실 상세도 예

4) 알람밸브실 상세도

- 유수검지장치실 등 평면도에 조밀한 구역이 있는 경우에는 별도의 상세도를 추가한다.
- 물량을 산출하고 시공하는 데 혼란이 없도록 관경, 관장치류 및 사양을 상세히 기입한다.

5) 관경의 결정

(1) 유속 기준

- 옥내소화전 주배관의 유속은 4 m/s 이하
- 스프링클러 가지배관의 유속은 6 m/s 이하
- 기타의 배관은 유속을 10 m/s로 한다.

(2) 옥내소화전의 관경 기준

- 옥내소화전의 주배관 중 입상관은 50 mm 이상으로 한다.
  (호스릴의 경우에는 32 mm로 한다)
- 옥내소화전의 방수구는 40 mm로 한다.
  (호스릴의 경우에는 25 mm로 한다)

기준 개수	1	2	3	4	5
유량 [L/min]	130	260	390	520	650
관경 [mm]	40	50	65	80	100

- 위의 표에도 불구하고 연결송수관설비의 배관과 겸용할 경우의 주배관은 100 mm 이상으로 한다.
- 연결송수관설비의 방수구는 65 mm로 한다.

(3) 스프링클러헤드 수별 급수관의 구경 [스프링클러설비의 화재안전기술기준]

[단위 : mm]

<table>
<tr><th>급수관의 구경
구분</th><th>25</th><th>32</th><th>40</th><th>50</th><th>65</th><th>80</th><th>90</th><th>100</th><th>125</th><th>150</th></tr>
<tr><td>가</td><td>2</td><td>3</td><td>5</td><td>10</td><td>30</td><td>60</td><td rowspan="3">시판
되지
않음</td><td>100</td><td>160</td><td>161 이상</td></tr>
<tr><td>나</td><td>2</td><td>4</td><td>7</td><td>15</td><td>30</td><td>60</td><td>100</td><td>160</td><td>161 이상</td></tr>
<tr><td>다</td><td>1</td><td>2</td><td>5</td><td>8</td><td>15</td><td>27</td><td>55</td><td>90</td><td>91 이상</td></tr>
</table>

(주)1. 폐쇄형스프링클러헤드를 사용하는 설비의 경우로서 한 개 층에 하나의 급수배관(또는 밸브 등)이 담당하는 구역의 최대면적은 3,000 m^2를 초과하지 않을 것

구분	내용
가	• 폐쇄형 스프링클러헤드를 설치하는 일반적인 경우
나	• 폐쇄형 스프링클러헤드를 설치하고 반자 아래의 헤드와 반자속의 헤드를 동일 급수관의 가지관상에 병설하는 경우 ※ 100개 이상의 헤드를 100 mm로 할 경우는 수리계산 방법에 따를 것
다	• 폐쇄형 스프링클러헤드를 설치하고 무대부·특수가연물을 저장 또는 취급하는 장소의 경우 • 개방형 스프링클러헤드를 설치하고 하나의 방수구역이 담당하는 헤드의 개수가 30개 이하일 경우 ※ 30개를 초과할 때는 수리계산 방법에 따를 것

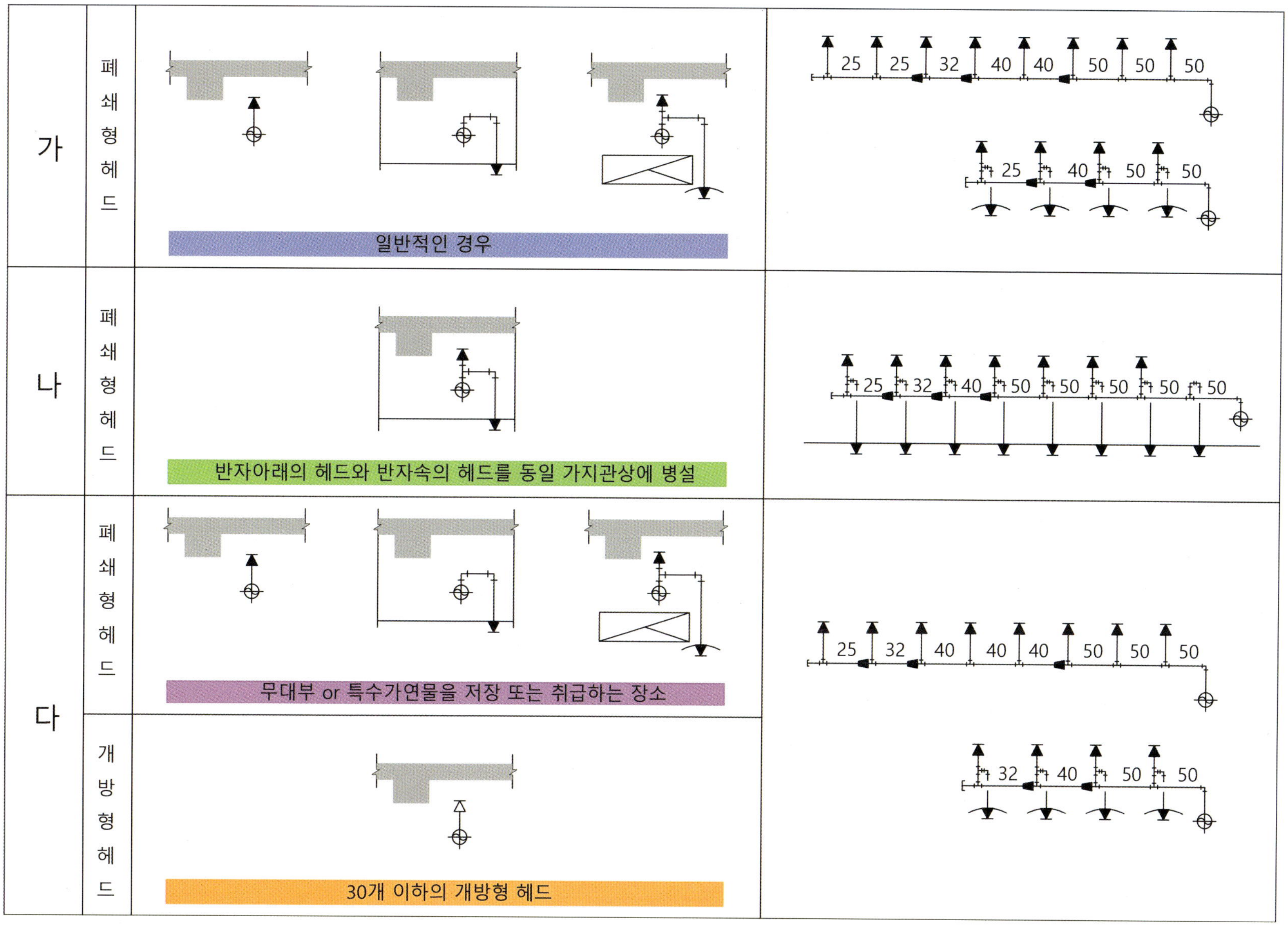

스프링클러헤드 수에 따른 가지관의 관경

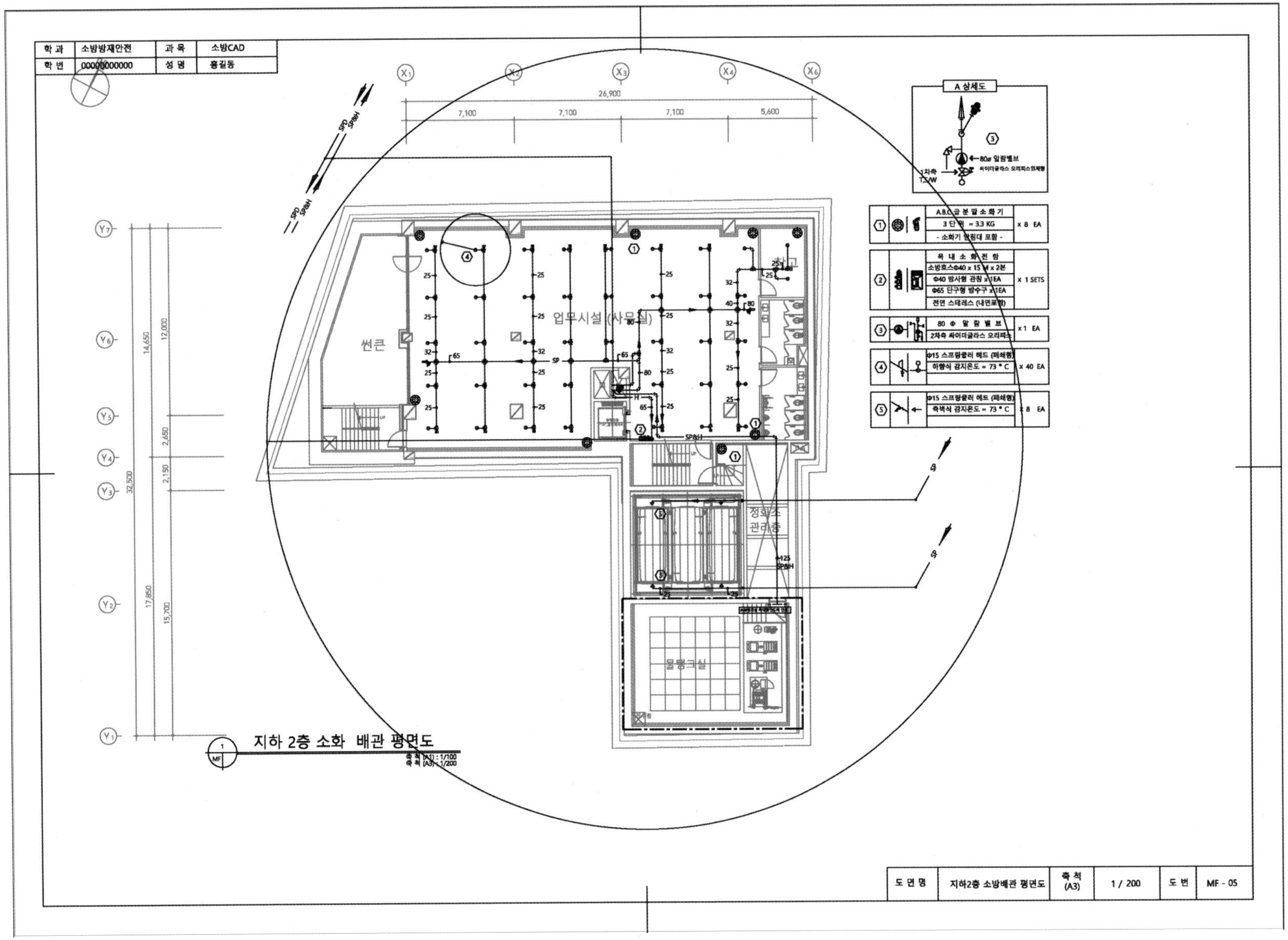

소화설비 평면도 예

10-2

소화설비 계통도

1. 작성순서	#자료수집 #구도결정 #기구배치 #배관연결 #일람표 작성
2. 구도결정 및 기구배치	#구도결정 #기구배치 #층고 #주차타워 #층수
3. 배관연결 및 일람표 작성	#소화펌프 주위배관 #유수검지장치 주위배관 #입상배관 압력분포 #사용압력 #체절압력 #소방기구 일람표

1 작성순서

단계	내용
자료수집	• 건축(설계)개요, 평면도, 입면도, 단면도 및 창호도와 소방시설 선정표를 숙지한다.
⬇	
구도결정	• 전체계통의 파악이 용이하도록 결정한다.
⬇	
기구배치	• 소방기계분야의 기구를 종류, 형식에 맞도록 배치한다.
⬇	
배관연결	• 배관의 용도, 관경 및 분기 위치를 명확하게 표현한다.
⬇	
일람표 작성	• 도시기호, 명칭, 규격을 기입하여 작성한다.

- 한 장의 소방도면은 다른 소방도면은 물론 다양한 공종의 이해를 바탕으로 작성되어야 한다.
- 계통도는 해당 공종의 전체 계통을 한눈에 파악할 수 있도록 하여야 하므로 많은 정보를 간단명료하게 표현하는 것이 전제된다.
- 수집한 정보량이 부족하거나 수집한 정보에 오류가 있거나 또는 그 정보의 이해가 부족하다면 높은 수준의 설계도면을 작성할 수 없다.
- 필요한 정보들을 빠짐없이 수집하고 분석하여 건축계획을 완전히 이해한 후에 선정한 소방시설을 계통도에 표현한다.

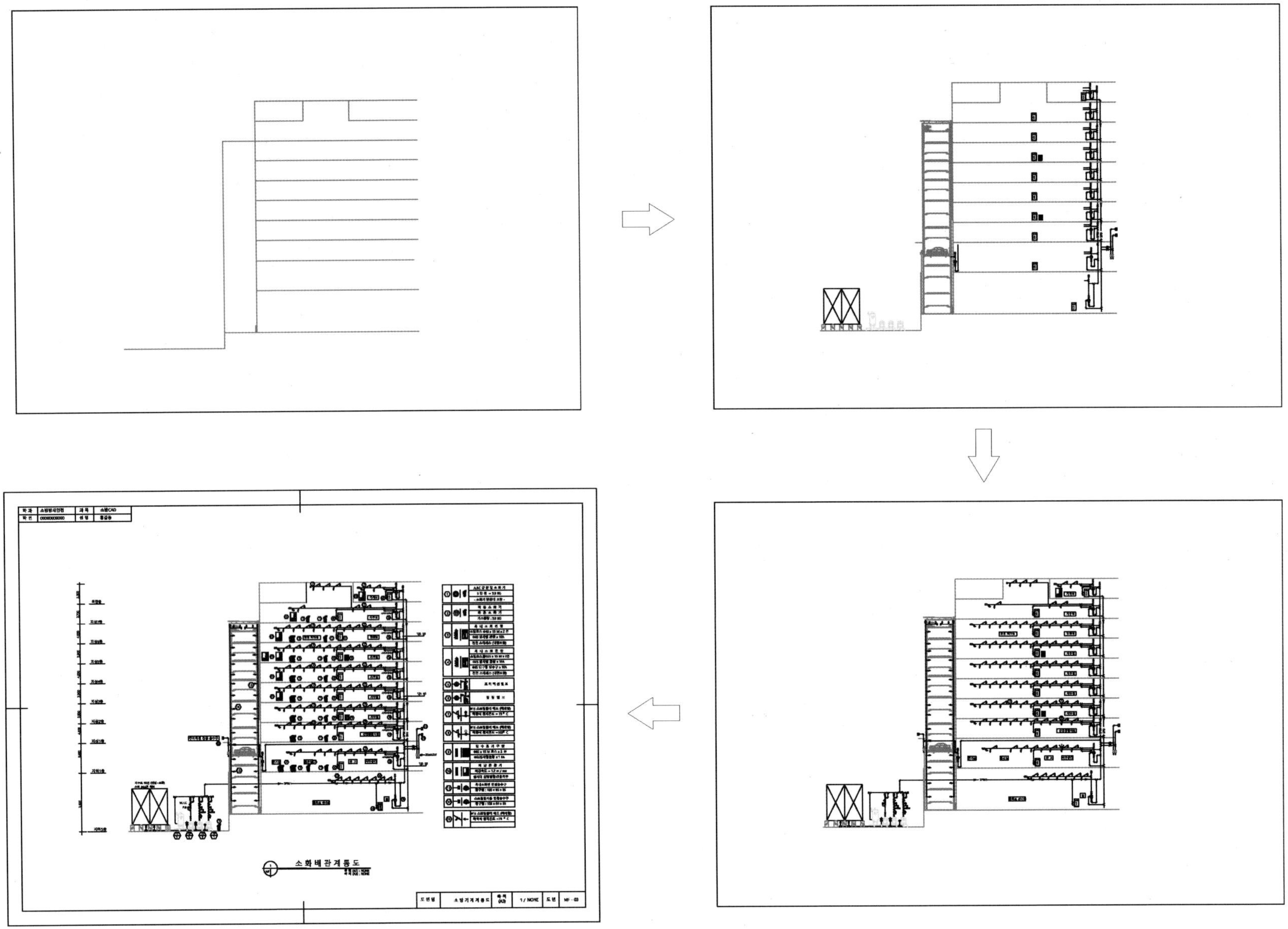

소화설비 계통도 작성순서

2 구도결정 및 기구배치

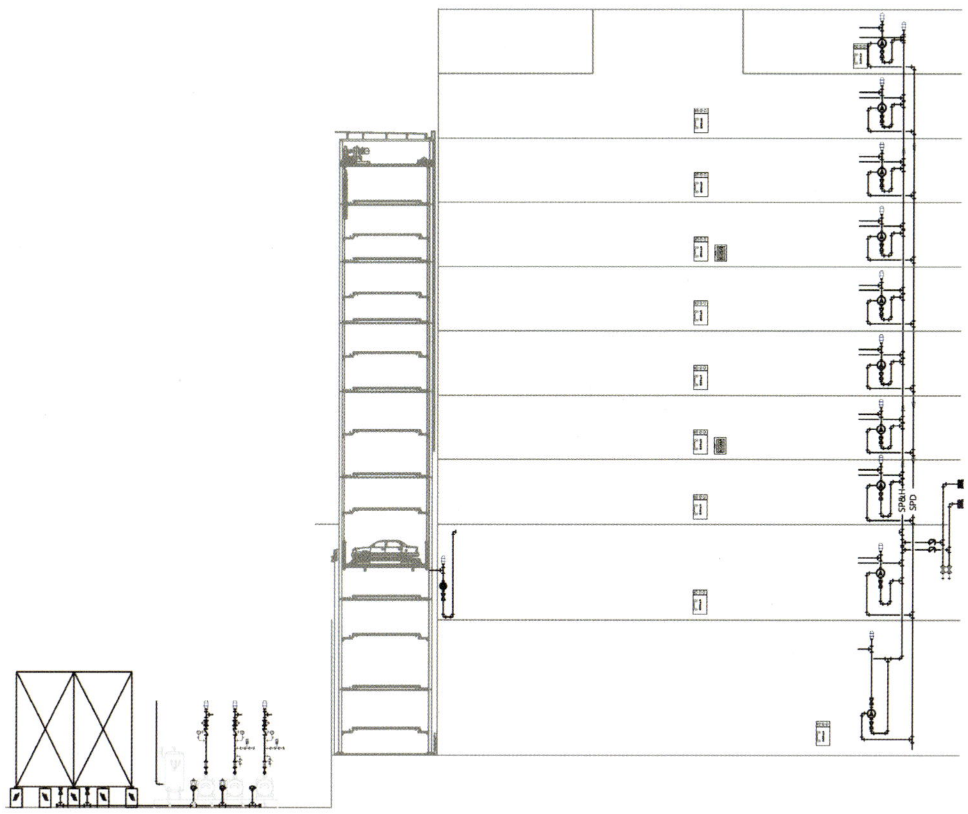

구도결정 및 기구배치 예

1) 구도결정

- 계통도는 모두 표현하는 것보다는 전체 계통의 구성을 설명하는 것이 목적이다.
- 따라서, 건축물의 수직적 형태를 간결히 표현할 수 있는 구도가 적용되어야 한다.
- 개략적인 구도를 결정하고, 기구를 배치해 가면서 부분적인 보완을 거친다.

2) 기구배치

- 계통의 표현이 중요하므로 수량까지 실제와 같을 필요는 없다.
- 다만, 장비 및 주요 기기류는 이해에 혼란이 없도록 실제 수량과 같으면 좋다.

명칭	축척	수량	규격
수원, 펌프	NONE	O	X
유수검지장치	NONE	O	△
소화기구	NONE	X	X
옥내소화전	NONE	O	X
자동소화장치	NONE	O	X
연결송수구	NONE	O	X
배관 및 밸브	NONE	X	(주배관만)
헤드 류	NONE	X	X

- 계통도에 표현하지 않은 수량과 규격은 장비일람표 및 평면도에 표현한다.

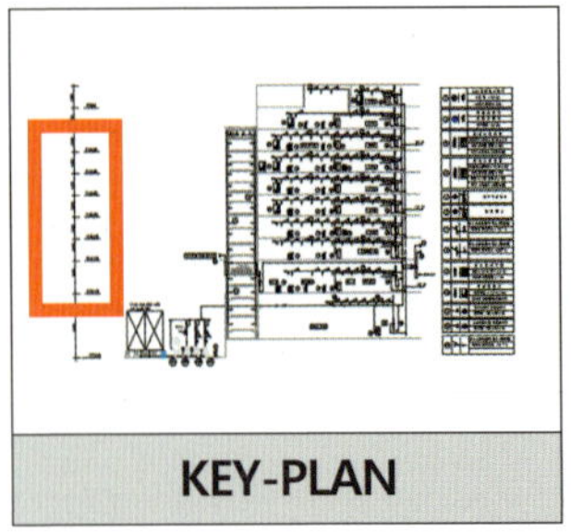

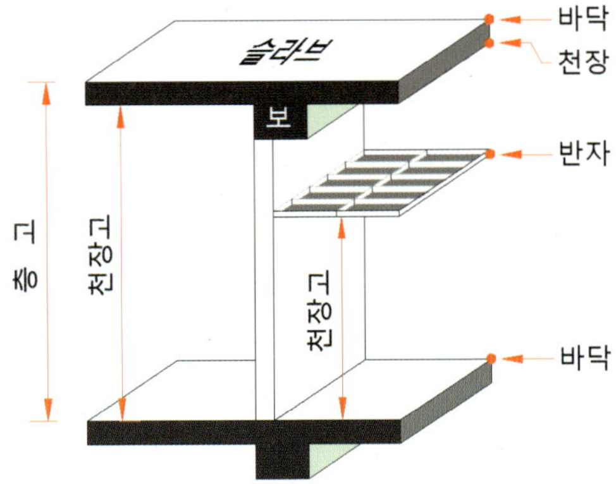

층고의 이해

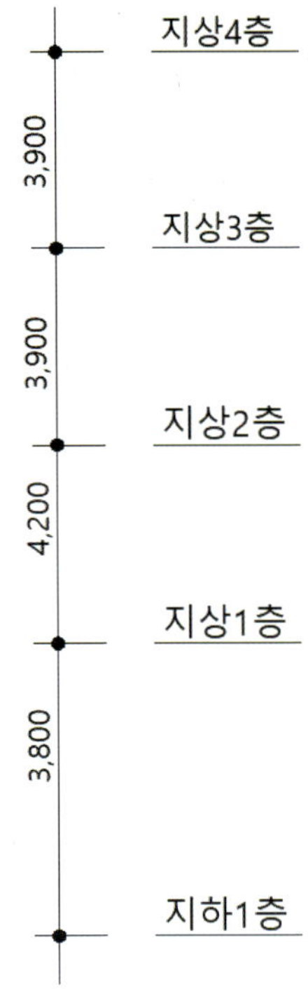

층고 표시의 예

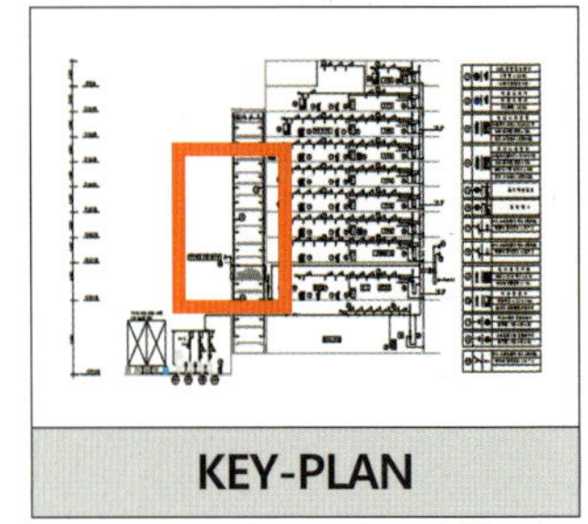

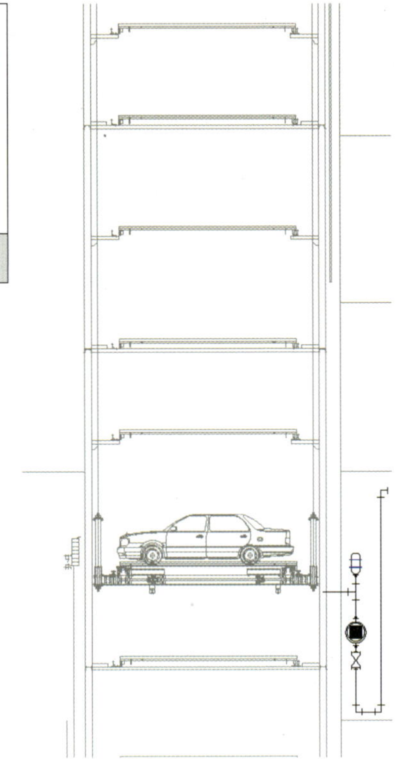

별도 구조의 표시 예

3) 층고의 표시

- 입상배관의 길이, 피난기구의 길이 등은 계통도에서 산출한다.
- 각 층의 층고를 적어서 높이를 산출할 수 있도록 한다.

  ※ 실제 높이를 적으며 축척을 맞출 필요는 없다.

4) 별도 구조의 표시

- 기계식 주차타워는 본건물의 층고보다 낮게 하여 여러 층수로 차량이 주차된다.
- 이런 경우 평면도에는 해당 층수를 표현하기가 곤란하다.
- 이와 같이 별도로 표현할 필요가 있는 수직적 구조는 계통도에 추가하여 작성한다.

3 배관연결 및 일람표 작성

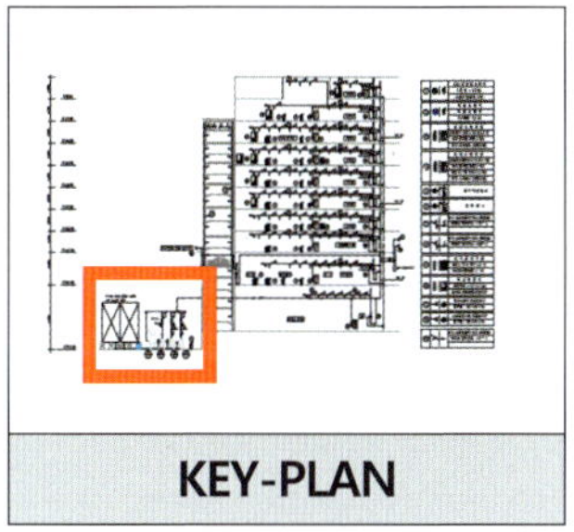

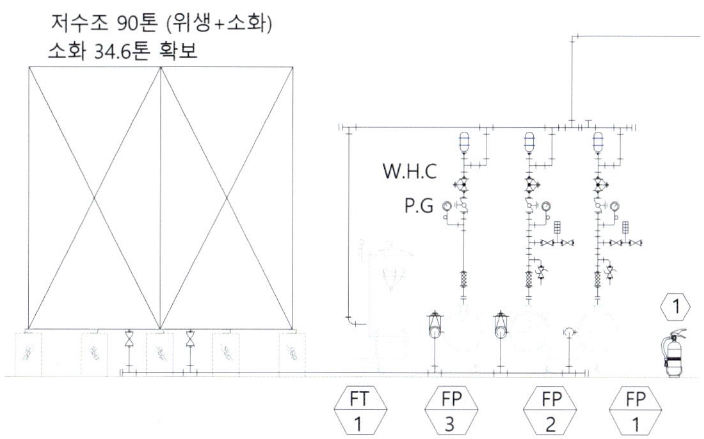

소화펌프실 주위배관 계통도 예

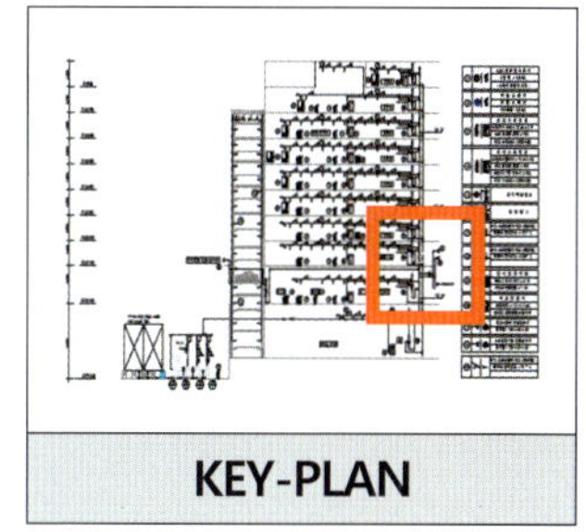

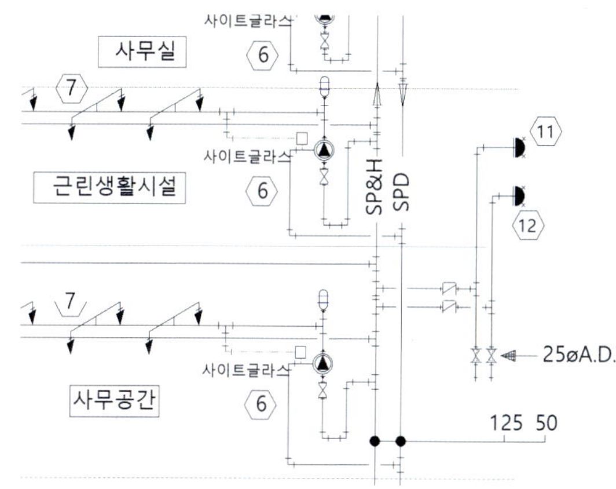

유수검지장치 주위배관 계통도 예

1) 소화펌프 주위배관

- 수원, 소화펌프 및 기동용수압개폐장치 주위배관 및 계통을 작성한다.
- 부착되는 관장치류들을 빠짐없이 기입하고, 장비번호를 표시한다.

2) 유수검지장치 주위배관

- '입상배관 ⇒ 유수검지장치 ⇒ 평면배관'으로 연결된다.
- 분기지점 및 방법을 표현한다.
- 상세히 표현하기가 곤란한 경우에는 별도의 상세도를 작성한다.

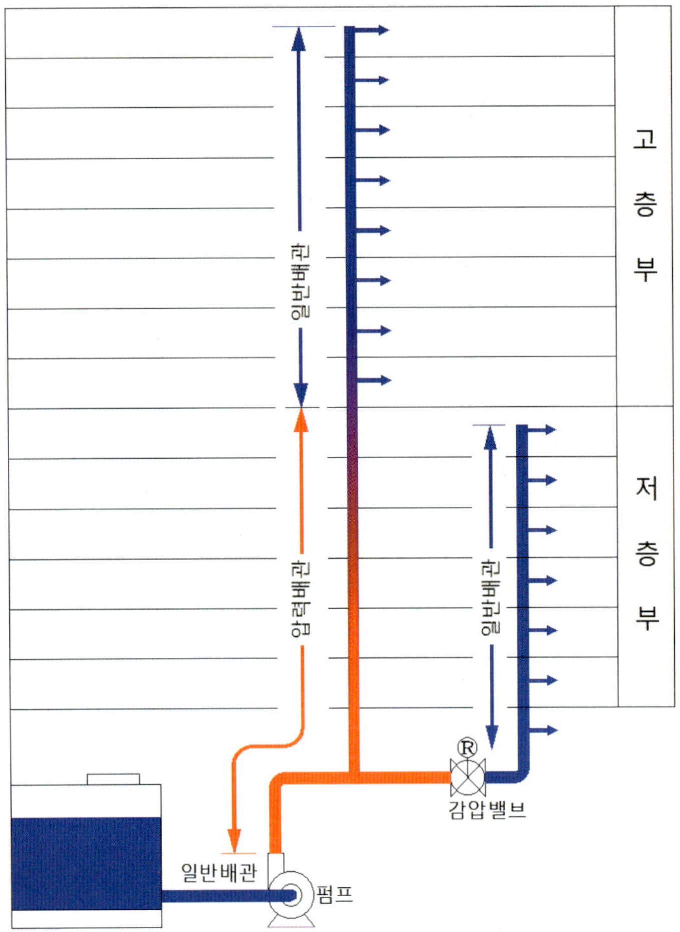

입상배관의 압력분포 예

3) 입상배관 압력분포

- 입상배관의 저층부는 낙차에 따른 압력이 가중된다.
- 사용압력이 1.2 MPa 이상인 경우는 사용하는 배관의 재질이 달라진다.
- 소방에서의 사용압력은 체절압력을 적용하여야 한다.

사용압력	배관 재질
1.2MPa 미만	• 배관용 탄소 강관(KS D 3507) • 이음매 없는 구리 및 구리합금관(KS D 5301) – 다만, 습식의 배관에 한한다. • 배관용 스테인리스 강관(KS D 3576) • 일반배관용 스테인리스 강관(KS D 3595) • 덕타일 주철관(KS D 4311) • 소방용합성수지배관(CPVC) – 배관을 지하에 매설하는 경우 – 다른 부분과 내화구조로 구획된 덕트 또는 피트의 내부에 설치하는 경우 – 천장(상층이 있는 경우는 상층바닥의 하단을 포함한다.)과 반자를 준불연 이상의 재료로 설치하고 소화배관 내부에 항상 소화수가 채워진 상태로 설치하는 경우
1.2MPa 이상	• 압력 배관용 탄소 강관(KS D 3562) • 배관용 아크용접 탄소강 강관(KS D 3583)

- 저층부 배관이나 펌프의 체절압력이 1.2 MPa을 초과하는 경우는 압력분포를 산정하여 구간별로 배관의 재질을 결정할 수 있도록 한다.

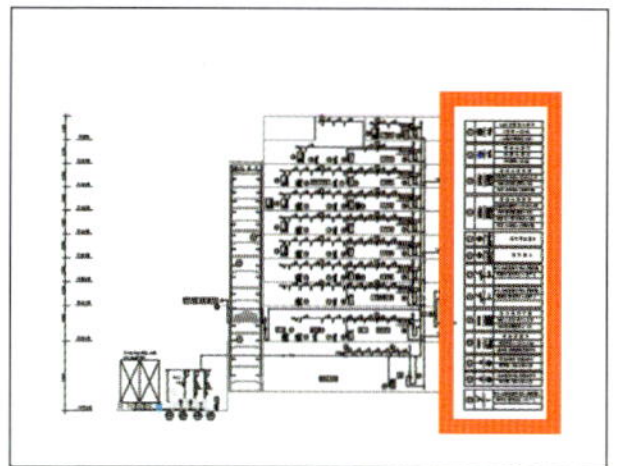

KEY-PLAN

번호	명칭 및 규격
1	A.B.C 급 분 말 소 화 기 3 단 위 = 3.3 KG - 소화기 받침대 포함 -
2	적 응 소 화 기 하 론 소 화 기 가스중량 : 3.0 KG
3	옥 내 소 화 전 함 소방호스 Φ40 x 15 M x 2 본 Φ40 직,방사형 관창 x 1EA 전면 스테레스 (내면포함)
4	옥 내 소 화 전 함 소방호스릴Φ25 x 15 M x 2본 Φ25 직,방사형 관창 x 1EA Φ65 단구형 방수구 x 1EA 전면 스테레스 (내면포함)
5	프 리 액 션 밸 브
6	알 람 밸 브
7	Φ15 스프링클러 헤드 하향식 감지온도 = 72 ℃ 플러시형, 폐쇄형
8	Φ15 스프링클러 헤드 하향식 감지온도 = 105 ℃ 플러시형, 폐쇄형
9	방 수 용 기 구 함 Φ65 x 15 M 호스 x 3본 Φ65 직,방사형관창 x 1 EA
10	피 난 완 강 기 하강속도 = 1.2 m / sec 지지대 포함
11	옥내소화전 연결송수구 쌍구형 : 100 x 65 x 65
12	스프링클러 연결송수구 쌍구형 : 100 x 65 x 65
13	Φ15 스프링클러 헤드 측벽식 감지온도 = 72 ℃ 플러시형, 폐쇄형

계통도에서의 소방기구 일람표 예

4) 소방기구 일람표

- 설치하는 소방시설에 따르는 소방기구의 세부내용을 적는다.
- 가능하면 모든 소방기구를 작성하는 것이 좋다.
- 일련번호를 정하고 계통도에는 해당 번호를 기입해 파악이 용이하도록 한다.
- 도시기호, 명칭, 규격을 기입하여 작성한다.
- 수량은 평면도의 일람표에 작성하도록 하고 계통도에서는 생략한다.
- 수량을 제외한 다른 항목들은 평면도의 일람표와 동일하게 하여 혼란이 없도록 한다.

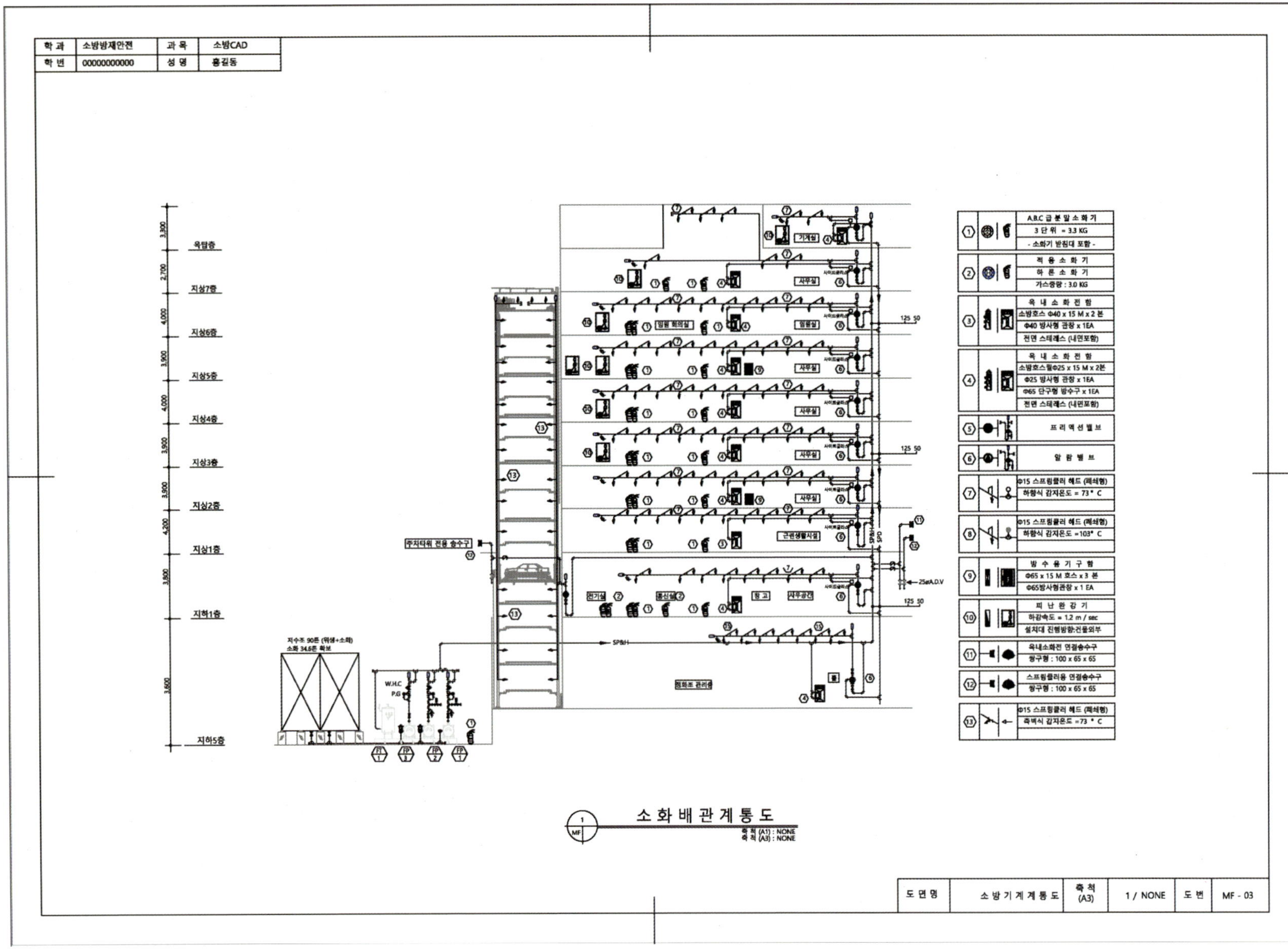

학 과
소방방재안전
과 목
소방CAD
학 번
00000000000
성 명
홍길동
소 화 배 관 계 통 도
도 면 명
소 방 기 계 계 통 도
축 척 (A3)
1 / NONE
도 번
MF - 03

소화설비 계통도 예

10-3

화면녹화 실습

YouTube 첫걸음 소방CAD

1 바탕편집 및 기구배치

2 배관연결 및 일람표 작성

3 소화설비 계통도

연습문제

01 수평거리는 두 지점 사이의 직선거리를 뜻한다. 다음 중 수평거리로 제한하지 않는 소방기구는?

① 소화기
② 옥내소화전의 방수구
③ 옥외소화전의 방수구
④ 스프링클러의 헤드

정답 ①
해설 소화기는 보행거리로 제한한다.

02 반자아래에 3개, 반자속에 3개로 총 6개의 헤드를 동일한 가지관에 병설하려 한다. 관경은 몇 mm 이상으로 하여야 하나?

① 25 mm
② 32 mm
③ 40 mm
④ 50 mm

정답 ③
해설 이 경우 25 mm는 2개, 32 mm는 4개, 40 mm는 7개, 50 mm는 15개까지 설치할 수 있다.

03 소화설비 계통도의 작성순서이다. 가장 적합한 것은?

① 구도결정 ⇒ 자료수집 ⇒ 일람표 작성 ⇒ 기구배치 ⇒ 배관연결
② 자료수집 ⇒ 구도결정 ⇒ 기구배치 ⇒ 배관연결 ⇒ 일람표 작성
③ 자료수집 ⇒ 구도결정 ⇒ 일람표 작성 ⇒ 배관연결 ⇒ 기구배치
④ 구도결정 ⇒ 자료수집 ⇒ 배관연결 ⇒ 일람표 작성 ⇒ 기구배치

정답 ②
해설 자료를 수집하고 구도를 세운 뒤 기구를 배치하고 배관을 연결한 후에 일람표를 작성한다.

학습정리

01 소화설비 평면도

1) 바탕편집 ⇒ 기구배치 ⇒ 배관연결 ⇒ 수량산출 ⇒ 일람표 작성
2) 바탕이 되는 건축평면도를 흐린 색상의 한 레이어로 편집한다.
3) 해당 층에 설치되는 소방시설을 모두 표현한다.
4) 기구배치의 순서는 '기구선정 ⇒ 블록선택 ⇒ 배열검토 ⇒ 배치완료'
5) 소방기구 및 장비류는 관련기준에 근거하여 합리적으로 배치한다.
6) 보행거리는 걸어서 이동하는 거리, 수평거리는 직선거리이다.
7) 보행거리, 수평거리 및 사용의 적합성을 검토하여 배치를 완료한다.

02 배관연결 및 일람표 작성

1) 실제 입상배관의 위치에 입상관을 표현하고 수직경로 상의 범례 및 관경을 작성한다.
2) 유수검지장치실은 실제크기를 검토해서 유지관리를 위한 출입문, 주변공간의 확보를 검토한다.
3) 소화펌프실 확대평면도를 별도로 작성한 경우, 전체평면도에는 연결부분까지만 표시한다.
4) 설치하는 소방기구의 세부내용과 산출수량을 포함하는 일람표를 작성한다.
5) 평면도에 조밀한 구역이 있는 경우에는 별도의 상세도를 추가할 수 있다.
6) 물량을 산출하고 시공하는 데 혼란이 없도록 관경, 관장치류 및 사양을 상세히 기입한다.

03 소화설비 계통도

1) 자료수집 ⇒ 구도결정 ⇒ 기구배치 ⇒ 배관연결 ⇒ 일람표 작성
2) 계통도는 전체계통의 구성을 한눈에 파악할 수 있도록 간단명료하게 작성한다.
3) 계통도는 모두 표현하는 것 보다 계통의 구성을 설명하는 것이 중요하다.
4) 장비 및 주요 기기류는 실제 수량과 일치시키고 일반적인 기구류의 수량은 평면도에 표현한다.
5) 층고를 적어서 산출이 가능하도록 하고 평면에 표현이 곤란한 수직공간은 계통도에 추가한다.
6) 소화펌프 주위배관, 유수검지장치 주위배관 계통을 작성하며 상세한 표현이 곤란할 때는 별도의 상세도를 작성한다.
7) 체절압력으로 압력분포를 산정하여 배관의 재질을 결정할 수 있도록 한다.

CHAPTER
11

경보설비 실시설계

학습목표

1. 경보설비 평면도를 이해하며 판독할 수 있다.
2. 경보설비 계통도를 이해하며 판독할 수 있다.
3. 화면녹화 실습을 통해 학습내용을 그려낼 수 있다.

학습목차

1. 경보설비 평면도
2. 경보설비 계통도
3. 화면녹화 실습

복습점검

문제 1. 소화설비 계통도에는 스프링클러헤드의 수량을 정확히 표현하여야 한다.

정답 ×

해설 간결한 표현을 위해 장비류, 소화전 및 유수검지장치와 같은 주요 기구류의 수량만 실제와 일치시킨다.

문제 2. 보행거리는 걸어서 이동하는 거리이고 수평거리는 두 지점 사이의 직선거리이다.

정답 ○

해설 보행거리, 수평거리 및 사용의 적합성을 검토하여 기구류를 배치한다.

문제 3. 폐쇄형 스프링클러헤드를 설치하는 일반적인 경우에 50 mm의 가지관에는 15개까지 설치할 수 있다.

정답 ×

해설 일반적인 경우에 25 mm는 2개, 32 mm는 3개, 40 mm는 5개, 50 mm는 10까지 설치할 수 있다.

11-1 경보설비 평면도

1. 작성순서	#바탕편집 #경계구역 #기구배치 #배관·배선 #일람표
2. 경계구역 설정	#경계구역 #승강로 #권상기실 #린넨슈트 #경사로 #부착높이 #적응성
3. 기구배치 및 배관·배선	#감지기 #시각경보기 #발신기 #탬퍼스위치 #동력제어반 #내화성능
4. 일람표 작성	#주기 #일람표 #도시기호 #설치계획표 #설계의도

1 작성순서

단계	내용
바탕편집	• 바탕이 되는 건축평면도를 하나의 레이어로 편집한다. ※ 소화설비 평면도에 쓰인 것과 같도록 한다.
↓	
경계구역 설정	• 동, 층, 면적 및 수직구획에 맞는 경계구역을 설정한다. • 소화설비의 방호구역과 동일하게 할 구역을 검토한다.
↓	
기구배치	• 기준에 맞고 성능을 확보할 수 있는 위치에 배치한다.
↓	
배관·배선	• 전선 및 전선관을 연결한다. • 입상, 입하 및 귀로를 명확히 표현한다.
↓	
일람표 작성	• 도시기호, 명칭, 규격 등 일람표를 작성한다. • 필요한 경우 별도의 상세도를 추가한다.

- 평면도는 해당 층에 설치되는 소방시설을 모두 표현하는 것이 전제된다.
- 바탕이 되는 건축평면도는 소화설비와 일치시키고 흐리게 하여 가독성을 높인다.
- 경보설비 설계는 경계구역의 설정이 가장 중요하다. 관련기준을 준수하고 유지관리의 적합성을 고려하여 설정한다.
- 감지기, 발신기, 수신기 등 소방기구류를 설치기준에 맞게 합리적으로 배치한다.
- 전선관은 용도별로 구분하고 입선하는 전선은 가닥 및 규격을 결정하여 적는다.
- 기구류는 도시기호와 규격을 명확히 표현하고 별도의 일람표를 작성한다.
- 도면의 이해나 표현이 부족한 경우에는 별도의 상세도를 추가할 수 있다.

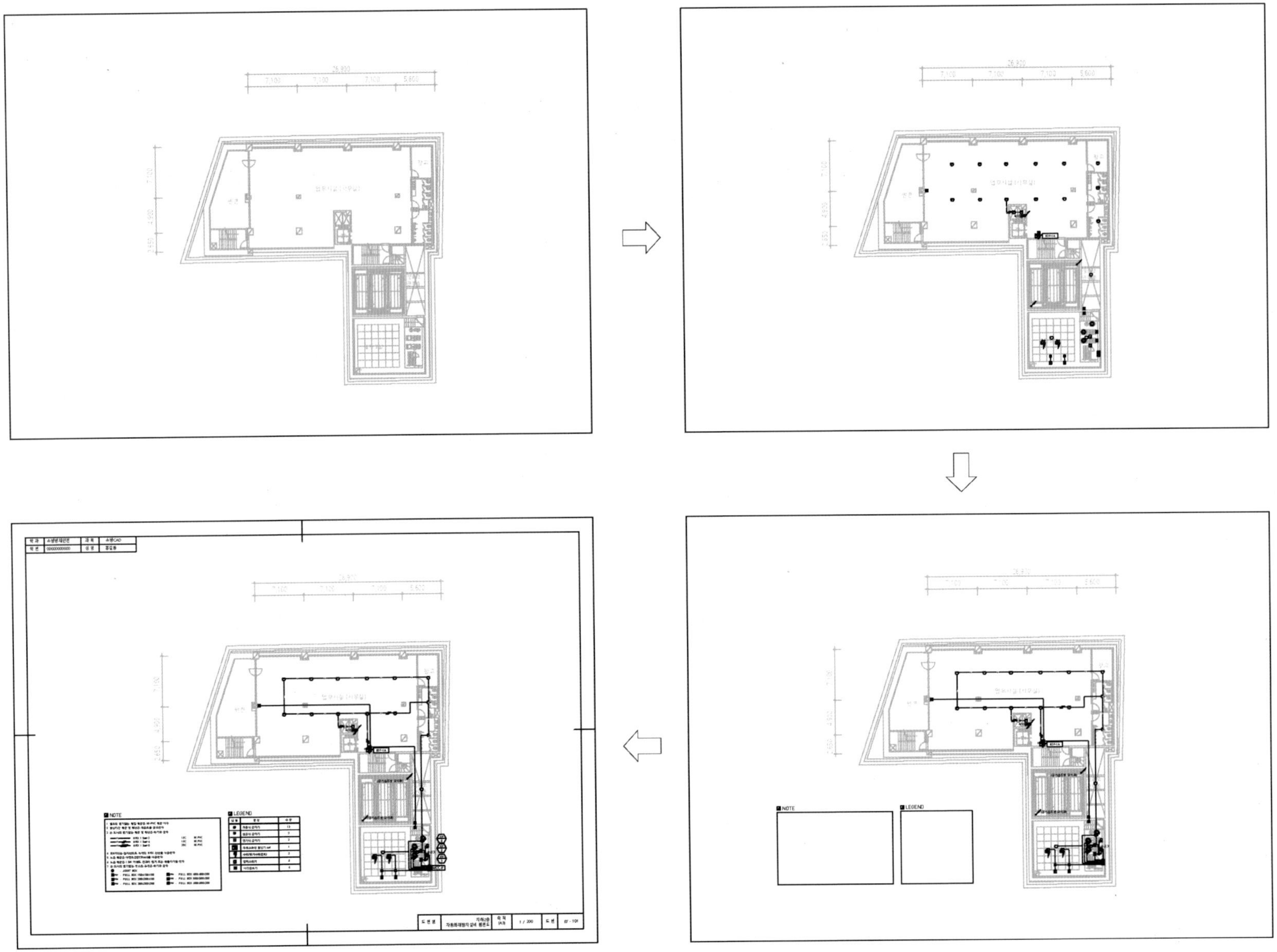

경보설비 평면도 작성순서

2 경계구역 설정

1) 설정기준

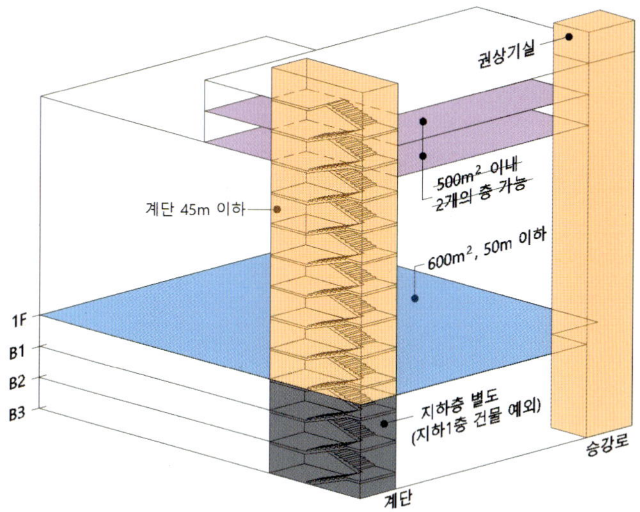

경계구역 선정 예

(1) 공간

- 한 개의 경계구역은 1개의 건물마다 설정
- 한 개의 경계구역은 1개 층마다, 단 500 m² 이하 시 2층 가능
- 엘리베이터 승강로(권상기실) · 린넨슈트 · 파이프 피트 및 덕트 기타 이와 유사한 부분

(2) 면적

- 600 m² /1회로 이하, 한 변이 50 m 이하
- 주출입구에서 내부 전체를 볼 수 있는 경우 : 한 변이 50 m 이하, 1,000 m² /1회로 가능(체육관, 강당 등)
- 외기개방(차고 · 주차장 · 창고 등) : 5 m 이내 제외
- 스프링클러, 물분무 등, 제연설비와 연동하는 경계구역은 방호구역 또는 제연구역과 동일하게 설정할 수 있다.

(3) 길이

- 계단, 경사로 45 m/1회로 45 m 이하
- 지하 2층 이상은 지상층과 분리
- 지하구 700 m/1회로, 터널 100 m/1회로
- 감지기의 형식승인 시 감지거리, 감지면적 등에 대한 성능을 별도로 인정받는 경우 그 성능인정 범위

2) 고려사항

(1) 면적의 산정

- 감지기 설치 제외부분 포함하여 경계구역 설정한다.
- 바닥면적은 벽과 기둥의 중심선으로 한다.

(2) 용도의 구분

- 방화구획, 복도 등 고려하여 설정한다.
- 용도가 같은 부분(주방과 식당 등) 동일 경계구역으로 설정한다.

(3) 전압강하

3) 감지기 부착높이

(1) 높이에 따른 감지기의 적응성

높이 [m]	열감지기										연감지기						복합			불꽃
	차동식				정온식						이온화식			광전식			열	연	열연	
	스포트형		분포형		스포트형			감지선성			1종	2종	3종	1종	2종	3종				
	1종	2종	1종	2종	특종	1종	2종	특종	1종	2종										
20~														분리형, 공기흡입형(아날로그식)						○
~20											75			75				○		○
~15			50	36							75	75		75	75			○		○
~8	45	35	65	36	35	30		○	○		75	75		75	75		○	○	○	○
~4	90	70	65	36	70	60	20	○	○	○	150	150	50	150	150	50	○	○	○	○

(출처 : 자동화재탐지설비의 화재안전기술기준)

(2) 높이에 따른 스포트형 열감지기의 바닥면적

부착높이 및 소방대상물의 구분		차동식·보상식 [개/m²]		정온식 [개/ m²]		
		1종	2종	특종	1종	2종
~4 m	내화구조	90	70	70	60	20
	기타구조	50	40	40	30	-
~8 m	내화구조	45	35	35	30	-
	기타구조	30	25	25	15	-

(출처 : 자동화재탐지설비의 화재안전기술기준)

- 실무에서는 내화구가 일반적이며 차동식은 2종, 정온식은 1종을 주로 사용한다.

(3) 높이에 따른 연기감지기의 바닥면적

부착높이	감지기의 종류	
	1종 및 2종	3종
~ 4 m	150 m²	50 m²
~ 20 m	75 m²	-

(출처 : 자동화재탐지설비의 화재안전기술기준)

- 복도 및 통로에 설치하는 연기감지기는 보행거리 30 m마다, 계단 및 경사로에 있어서는 수직거리 15 m마다 설치한다.
- 실무에서 스포트형 연기감지기는 광전식 2종이 주로 쓰인다.

4) 경계구역 설정 예

경계구역 설정 예

(1) 일반기준

- 바닥면적은 CAD를 활용하여 외벽의 중심선으로 측정한다.
- 수직으로 경계구역을 별도로 할 부분을 제외한 평면부분(예제에서는 적색구역)을 해당층의 경계구역으로 한다.
- 600 m^{2}를 초과하는 경우에는 이하로 나눈다.

(2) 감지기 형식 및 최소수량 결정

실명	바닥면적 [m^2]	감지기 선정	최소수량	
			m^2/개	결정
사무실	305	차동식스포트형 2종	70	5
창고	13	차동식스포트형 2종	70	1
화장실(남)	14	차동식스포트형 2종	70	1
화장실(여)	12	차동식스포트형 2종	70	1
정화조 관리층	33	차동식스포트형 2종	70	1
물탱크실	83	차동식스포트형 2종	70	2
선큰	51	설치제외		
계단실-1	15	광전식스포트형 2종	150	3층마다
계단실-2	14	광전식스포트형 2종	150	3층마다
주차타워	53	광전식 공기흡입형	형식승인 기준	
ELEV	6	광전식스포트형 2종	150	권상기실
EPS	2	광전식스포트형 2종	150	1
A/V	2	광전식스포트형 2종	150	1

(3) 실무에서 고려사항

- 외벽 중심선으로의 면적측정은 시간이 많이 소요된다. 실제 내부의 바닥면적으로 측정하고 여유를 감안하면 된다.
- 사무실 공간은 준공 이후에 칸막이 등이 많이 설치될 것으로 예상되므로 감지기 최소수량보다 늘려서 배치한다.

※ 실무에서의 고려사항이다, 시험이라면 고려하지 않는다.

3 기구배치 및 배관·배선

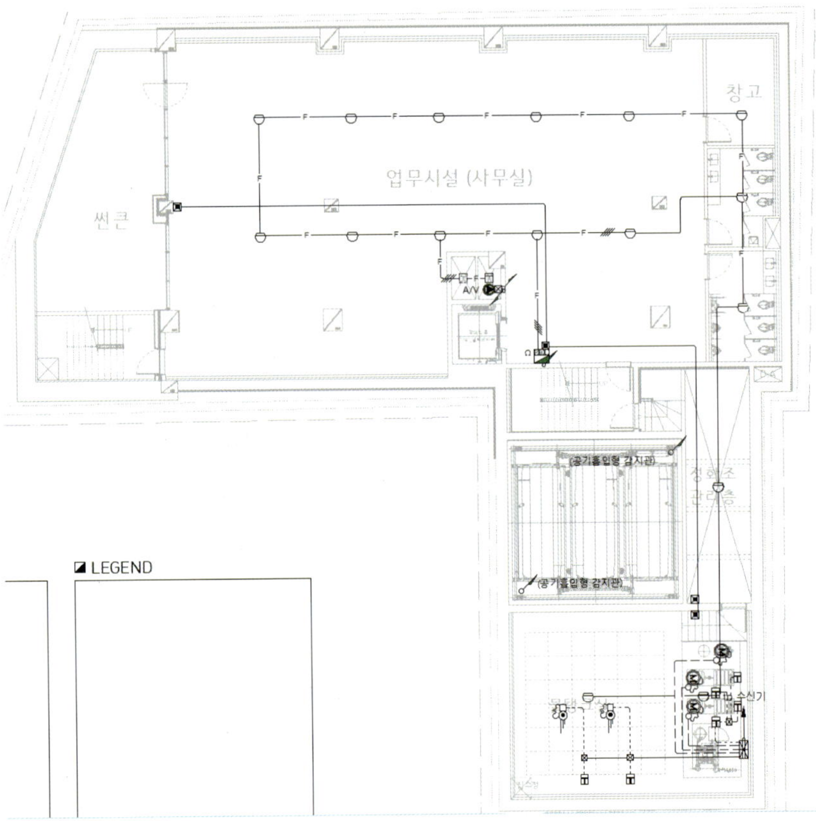

기구배치 및 배관·배선 예

1) 기구배치

- 감지기, 시각경보기, 발신기 등 평면에 기구를 배치하고 배관을 연결한다.
- 배관에 용도 및 가닥수를 표시한다. 별도의 주석이나 표로 작성할 수도 있다.

2) 소화펌프실

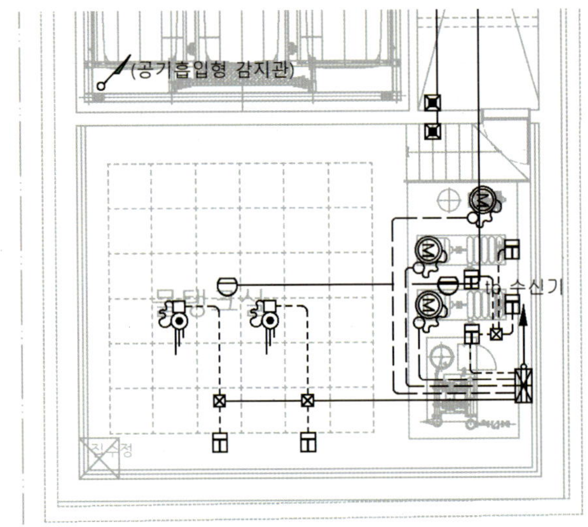

소화펌프실 배관·배선 예

(1) 감시

- 수원의 저수위를 감시한다.
- 수조의 칸막이가 있다면 칸막이마다 설치한다.
- 저수조, 주펌프, 예비펌프, 주배관에 설치한 탬퍼스위치를 감시한다.

(2) 제어

- 동력제어반(MCC)은 개폐 및 점검이 용이한 위치로 정한다.
- 입출력에 연결되는 동력배선은 내화성능을 확보하여야 한다.

4 일람표 작성

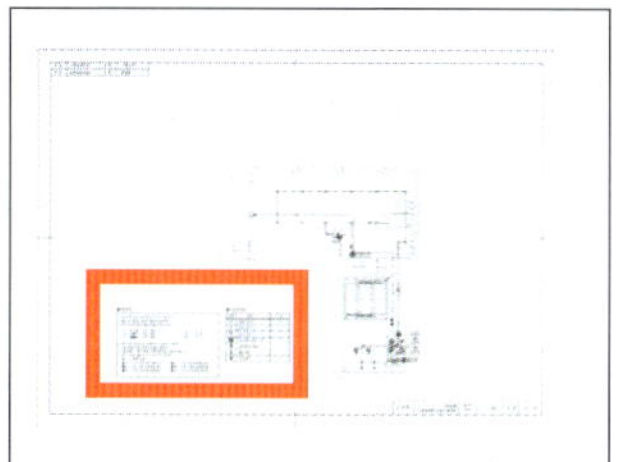

KEY-PLAN

◪ NOTE

1. 별도의 명기없는 매입 배관은 HI-PVC 배관 이다.
2. 발신기간 배관 및 배선은 계통도를 참조한다.
3. 본 도서의 명기없는 배관 및 배선은 하기와 같다.

—— F ————	HFIX 1.5㎟-2	16C	HI PVC
—— F —///—	HFIX 1.5㎟-4	16C	HI PVC
—— F —////////—	HFIX 1.5㎟-8	28C	HI PVC

4. E(HFIX)는 접지선으로 녹색의 HFIX 전선을 사용한다.
5. 노출 배관은 아연도강관(Steel)을 사용한다.
6. 노출 배관은 1.5M 이내로 견고히 행거 또는 새들지지를 한다.
7. 본 도서의 명기없는 박스류 규격은 하기와 같다.

Ⓙ : JOINT BOX

⊠ PB1	PULL BOX 150x150x100	⊠ PB4	PULL BOX 400x400x200
⊠ PB2	PULL BOX 200x200x100	⊠ PB5	PULL BOX 500x500x300
⊠ PB3	PULL BOX 300x300x200	⊠ PB6	PULL BOX 600x600x300

◪ LEGEND

심 벌	명 칭	수 량
	차동식 감지기	16
	정온식 감지기	-
	연기식 감지기	2
	옥내소화전 발신기 set	1
	수위계(저수위경보)	2
	탬퍼스위치	6
	시각경보기	4

주기 및 일람표 예

1) 주기(NOTE)

- 일상적으로 반복되는 내용이라도 불특정의 시공 및 감리자는 자칫 설계의도를 놓치거나 오해할 수 있다.
- 도면에서 반복되는 내용은 해당 위치마다 표현하기보다는 별도의 주기를 통해 제시하는 것이 간결하다.
- 자주 반복되는 중요한 내용은 별도의 주기로 명확히 한다.

2) 일람표

- 소방전기설비에 사용된 기구들의 도시기호(Symbol)와 명칭을 기입한 일람표를 평면도마다 작성한다.
- 수량을 산출하여 적는다, 이는 소방시설 설치계획표에 반영된다.
- 평면도마다 같은 위치에 같은 순서로 작성하면 도면을 이해하는 데 혼란을 줄일 수 있다.

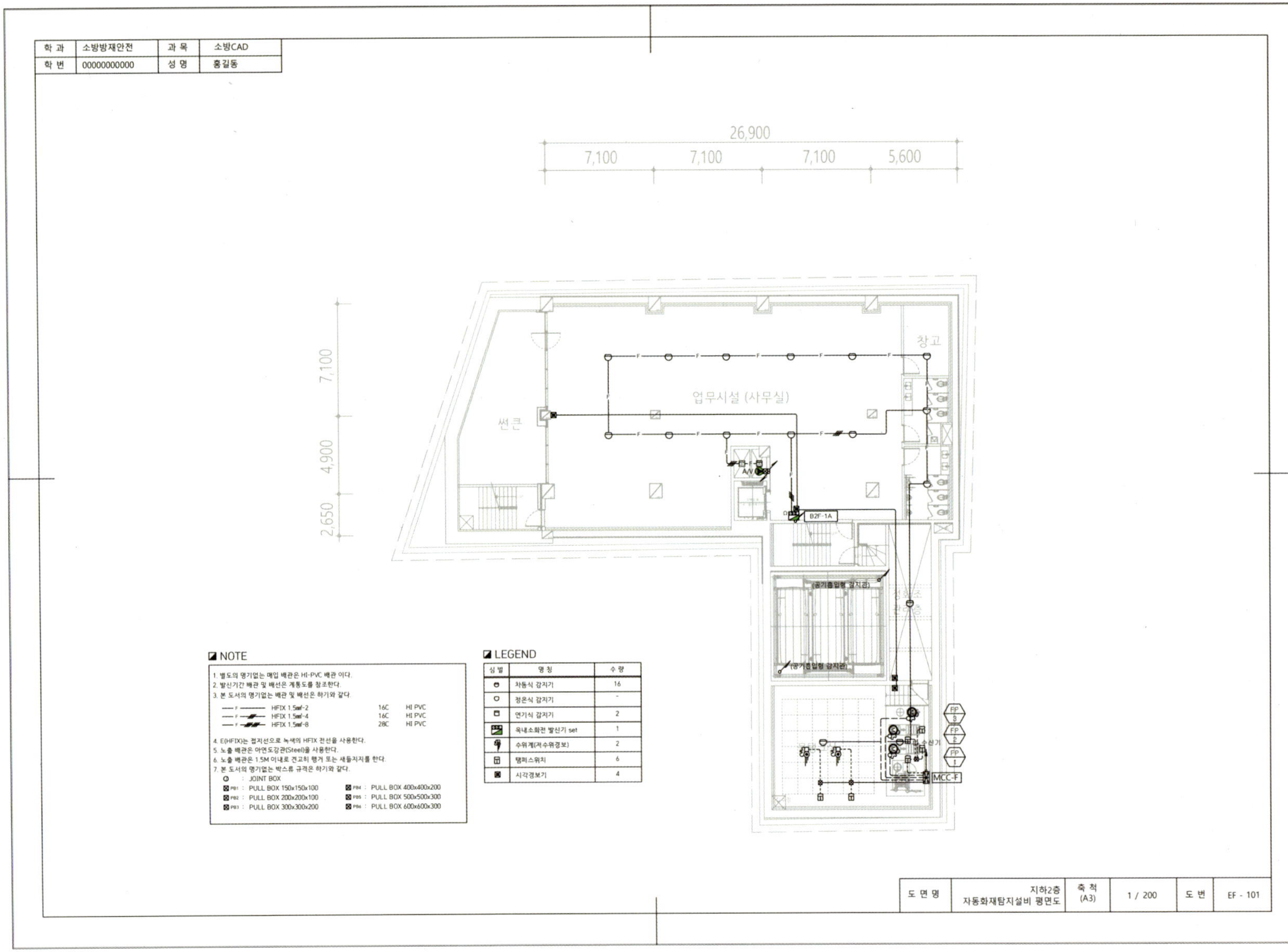
학 과
소방방재안전
과 목
소방CAD
학 번
00000000000
성 명
홍길동
26,900
7,100
7,100
7,100
5,600
7,100
4,900
2,650
창고
업무시설 (사무실)
썬큰
B2F-1A
MCC-F
NOTE
1. 별도의 명기없는 매입 배관은 HI-PVC 배관 이다.
2. 발신기간 배관 및 배선은 계통도를 참조한다.
3. 본 도서의 명기없는 배관 및 배선은 하기와 같다.
HFIX 1.5㎟-2 16C HI PVC
HFIX 1.5㎟-4 16C HI PVC
HFIX 1.5㎟-8 28C HI PVC
4. E(HFIX)는 접지선으로 녹색의 HFIX 전선을 사용한다.
5. 노출 배관은 아연도강관(Steel)을 사용한다.
6. 노출 배관은 1.5M 이내로 견고히 행거 또는 새들지지를 한다.
7. 본 도서의 명기없는 박스류 규격은 하기와 같다.
JOINT BOX
PB1 : PULL BOX 150x150x100
PB2 : PULL BOX 200x200x100
PB3 : PULL BOX 300x300x200
PB4 : PULL BOX 400x400x200
PB5 : PULL BOX 500x500x300
PB6 : PULL BOX 600x600x300
LEGEND
심 벌
명 칭
수 량
차동식 감지기 16
정온식 감지기 -
연기식 감지기 2
옥내소화전 발신기 set 1
수위계(저수위경보) 2
탬퍼스위치 6
시각경보기 4
도 면 명
지하2층
자동화재탐지설비 평면도
축 척
(A3)
1 / 200
도 번
EF - 101

경보설비 평면도 예

11-2 경보설비 계통도

1. 작성순서 #자료수집 #구도결정 #기구배치 #배관·배선 #일람표 작성 #회로일람표
2. 배선의 이해 #전선 #배선 #내화배선 #내열배선 #사용전선 #공사방법
3. 배관·배선 및 일람표 작성 #소화펌프실 #프리액션밸브 #감지기 #발신기 #수신기 #전선관의 밀도 #회로일람표

1 작성순서

자료수집
- 건축(설계)개요, 평면도, 재료마감표, 방화구획도
- 소방기계도면 (건축바탕 및 기구배치)

⬇

구도결정
- 전체계통의 파악이 용이하도록 결정한다.

⬇

기구배치
- 소방전기분야의 기구를 종류, 형식에 맞도록 배치한다.

⬇

배관·배선
- 모든 배관·배선의 회로구성을 빠짐없이 표현한다.

⬇

일람표 작성
- 배관·배선의 용도, 가닥수 및 규격을 명확히 표현한다.
- 수신기의 회로일람표를 작성한다.

계통도를 작성하는 데 필요한 일반적인 항목들은 소방기계분야에서 다루었으니 생략한다.

- 소방전기설비의 계통도는 회로의 구성을 모두 표현하는 것을 전제로 한다.
- 감지기, 스피커, 유도등과 같은 말단기구(Device)류는 수량을 줄여 간결히 표현한다.
- 기구, 장비 간 연결되는 배관·배선은 전선 및 전선관의 가닥수, 용도 및 제원을 명확히 제시하여야 한다.
- 일련번호를 붙이고 이와 연결되는 일람표를 작성할 수도 있다.
- 수신기의 경보회로 및 기타의 감시·제어회로를 포함하는 회로일람표를 작성한다.

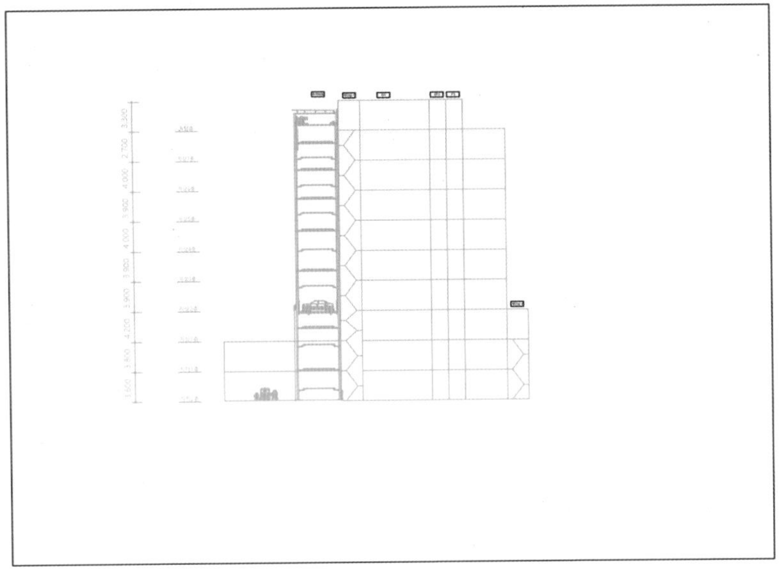

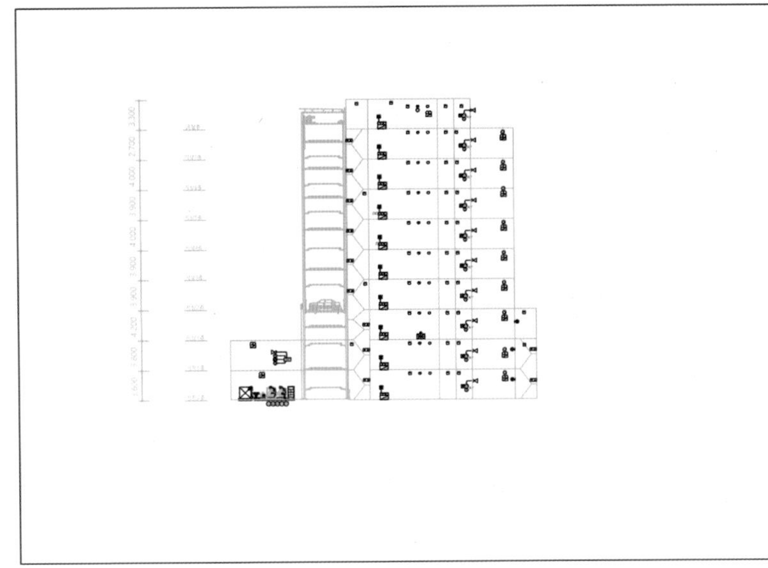

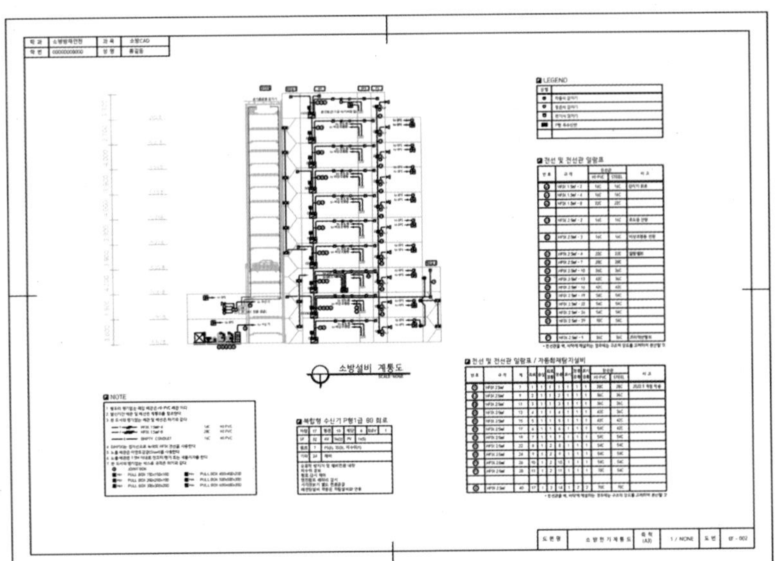

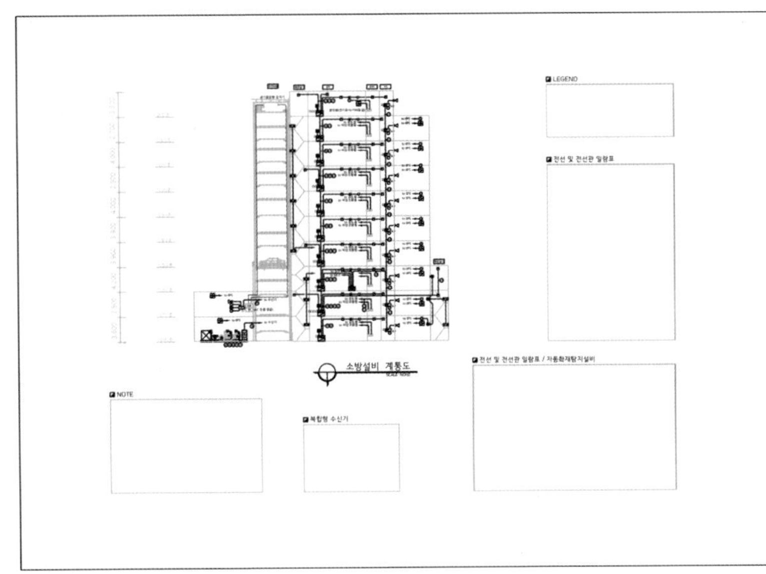

경보설비 계통도 작성순서

2 배선의 이해

1) 전선과 배선

- 전선이란 전류가 흐르도록 하는 도체로써 쓰는 선을 말한다.
- 배선이란 전력을 쓰기 위하여 전선을 끌어 장치하거나 여러 가지 전기 장치를 전선으로 연결하는 것을 말한다.

2) 내화배선과 내열배선

(1) 내화배선

- 화염이 접촉하여도 배선을 통한 본래의 역할을 수행할 수 있는 능력

(2) 내열배선

- 화염의 접촉 없이 화재 시 발생하는 고열에 견디는 성질만을 말한다.

(3) 구분의 의미

- 내화배선 및 내열배선의 성능은 전선 자체의 성능을 포함하여 포괄적으로 전선을 이용한 배선방법을 의미한다.

(4) 공사구분

- 소방시설용의 전체배선은 기본적으로 내열성능 이상이 요구된다.
  - 소방시설 배선은 내열성능을 갖추고 비상전원 및 펌프, 송풍기 및 기동을 위한 동력배선은 내화성능을 확보하도록 한다.

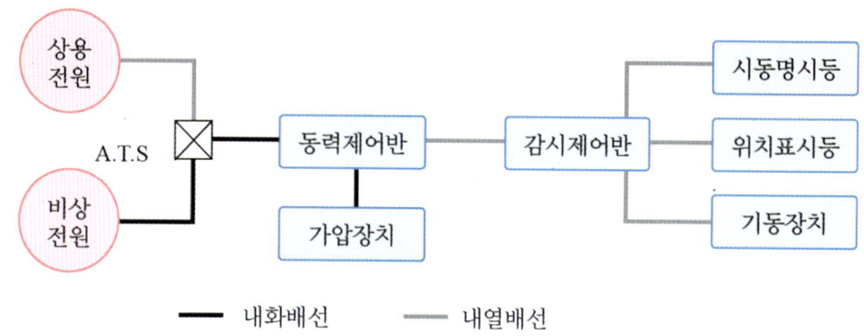

소방시설의 내화 및 내열배선

3) 공사방법

(1) 사용전선의 종류

- 450/750 V 저독성 난연 가교 폴리올레핀 절연 전선
- 0.6/1 KV 가교 폴리에틸렌 절연 저독성 난연 폴리올레핀 시스 전력 케이블
- 6/10 kV 가교 폴리에틸렌 절연 저독성 난연 폴리올레핀 시스 전력용 케이블
- 가교 폴리에틸렌 절연 비닐시스 트레이용 난연 전력 케이블
- 0.6/1 kV EP 고무절연 클로로프렌 시스 케이블
- 300/500 V 내열성 실리콘 고무 절연전선(180℃)
- 내열성 에틸렌-비닐 아세테이트 고무 절연 케이블
- 버스덕트(Bus Duct)
- 기타 주무부장관이 인정하는 것

(2) 내화배선 공사방법

매립	수납	노출
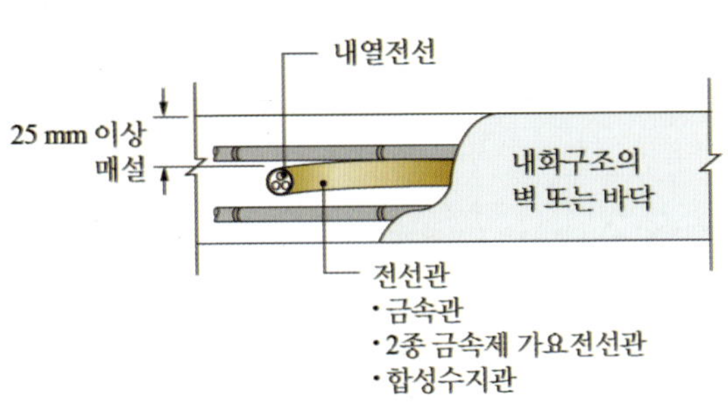	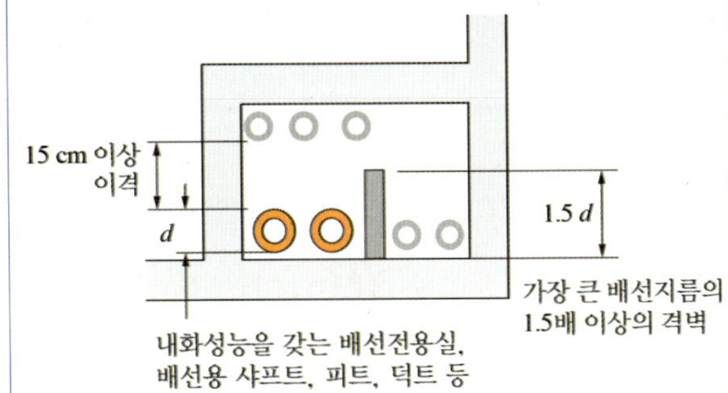	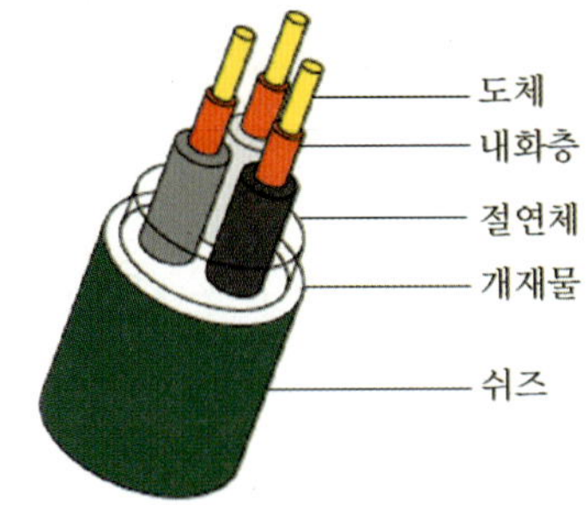
• 전선관(금속관, 2종금속제 가요전선관 또는 합성수지관)에 수납하여, 내화구조의 벽, 바닥에 25 mm 이상 매립	• 내화성능의 배선 전용실, 배선용샤프트, 피트, 덕트 등에 설치 • 다른 설비배선과 15 cm 이상 이격 • 다른 용도 배선지름(가장 큰 것)의 1.5배 이상 높이의 불연성 격벽을 설치	• 내화케이블을 사용하며 케이블 공사방법에 따른다.

(3) 내열배선 공사방법

은폐	수납	노출
• 금속관·금속제가요전선관·금속덕트 또는 케이블(불연성덕트에 설치하는 경우에 한한다)공사방법에 따른다.	• 내화배선과 같다.	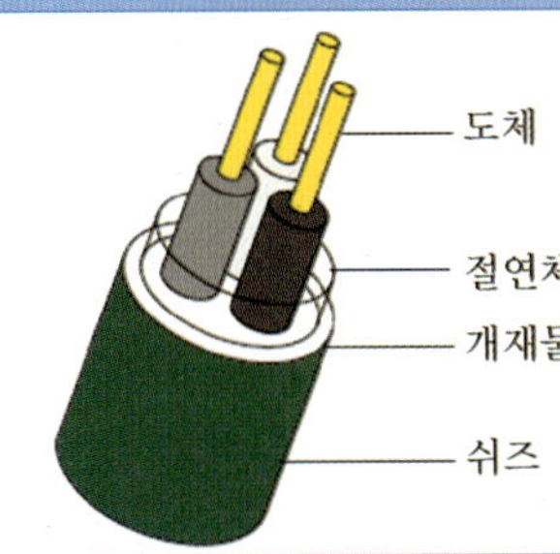

내화배선 및 내열배선의 공사방법

3 배관·배선 및 일람표 작성

1) 배관·배선

(1) 소화펌프실 및 프리액션밸브 배관·배선

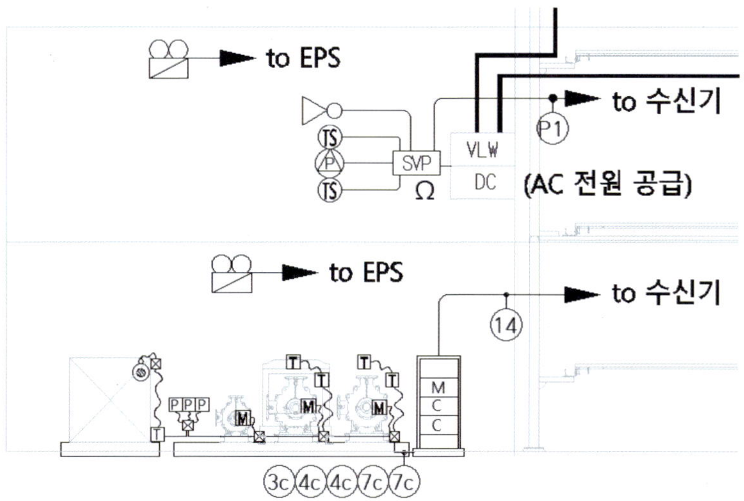

소화펌프실 및 프리액션밸브 배관·배선 예

소화 펌프실	• 감시 및 제어 배선을 표현한다. • 일련번호로 연결되는 일람표를 작성한다.
프리액션 밸브	• 연동을 위한 감지기를 포함한다. • 탬퍼스위치, 압력스위치 및 사이렌을 포함한다. • SVP의 경보 및 작동을 위한 배선을 표현한다.

(2) 수신기, 발신기 및 알람밸브 배관·배선

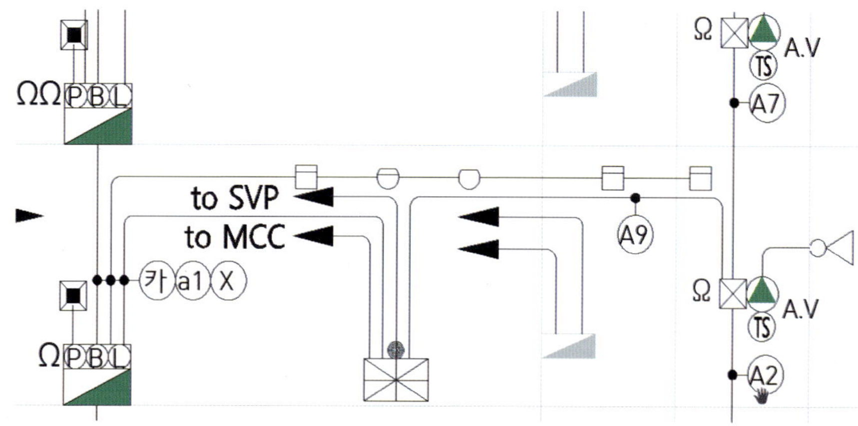

감지기, 발신기, 수신기 및 알람밸브 배관·배선 예

감지기	• 수량을 일치할 필요는 없으나 경계구역, 회로 및 경로는 명확히 표현한다.
발신기	• 옥내소화전 겸용의 경우 펌프기동표시를 포함한다. (실제 수량 및 계통과 일치시킨다.)
수신기	• 연결되는 소방시설을 모두 표현한다. (별도의 회로일람표를 작성한다.)
알람밸브	• 탬퍼스위치, 압력스위치, 사이렌을 포함한다.

2) 전선관의 결정

(1) 관련기준

전선관의 밀도 KEC 232.12	• 케이블 또는 절연도체의 내부 단면적이 전선관 단면적의 1/3을 초과하지 않도록 하는 것이 바람직하다. (KS C IEC/TS 61200-52의 521.6 표준 준용)
전선관의 매설 내선규정 2225-17 (KEC 없음)	• 금속관 배선을 하는 경우에는 건축물의 강도를 감소시키지 않도록 시공 시 주의를 하여야 하며, 콘크리트 슬라브 내에 매입하는 경우의 금속관 바깥지름은 슬라브 두께의 1/3 이내로 하는 것이 바람직하다.

- 전기설비의 '내선규정'과 '전기설비기술기준의판단기준'은 2020년 12월까지 유효하고 이후부터는 한국전기설비규정(KEC)이 적용되었다.
- 전선관에 입선 가능한 전선의 가닥수는 아래를 따르고 150 mm 두께의 슬라브(Slab)라면 전선관은 36C까지만 매설할 수 있다.

(2) 전선관의 밀도

- 개정된 관련기준에 보정계수를 1.2로 적용하면 아래와 같다.

HI-PVC 전선관	규격 [mm]	호칭	16C	22C	28C	36C	42C	54C	70C	82C	100C
		외경	22	26	34	42	48	60	76	89	114
		내경	18	22	28	35	40	51	67	77	100
	내부단면적의 1/3 [mm²]		85	127	205	321	419	681	1,175	1,552	2,618
1.5 mm²	3.4	9.1	7	11	18	29	38	62	107	142	240
2.5 mm²	4.1	13.2	5	7	12	20	26	42	74	97	165
4.0 mm²	4.7	17.3	4	6	9	15	20	32	56	74	125
6.0 mm²	5.4	22.9	3	4	7	11	15	24	42	56	95
10.0 mm²	7.0	38.5	1	2	4	6	9	14	25	33	56

- 설계자는 위 표와 실제 시공의 적합성을 고려하여 전선관의 규격을 결정한다.

3) 일람표 작성

◪ NOTE

1. 별도의 명기없는 매입 배관은 HI-PVC 배관 이다.
2. 발신기간 배관 및 배선은 계통도를 참조한다.
3. 본 도서의 명기없는 배관 및 배선은 하기와 같다.

—F—///—	HFIX 1.5㎟-4	16C	HI PVC
—F—////////—	HFIX 1.5㎟-8	28C	HI PVC
——E——	EMPTY CONDUIT	16C	HI PVC

4. E(HFIX)는 접지선으로 녹색의 HFIX 전선을 사용한다.
5. 노출 배관은 아연도강관(Steel)을 사용한다.
6. 노출 배관은 1.5M 이내로 견고히 행거 또는 새들지지를 한다.
7. 본 도서의 명기없는 박스류 규격은 하기와 같다.

Ⓙ : JOINT BOX

⊠ PB1	PULL BOX 150x150x100	⊠ PB4	PULL BOX 400x400x200
⊠ PB2	PULL BOX 200x200x100	⊠ PB5	PULL BOX 500x500x300
⊠ PB3	PULL BOX 300x300x200	⊠ PB6	PULL BOX 600x600x300

별도 주기의 작성 예

◪ 복합형 수신기 P형1급 80 회로

자탐	17	평면	10	계단	6	ELEV	1
SP	32	AV	9x(3)	PV	1x(5)		
펌프	7	PS(3), TS(3), 저수위(1)					
기타	24	예비					

오동작 방지기 및 예비전원 내장
저수위 경보
펌프 감시 제어
엔진펌프 배터리 감시
시각경보기 별도 전원공급
배연창설비 작동은 자탐설비와 연동

수신기 회로일람표 예

◪ 전선 및 전선관 일람표 / 자동화재탐지설비

번 호	규 격	계	회로	응답	회로 공통	경종	표시	경종 공통	표시 공통	전선관 HI-PVC	전선관 STEEL	비 고
㉮	HFIX 2.5㎟	7	1	1	1	1	1	1	1	28C	22C	2022.5 개정 적용
㉯	HFIX 2.5㎟	9	2	1	1	2	1	1	1	36C	36C	
㉰	HFIX 2.5㎟	11	3	1	1	3	1	1	1	36C	36C	
㉱	HFIX 2.5㎟	13	4	1	1	4	1	1	1	42C	36C	
㉲	HFIX 2.5㎟	15	5	1	1	5	1	1	1	42C	42C	
㉳	HFIX 2.5㎟	17	6	1	1	6	1	1	1	54C	42C	
㉴	HFIX 2.5㎟	19	7	1	1	7	1	1.	1	54C	54C	
㉵	HFIX 2.5㎟	22	8	1	2	8	1	1	1	54C	54C	
㉶	HFIX 2.5㎟	24	9	1	2	9	1	1	1	54C	54C	
㉷	HFIX 2.5㎟	26	10	1	2	10	1	1	1	54C	54C	
㉸	HFIX 2.5㎟	28	11	1	2	11	1	1	1	70C	42C	
ⓧ	HFIX 2.5㎟	40	17	1	3	14	1	2	2	70C	70C	

* 전선관을 벽, 바닥에 매설하는 경우에는 구조적 강도를 고려하여 분산할 것.

전선 및 전선관 일람표 작성 예

- 자주 반복되는 내용을 주기(note)로 작성한 경우는 계통도, 평면도마다 가능하면 동일한 위치에 고정해서 시인성을 높인다.
- 복합형 수신기는 경보설비 이외에 여러 감시제어 회로가 필요하다. 해당 용도를 포함하는 회로 일람표를 계통도에 작성한다.
- 배관·배선은 용도와 경로에 따라 호칭 및 사양이 달라진다. 계통도 상의 일련번호와 연결되는 전선 및 전선관 일람표를 작성한다.

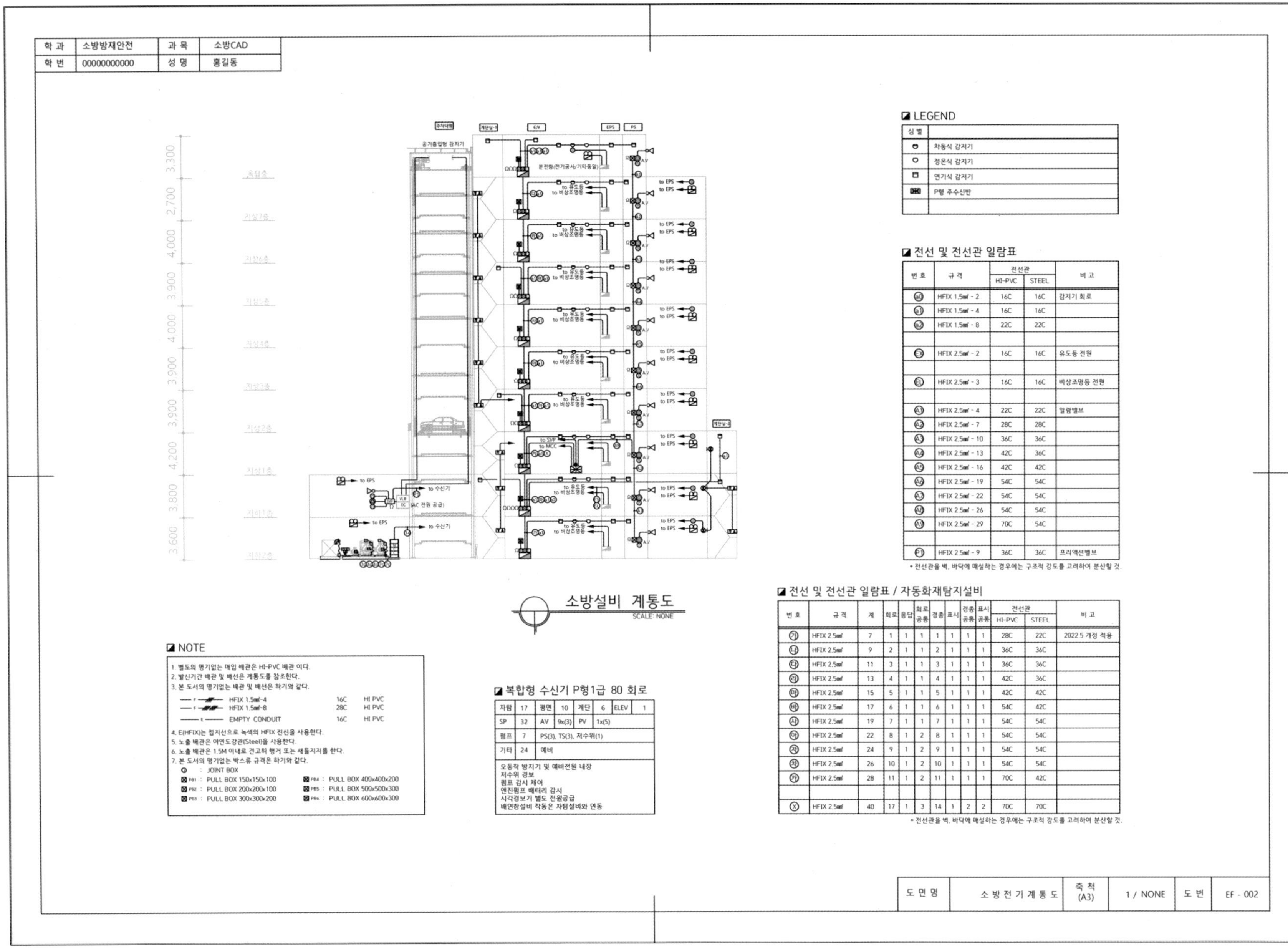
학 과 소방방재안전
과 목 소방CAD
학 번 00000000000
성 명 홍길동
LEGEND
전선 및 전선관 일람표
소방설비 계통도
NOTE
복합형 수신기 P형1급 80 회로
전선 및 전선관 일람표 / 자동화재탐지설비
도 면 명 소 방 전 기 계 통 도
축 척 (A3) 1 / NONE
도 번 EF - 002

경보설비 계통도 예

11-3 화면녹화 실습

YouTube 첫걸음 소방CAD

1 경계구역 설정

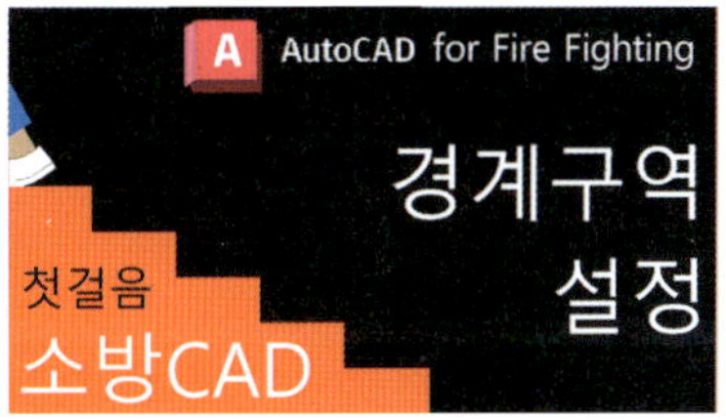

2 기구배치 및 배관·배선

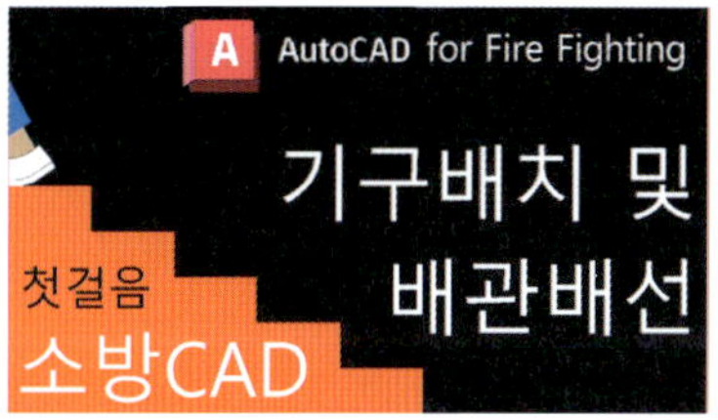

3 경보설비 계통도

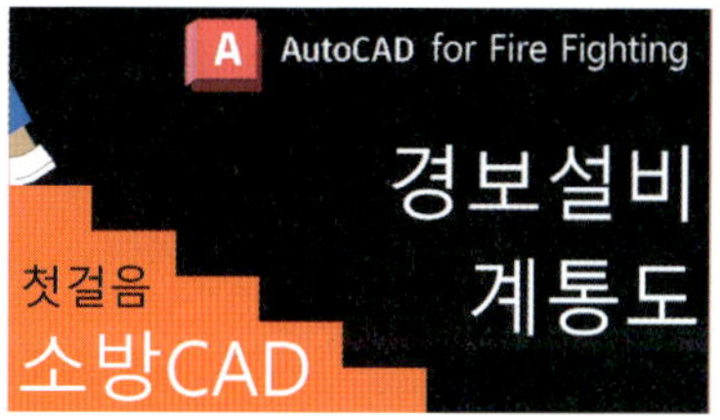

연습문제

01

자동화재 탐지설비의 경계구역 면적은 몇 m^2 이내로 하는가?

① 200 m^2
② 400 m^2
③ 600 m^2
④ 800 m^2

정답 ③

해설 도면목록표는 도면, 도면명 및 축적을 순서대로 포함한다.

02

차동식스포트형(2종) 감지기를 내화구조의 건축물에 3.5 m 높이로 설치한다. 바닥면적이 440 m^2라면 최소 몇 개가 필요한가?

① 7
② 8
③ 14
④ 16

정답 ①

해설 해당 조건에서 감지기 하나는 70 m^2의 바닥면적에 가능하다. 440/70 = 6.28이므로 7개

03

경보설비 계통도에 대한 다음 설명으로 적합하지 않은 것은?

① 경보설비 계통도의 구도는 소화설비 계통도와 정확히 같아야 한다.
② 배관·배선의 경로와 규격을 표현한 일람표를 작성한다.
③ 수신기의 회로내역을 나타내는 회로일람표를 작성한다.
④ 반복되고 중요한 내용은 별도의 주기로 작성하여 강조한다.

정답 ①

해설 경보설비의 회로구성을 명확히 표현하는 것이 목적이다. 소화설비와 정확히 같아야 하는 것은 아니다.

학습정리

01 경보설비 평면도

1) 바탕편집 ⇒ 경계구역 설정 ⇒ 기구배치 ⇒ 배관·배선⇒일람표 작성
2) 바탕이 되는 건축평면도를 소화설비와 일치시키고 흐리게 하여 가독성을 높인다.
3) 공간, 면적, 길이 기준을 준수하여 경계구역을 설정한다.
4) 바닥면적은 외벽의 중심선으로 측정한다.

02 배관·배선 및 일람표 작성

1) 감지기, 시각경보기, 발신기 등 기구를 배치하고 배관을 연결한다.
2) 전반적으로는 내열성능, 동력배선은 내화성능을 확보하도록 한다.
3) 자주 반복되는 중요한 내용은 별도의 주기를 작성하여 명확히 한다.
4) 소방기구들의 일람표는 도시기호와 명칭을 적고 수량을 산출하여 기입한다.

03 경보설비 계통도

1) 자료수집 ⇒ 구도결정 ⇒ 기구배치 ⇒ 배관·배선 ⇒ 일람표 작성
2) 계통도는 전체계통의 구성을 한눈에 파악할 수 있도록 간단명료하게 작성한다.
3) 경보설비 계통도는 회로의 구성을 모두 표현하는 것을 전제로 한다.
4) 연결되는 배관·배선은 전선 및 전선관의 가닥수, 용도 및 제원을 명확히 제시한다.
5) 일련번호를 붙이고 이와 연결되는 일람표를 작성한다.
6) 수신기의 경보회로 및 기타의 감시·제어회로를 포함하는 회로일람표를 작성한다.

CHAPTER

12

제연설비 실시설계

학습목표

1. 부속실 제연설비 설계도를 이해하며 판독할 수 있다.
2. 거실 제연설비 설계도를 이해하며 판독할 수 있다.
3. 화면녹화 실습을 통해 학습내용을 그려낼 수 있다.

학습목차

1. 부속실 제연설비 설계도
2. 거실 제연설비 설계도
3. 화면녹화 실습

복습점검

문제 1. 자동화재 탐지설비의 경계구역은 서로 다른 층이라면 600 m^2 이하인 경우에만 하나로 할 수 있다.

정답 ×

해설 500 m^2 이내의 경우에만 2개층을 하나로 할 수 있다. 일반적으로 층마다 나누는 것을 원칙으로 한다.

문제 2. 광전식스포트형(2종) 연기감지기를 3 m 높이에 설치하면 바닥면적 150 m^2까지 할당할 수 있다.

정답 ○

해설 해당 감지기는 부착높이 4 m까지는 150 m^2, 20 m까지는 75 m^2까지 할당할 수 있다. 20 m 이상에는 적용할 수 없다.

문제 3. 경보설비 계통도에는 수신기의 회로내역을 나타내는 수신기 회로일람표를 작성한다.

정답 ○

해설 회로일람표, 배관·배선일람표 및 기구일람표를 작성한다.

12-1 부속실 제연설비 설계도

1. 작성순서	#자료수집 #제연구역 #누설량 #보충량 #계통도 #평면덕트 #입상덕트
2. 제연구역 선정 및 풍량산정	#제연구역 #비상용승강기 #최소차압 #최대차압 #누설틈새 #방연풍속
3. 덕트 계산서 및 설계도 작성	#등속법 #상당직경 #종횡비 #정압법 #설계도 #계통도

1 작성순서

단계	내용
자료수집	• 건축(설계)개요, 평면도, 단면도 • 제연구역, 휀룸, 외기유입구 및 배출구
↓	
제연구역 선정	• 계단실, 부속실의 단독 또는 동시제연 • 비상용승강기 승강장 단독제연 • 승강로가압방식, 피난용승강기 확인
↓	
풍량산정	• 누설량 및 보충량 확보 • 급기 풍량 산정
↓	
덕트설계	• 덕트 size, 댐퍼 및 루버, 제연휀 사양 결정 • 수직덕트 및 평면덕트 설계
↓	
계통도 작성	• 부속실 제연설비 계통도 작성 • 일람표 및 주기 작성

- 건축(설계)개요, 평면도 및 단면도를 파악한다.
- 제연구역을 확인하고 제연휀룸 및 급배기를 위한 건축루버의 위치를 확인한다.
- 특별피난계단의 제연방식은 일반적으로 부속실 단독제연방식을 사용한다.
- 승강로가압방식, 피난용승강기 적용 등 변수를 확인한다.
- 틈새누설을 위한 누설량, 방연풍속을 위한 보충량을 확보할 수 있도록 계산서를 작성한다.
- 풍량을 산정한 후에 그에 따르는 덕트, 댐퍼, 루버 및 제연휀의 사양을 산정한다.
- 제연휀 연결덕트 부분에서 성능을 확보할 수 있도록 공간을 확보하고 연결한다.
- 평면 및 입상덕트를 작성한 후 계통도와 일람표를 작성한다.

2 제연구역 선정 및 풍량산정

1) 제연구역 선정

계단실 단독 제연	• 계단실만 가압하여 거실에서의 연기유입을 차단하는 방식
부속실 단독 제연	• 계단실과 거실 사이에 부속실을 두어 부속실만을 가압하여 거실에서의 연기유입을 차단하는 방식 • 국내에서 가장 많이 쓰인다.
계단실 및 부속실 동시에 제연	• 계단실과 부속실을 동시에 가압하는 방식 • 계단실을 50 Pa로 가압한다면 부속실은 5Pa정도 낮추어 45 Pa로 가압한다.
비상용승강기 승강장 단독 제연	• 비상용승강기의 승강로에 연기가 유입되는 것을 차단하기 위해 부속실의 개념인 승강장을 가압하여 제연하는 방식

2) 차압

- 제연구역의 방화문이 폐쇄되었을 때 연기유입을 방지하기 위해 제연구역과 옥내와의 압력 차

(1) 최소차압

- 목적 : 특피, 비상용 승강기 연기유입 방지
- 40 Pa(SP 설치 경우 : 12.5 Pa) 이상

(2) 최대차압

- 목적 : 피난안전성 확보를 위한 필요한 힘
- 110 N 이하
- 110 N의 경우 110/9.8 ≒ 11.2 kgf로 노약자 및 어린이의 피난 시 최대 힘
- 압력에서 힘으로 바뀐 원인은 같은 60 Pa이라도 방화문의 크기가 표준형(2 m × 0.9 m)보다 크게 되면 피난 시 필요한 힘도 비례해서 늘어나기 때문

> 예(표준형 방화문의 경우)
>
> $Pa = N/m^2$, $60\ Pa = N/(2\ m \times 0.9\ m)$, $N ≒ 110$

(3) 비화재층 출입문이 개방 시 필요 차압

- 차압의 70% 이상 → 즉, 28 Pa 이상

(4) 계단실과 부속실을 동시에 제연하는 경우 부속실의 압력

- 부속실 압력≦계단실 압력
- 계단실보다 5 Pa 이하로 작게 유지

3) 방연풍속

- 부속실이 거실과 면한 경우 : 0.7 m/s
- 기타 : 0.5 m/s

4) 급기풍량 산정

(1) 누설틈새 면적

<table>
<tr><th>구분</th><th>기호</th><th colspan="2">내용</th></tr>
<tr><td rowspan="10">해당 출입문의 누설틈새면적
$A = \frac{L}{l} \times Ad$
[m^2]</td><td>L
해당 출입문의 틈새길이</td><td colspan="2">$\frac{L}{l}$은 1보다 작을 수 없다.</td></tr>
<tr><td rowspan="3">l
표준 출입문의 틈새길이</td><td>외 여닫이문</td><td>5.6</td></tr>
<tr><td>쌍 여닫이문</td><td>9.2</td></tr>
<tr><td>승강기 출입문</td><td>8.0</td></tr>
<tr><td rowspan="4">Ad
표준 출입문의 누설 틈새면적</td><td>외 여닫이문으로서 제연구역의 실내쪽으로 당겨 열리는 경우</td><td>0.01</td></tr>
<tr><td>외 여닫이문으로서 제연구역의 실외쪽으로 밀어 열리는 경우</td><td>0.02</td></tr>
<tr><td>쌍 여닫이문</td><td>0.03</td></tr>
<tr><td>승강기의 출입문</td><td>0.06</td></tr>
<tr><td rowspan="3">해당 창문의 누설틈새면적
Aw
[m^2]</td><td>여닫이식 창문
창틀에 방수패킹이 없음</td><td colspan="2">$2.55 \times 10^{-4} \times$ 틈새길이 m</td></tr>
<tr><td>여닫이식 창문
창틀에 방수패킹이 있음</td><td colspan="2">$3.61 \times 10^{-5} \times$ 틈새길이 m</td></tr>
<tr><td>미닫이식 창문</td><td colspan="2">$1.00 \times 10^{-4} \times$ 틈새길이 m</td></tr>
</table>

(2) 누설량

- 문이 닫혀있을 경우 차압을 유지하기 위한 풍량

$$Q = 0.827 \times A \times \sqrt[n]{P} \times N$$

여기서, Q : 누설량 [m^3/s]

A : 누설틈새 면적합계 [m^2]

직렬경로 $A = \left[\frac{1}{A_1^{\,2}} + \frac{1}{A_2^{\,2}} \cdots\right]^{-\frac{1}{2}}$

병렬경로 $A = A_1 + A_2 \cdots$

P : 차압 [Pa]

n : 출입문 2, 창문 1.6

N : 해당 수직급기풍도에 연결된 부속실 개수

(3) 보충량

- 문이 개방될 경우 방연풍속을 유지하기 위한 풍량

$$q = k(S \times V) - Q_0$$

여기서, q : 보충량 [m^3/s]

k : 20층 이하 → 1, 21층 이상 → 2

S : 제연구역과 옥내 사이 방화문 면적 [m^2]

V : 방연풍속 [m/s]

Q_o : 계단으로 유입되는 공기량 [m^3/s]

(4) 급기량 계산서 예

1. 특별피난계단-1 부속실 제연설비 계산서

1.1 조건

- 특별피난계단의 계단실 및 부속실의 화재안전기준 적용
- 방 식 : 전실 급기가압방식
- **제연구역 : 부속실만 제연, 승강장 비겸용, 계단실 창문 없음**
- 건물층수 : 23 층, (N : 29)

1.2 급기 풍량 계산

(1) 누설틈새 면적

구 분	기 호	내 용
출입문 A = (L/l) × Ad	L	출입문 틈새의 길이(m) 다만, L의 치수가 l의 수치이하인 경우에는 l의 수치 적용
	l	외 여닫이 문이 설치되어 있을 경우에는 5.6
		쌍 여닫이 문이 설치되어 있을 경우에는 9.2
		승강기 출입문이 설치되어 있을 경우에는 8.0
	Ad	외 여닫이문으로서 제연구역의 실내쪽으로 열리도록 설치하는 경우에는 0.01
		외 여닫이문으로서 제연구역의 실외쪽으로 열리도록 설치하는 경우에는 0.02
		쌍 여닫이문의 경우에는 0.03
		승강기의 출입문의 경우에는 0.06
창문	Aw	여닫이식 창문으로서 창틀에 방수패킹이 없는 경우 : $2.55 \times 10^{-4} \times$ 틈새길이(m)
	Aw	여닫이식 창문으로서 창틀에 방수패킹이 있는 경우 : $3.61 \times 10^{-4} \times$ 틈새길이(m)
	Aw	미닫이식 창문이 설치되어 있는 경우 : $1.00 \times 10^{-4} \times$ 틈새길이(m)

구분	출입문의 크기		틈 새 길이(L)	l의값	Ad의값	수 량	틈 새 면적(A)	비 고
	폭(m)	높이(m)						
Ai	1.0	2.1	6.2	5.6	0.010	1	0.0111	부속실과 옥내사이 출입문
S	1.0	2.1	-			-	2.1000	출입문 한짝의 면적
As	1.0	2.1	6.2	5.6	0.020	1	0.0221	계단실과 부속실사이 출입문
A'i	1.0	2.1	6.2	5.6	0.020	1	0.0221	1층부속실과 옥내사이 출입문
A's	1.0	2.1	6.2	5.6	0.010	1	0.0111	1층계단실과 부속실사이 출입문
Ar	1.0	2.1	6.2	5.6	0.020	1	0.0221	계단실과 옥외사이 출입문
Aw	-	-	-				-	계단실과 옥외사이 창문
Ae	-	-	-				-	승강기 출입문
Av	d	0.3	$(\pi \times d^2) / 4$				-	E/L상부 승강로 환기구면적

구분	산 출 식	결과	비 고
Af	$\dfrac{Ae \times Av}{\{(N \times Ae)^2 + Av^2\}^{1/2}}$	-	
A'f	$\dfrac{Ae \times (Av + Ae)}{\{[(N-1) \times Ae]^2 + (Av+Ae)^2\}^{1/2}}$	-	
A"f	$\dfrac{Ae \times (Av + 2Ae)}{\{[(N-2) \times Ae]^2 + (Av+2Ae)^2\}^{1/2}}$	-	
Am	$[(Ai + Af) \times Po^{1/2} + As \times (P-Po)^{1/2}]$	0.0749	
A'm	$[(A'i + Af) \times Po^{1/2} + A's \times (P-Po)^{1/2}]$	0.1400	
Po	$[(N-1)As + A's] \times (P-Po)^{1/2} = Ar \times Po^{1/2} + Aw \times Po^{1/1.6}$ 의 식에서 산출한 수치	39.9500	
At	$\dfrac{[(N-1) As + A's] \times Ar}{\{[(N-1) As + A's]^2 + Ar^2\}^{1/2}}$	0.0221	

(2) 급기량

1) 누설량(q) 산정

- $q = K \times [(N-1)Ai + A'i + At] \times P^{1/2} \times 1.25 =$ 2.316 ㎥/sec

구 분	내 용	결 과
K	상수	0.8270
N	하나의 계단실에 부속하는 부속실의 수	29
Ai	부속실(또는 승강장)과 옥내 사이의 출입문의 누설 틈새면적	0.0111
A'i	1층부속실(설치하는 경우에 한함)과 옥내 사이의 출입문의 누설 틈새면적	0.0221
Af	$(Ae \times Av) / \{(N \times Ae)^2 + Av^2\}^{1/2}$	-
As	계단실과 부속실사이의 출입문의 누설 틈새면적	0.0221
A's	1층부속실(설치하는 경우에 한함)과 계단실 사이의 출입문의 누설 틈새면적	0.0111
P	소요차압	40
Po	$[(N-1)As + A's] \times (P-Po)^{1/2} = Ar \times Po^{1/2} + Aw \times Po1/1.6$ 의 식에서 산출한 수치	39.9500
Ad	$Ar / ([(N-1)As + A's]^2 + Ar^2)^{1/2}$ 의 식에서 산출한 수치	0.0351
A'f	$(Ae \times (Av + Ae)) / ([(N-1) \times Ae]^2 + (Av + Ae)^2)^{1/2}$ 의 식에서 산출한 수치	-

2) 보충량(q') 산정

- N = 20 이하인 경우

$$q' = ((S \times V) / 0.6) - K \times [\{(Ai+AdAs) \times (NAs-As+Ai)\} / (As+Ai) + \{(A'I + Ad\,A's) \times A's\} / (A's + A'I)] \times P^{1/2} \times 1.25 = -\ \text{㎥/sec}$$

- N = 20초과 인경우

$$q' = ((S \times V) / 0.3) - K \times [\{(Ai+AdAs) \times (Nas-As+2Ai)\} / (As+Ai) + \{(A'I + Ad\,A's) \times A's\} / (A's + A'I)] \times P^{1/2} \times 1.25 = 3.3533\ \text{㎥/sec}$$

구 분	내 용	결 과
S	부속실과 옥내사이의 출입문 한짝의 면적	2.1
V	방연풍속	0.7
K	상수	0.827
Am	$[(Ai + Af) \times Po^{1/2} + As \times (P-Po)^{1/2}]$	0.0749
A'm	$[(A'i + Af) \times Po^{1/2} + A's \times (P-Po)^{1/2}]$	0.1400
N	하나의 계단실에 부속하는 부속실의 수	29
As	계단실과 부속실사이의 출입문의 누설 틈새면적	0.0221
A's	1층부속실(설치하는 경우에 한함)과 계단실 사이의 출입문의 누설 틈새면적	-
Ai	부속실(또는 승강장)과 옥내 사이의 출입문의 누설 틈새면적	0.0111
A'i	1층부속실(설치하는 경우에 한함)과 옥내 사이의 출입문의 누설 틈새면적	-
Af	$(Ae \times Av) / \{(N \times Ae)^2 + Av^2\}^{1/2}$	-
A'f	$(Ae \times (Av+Ae)) / \{[(N-1) \times Ae]^2 + (Av+Ae)^2\}^{1/2}$	-
A"f	$(Ae \times (Av+2Ae)) / \{[(N-2) \times Ae]^2 + (Av+2Ae)^2\}^{1/2}$	-
Ae	승강기 출입문의 틈새면적	-
Av	E/L상부 승강로 환기구면적	-

부속실 제연설비 계산서 예

3 덕트 계산서 및 설계도 작성

1) 덕트 계산서

(1) 등속법

- 제연설비에서는 덕트의 풍속을 제한하고 있다.

구분	풍속
• 유입덕트, • 배출송풍기의 토출 측 덕트	20 m/s 이하
• 배출덕트, • 유입송풍기의 흡입 측 덕트	15 m/s 이하

$$Q = AV \text{ 에서}$$
$$= a \times b \times V, \qquad A = a \times b = \frac{Q}{V}$$

- 등속법으로 덕트의 크기를 정한 후에 해당 풍량에 따른 단위길이당 정압 손실을 통해 송풍기의 정압을 결정한다.

(2) 상당직경

$$d_e = 1.3 \times \left(\frac{(a \times b)^5}{(a+b)^2}\right)^{\frac{1}{8}}$$

여기서, a : 직사각형의 한변의 길이

b : 다른 한변의 길이

- 직사각형의 풍도를 상당직경으로 환산하여 적용하면 더욱 정확한 설계가 가능하다.

(3) 송풍기

- 송풍능력은 급기량의 1.15배 이상으로 한다.

$$P(\text{kW}) = \frac{P_t(\text{mmAq}) \times Q(\text{급기량 m}^3/\text{s}) \times 1.15}{102\eta} \times 1.1$$

(4) 실무에서 고려사항

구분		600 × 600 덕트	1200 × 300 덕트
종횡비		1 : 1	4 : 1
단면적 A		0.36 m² (동일)	
경제성	철판 두께	0.6 T 이상	0.8 T 이상
경제성	철판 면적	감소	증가
경제성	상당 직경	$1.3 \times (\frac{(0.6 \times 0.6)^5}{(0.6+0.6)^2})^{\frac{1}{8}} = 0.656$	$1.3 \times (\frac{(1.2 \times 0.3)^5}{(1.2+0.3)^2})^{\frac{1}{8}} = 0.620$
경제성	VE 관점	$V(\text{가치})\Uparrow = \frac{F(\text{기능})\uparrow}{C(\text{비용})\downarrow}$	$V(\text{가치})\Downarrow = \frac{F(\text{기능})\downarrow}{C(\text{비용})\uparrow}$

- 종횡비가 1에 가까울수록(=정방형에 가까워질수록) 상당직경은 커지고 덕트의 두께 및 면적은 절약할 수 있다.
- 등속법 설계를 상당직경으로 보완하고 정압법을 적용하여 적합한 송풍기를 선정한다.
- 산정한 풍량, 송풍기 및 덕트 size를 토대로 제연덕트 도면을 작성한다.

(5) 덕트 계산서 예

1.3 제연 급기 계산

(1) 풍량(Q)

Q = { 누설량(q) + 보충량(q') } × 1.15 = 6.520 ㎥/s = 391 CMM = 23,472 CMH

(2) 정압(H)

H = Ha + Hb + Hc + Hd + He + Hf + Hg = 82 ㎜Aq

구 분	내 용	결 과
Ha	덕트길이 90 m x 단위저항 0.40 ㎜Aq / m	36.4
Hb	부속저항 닥트저항의 50%	18.2
Hc	외기취입구 저항 1 EA x 5.0 ㎜Aq	5.0
Hd	급기구저항 1 EA x 5.0 ㎜Aq	5.0
He	댐퍼저항 1 EA x 5.0 ㎜Aq	5.0
Hf	필요차압 (40Pa) 4.1 ㎜Aq	4.1
Hg	안전율 10%	7.4
계		82

(3) 동력

P = { (Q×H) / (102×3,600×E) } x K = 8.9 kW

[Q : 풍량(CMH), H : 정압(㎜Aq), E : 송풍기효율, K : 안전율(10%)]

(4) 덕트

■ 급기덕트 규격

A = Q / V = 0.33 ㎡

[Q : 풍량(㎥/s), V : 급기덕트 풍속 20 m/s]

■ 흡입덕트 규격 (송풍기 흡입측)

A' = Q / V = 0.44 ㎡

[Q : 풍량(㎥/s), V : 흡입덕트 권장풍속 15 m/s]

(5) 댐퍼 (자동 차압/과압 조절댐퍼)

Da = (S x 0.7) / (10 x 0.7) = 0.210 ㎡

[S:문면적, 방연풍속 : 0.7m/s , 그릴면풍속 : 10m/s, 개구율 : 0.7]

(6) 외기취입구

Oa = Q / (V x L) = 1.31 ㎡

[Q : 풍량(㎥/s), V : 면풍속 10m/s, L : 개구율 0.5]

(7) 규격선정

구 분	송 풍 기			급 기 덕 트		흡 입 덕 트		댐 퍼	
	풍량 (CMH)	정압 (㎜Aq)	동력 (kW)	가로 (㎜)	세로 (㎜)	가로 (㎜)	세로 (㎜)	가로 (㎜)	세로 (㎜)
계 산	23,472	82	8.9	550	593	1,000	435	400	525
선 정	23,500	85	11.0	550	700	1,000	500	400	600

(8) 급기휀 선정

장비번호	휀번호	수량	동력	형식	설치층	비 고
SSF- 1	# 7 SS	1	11 kW	익형	지하1층 휀룸	

1.4 제연 배기 계산

(1) 배출 풍량

Qn = S × V = 1.470 ㎥/s = 88 CMM = 5,292 CMH

[Qn : 배출풍량(㎥/s), S : 부속실과 옥내사이의 출입문 한짝의 면적(㎡) V : 방연풍속(m/s)]

(2) 정압

H = Ha + Hb + Hc + Hd + He + Hg = 80 ㎜Aq

구 분	내 용	결 과
Ha	덕트길이 90 m x 단위저항 0.42 ㎜Aq / m	38.0
Hb	부속저항 닥트저항 50%	19.0
Hc	외기배출구 저항 EA x 5.0 ㎜Aq	-
Hd	배기구저항 1 EA x 5.0 ㎜Aq	5.0
He	댐퍼저항 2 EA x 5.0 ㎜Aq	10.0
Hg	안전율 10%	7.2
계		80

(3) 동력

P = ((Q×H) / (102×3,600×E)) x K = 2.11 kW

[Q : 풍량(CMH), H : 정압(㎜Aq), E : 송풍기효율, K : 안전율(10%)]

(4) 덕트

■ 배기덕트 규격

A' = Qn / 2 = 0.735 ㎡ * 기계식 배출 기준 0.11 ㎡ (적용)

[Qn: 수직풍도가 담당하는 1개층의 제연구역의 옥내와 면하는 출입문1개의 면적과 방연풍속(m/s)을 곱한 값]

■ 배출덕트 규격 (송풍기 배출측)

A' = Q / V = 0.14 ㎡

[Q : 풍량(㎥/s), V : 배출덕트 풍속 15 m/s]

(5) 배기 댐퍼

Da' = A' / L = 0.16 ㎡ [A': 배출풍도, L : 개구율 0.7]

(6) 배출구

Oa' = Q / (V x L) = 0.42 ㎡ [Q :풍량(㎥/s), V : 면풍속 10m/s, L :개구율 0.5]

(7) 규격선정

구 분	송 풍 기			배 기 덕 트		배 출 덕 트		댐 퍼	
	풍량 (CMH)	정압 (㎜Aq)	동력 (kW)	가로 (㎜)	세로 (㎜)	가로 (㎜)	세로 (㎜)	가로 (㎜)	세로 (㎜)
계 산	7,462	80	2.1	400	270	600	231	300	533
선 정	7,500	80	3.7	400	400	600	300	300	600

*댐퍼누기량(0.18㎡ x 29EA x 365CMH/㎡ = 1,905CMH) 및 덕트 누기량(5,292CMH x 5% = 265CMH)

5,292 + 1,905 + 265 = 7,462

(8) 배기휀 선정

장비번호	휀번호	수량	동력	형식	설치층	비고
SEF- 1	# 4 SS	1	3.7 kW	익형	옥탑지붕	

부속실 제연설비 계산서 예

2) 덕트 설계도 작성

- 송풍기, 급배기그릴, 수직풍도의 위치를 정한다.

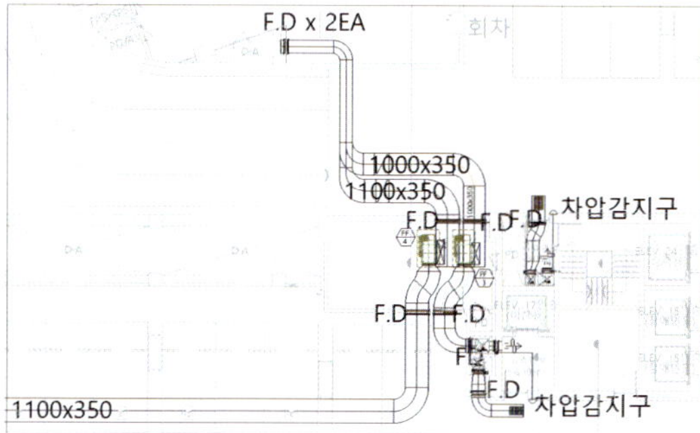

부속실 제연설비 덕트 설계 예

- 실제 폭과 동일하게 평면덕트를 작성한다.

3) 설계시 고려사항

(1) 송풍기와 덕트의 연결

- 휀룸 등 좁은 공간에서 제연휀과 제연덕트의 연결이 부적합하면 풍량 및 정압이 급격히 저하된다.

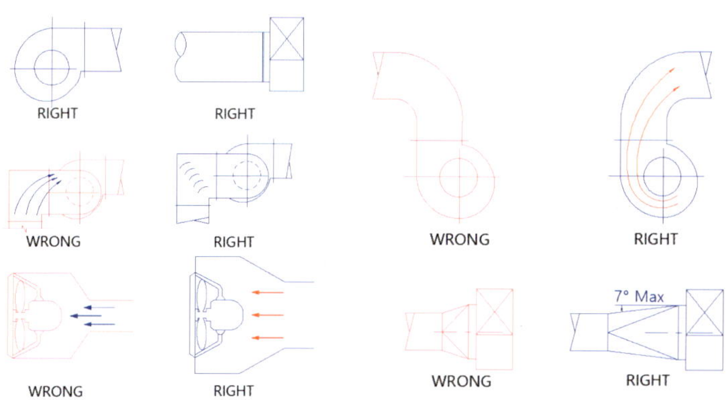

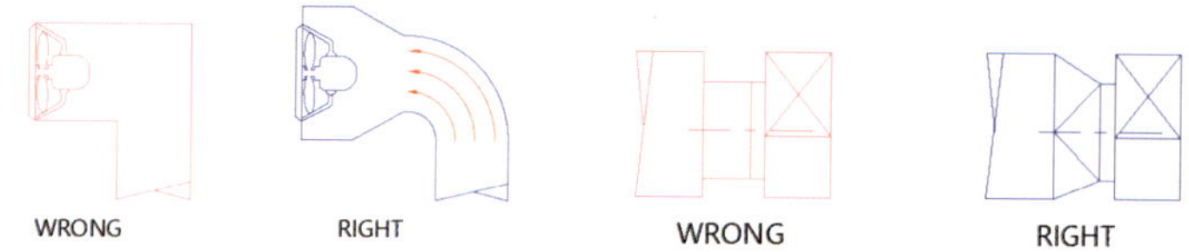

송풍기와 덕트의 연결 예

- 송풍기와 기류의 특성을 고려한 설계가 필요하다.

(2) 단면검토

- 실내주차장은 바닥으로부터 최소높이를 제한하고 있다.

주차장 차로, 경사로	2.3 m 이상
주차구획, 주차공간	2.1 m 이상

주차장의 내부 높이 기준 (출처 : 주차장법 시행규칙)

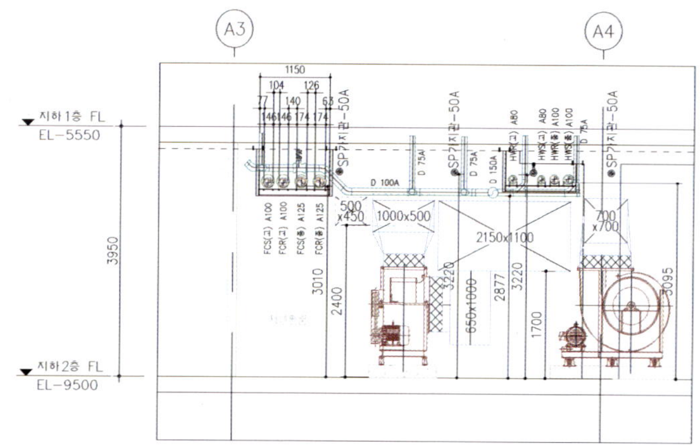

단면도 검토의 예

- 설계단계에서 모든 공종을 검토하는 것에는 한계가 있지만 기본적으로 보 아래 제연덕트의 설치 높이는 고려하면서 제연덕트의 경로를 결정한다.

4) 제연덕트 계통도 작성

- 계산서와 평면설계를 마친 후 계통도를 작성한다.

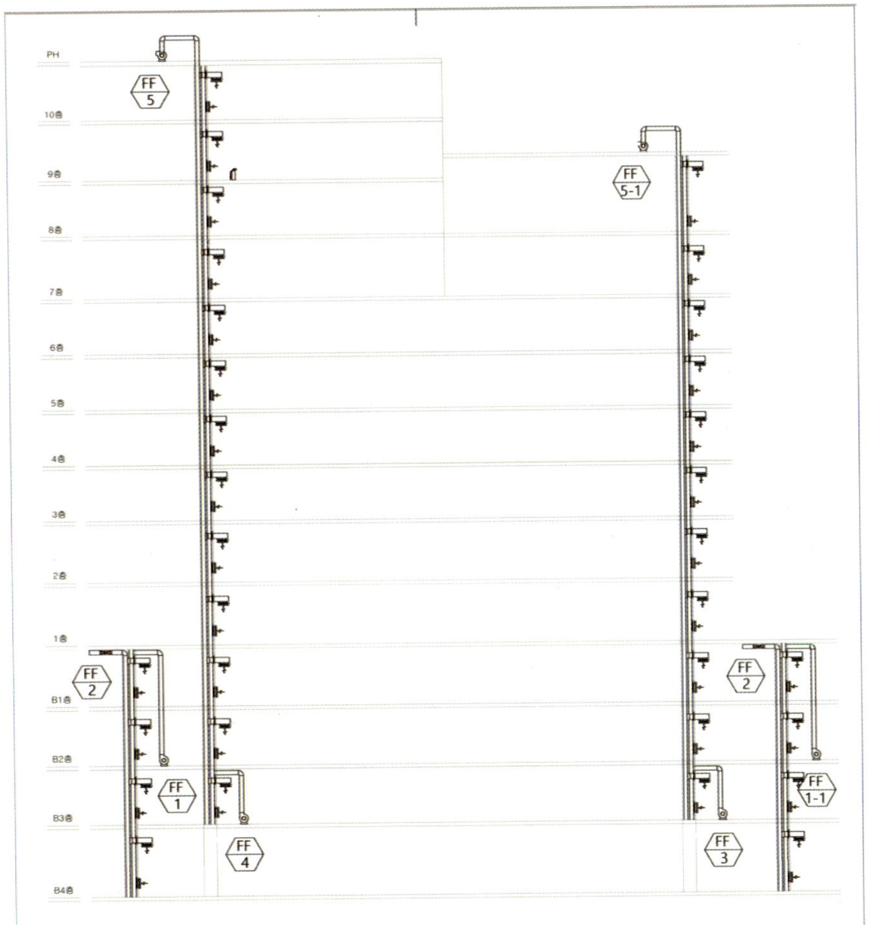

부속실 제연덕트 계통도 예

- 계통도에는 제연 휀, 급기구, 배출구 및 경로를 표현한다.
- 명확히 할 규격과 항목들은 별도의 일람표와 주기를 만들어 적는다.

제연설비 규격표

구 분			풍도 규격	급배기구
#1 승강기	급기	기준	0.37m ^{2}	0.29m ^{2}
		확보	0.38m^2 (750x500)	0.36m^2 (400x900)
	배출	기준	0.11m ^{2}	0.50m ^{2}
		확보	0.15m^2(500x400)	0.50m^2 (500x1,000)
#2 승강기	급기	기준	0.34m ^{2}	0.28m ^{2}
		확보	0.36m^2 (600x600)	0.36m^2 (400x900)
	배출	기준	0.11m ^{2}	0.50m ^{2}
		확보	0.15m^2(500x400)	0.50m^2 (500x1,000)

주 기 사 항

- 방화구획을 관통하는 덕트에는 방화댐퍼를 설치할 것.

부속실 제연덕트 일람표 예

- 급기구 및 배출구의 상세 사양을 기입한 일람표를 작성한다.

12-2

거실제연설비 설계도

1. 작성순서	#자료수집 #제연구획 #배출량결정 #덕트설계 #스케줄
2. 제연구획 및 배출량결정	#제연구역 #제연경계 #수직거리 #경유거실 #배출량 #보행중심선
3. 덕트설계 및 스케줄작성	#배출구 #공기유입구 #예상제연구역 #인접구역 #배출풍도 #아연도금강판 #유입풍도 #덕트설계 #제연스케줄

1 작성순서

단계	내용
자료수집	• 건축(설계)개요, 평면도, 단면도, 실내재료마감표 • 공조 및 환기덕트 반영 검토 • 수직거리, 바닥면적을 실별로 정리
↓	
제연구획	• 수직거리, 바닥면적 및 보행거리를 고려한 제연구획 • 공조 및 환기덕트 스케줄 검토
↓	
배출량결정	• 제연구획마다의 배출량 결정 • 배출 및 공기유입방식 결정 • 공조겸용의 방식 여부 결정
↓	
덕트설계	• 배출구, 유입구, 입상덕트, 제연휀 배치 • 제연댐퍼를 포함한 제연덕트 평면도 작성
↓	
스케줄 작성	• 제연구역별 면적 및 배출량 일람표 작성 • 화재시 연동되는 제연휀, 제연스케줄 작성

- 거실제연설비는 수직거리 이상의 높이로 청결층을 확보하여 수평피난의 안전성을 도모하고 소방대의 진압·구조 활동을 지원한다.
- 넓은 평면에 여러 개의 덕트, 유입구, 배출구 및 제연댐퍼를 설치하고 화재와 연동하는 복잡한 스케줄이 특징이기도 하다.
- 공조 및 환기덕트와 겸용하는 방식을 많이 쓰기는 하나 복잡한 계통 때문에 성능확보 및 유지관리가 곤란하므로 가능하면 전용의 거실제연설비를 권장한다.
- 공조겸용의 여부와 제연구획의 적합한 정도가 거실제연설비의 생애주기(Life Cycle)에서 성패를 좌우한다.
- 거실제연평면도에는 화재와 연동할 때의 내역을 정리한 제연스케줄을 반드시 작성한다.
- 필요에 따라 계통도, 주기를 작성한다.

2 제연구획 및 배출량결정

1) 제연구역

- 하나의 제연구역의 면적은 1,000 m^2 이내
- 거실과 통로(복도 포함)는 각각 제연구획
- 통로 제연구역은 보행중심선의 길이 60 m 이하
- 한 제연구역은 직경 60 m 원에 들어갈 것
- 한 제연구역은 2 이상의 층에 미치지 않을 것

※ 다만, 층의 구분이 불분명한 부분은 별도로 제연 구획해야 한다.

2) 제연구역의 구획

- 제연경계 및 벽으로 한다.

제연경계	보, 제연경계벽
벽	벽, 화재연동으로 구획되는 가동벽, 방화셔터, 방화문

- 내화재료, 불연재료 또는 성능을 인정받은 기밀성의 것
- 제연경계는 폭이 0.6 m 이상
- 수직거리는 2 m 이내 (불가피한 경우 초과 가능)

3) 제연방식

- 화재 시 연기배출과 동시에 공기유입이 될 수 있게 한다.
- 배출구역이 거실일 경우에는 통로에 동시에 공기가 유입될 수 있도록 한다.
- 통로와 인접한 바닥면적 50 m^2 미만의 벽으로 구획된 거실은 인접한 통로의 배출로 갈음할 수 있다.

※ 경유거실인 경우에는 직접 배출한다.

※ 제연경계에 따른 구획은 제외한다. (거실과 통로와의 구획은 그렇지 않다.

통로의 제연구역 제외조건	주요구조부가 내화구조이고 + 마감이 불연재료 또는 난연재료로 처리되고 + 통로 내부에 가연성 물질이 없으며 + 화재 시 연기의 유입이 우려되지 않는 통로

4) 배출량

(1) 바닥면적 400 m^2 미만인 거실

- 제연경계에 따른 구획을 제외한다.

※ 다만, 거실과 통로와의 구획은 그렇지 않다.

- 바닥면적 1 m^2당 1 m^3/min 이상으로 하되, 최소 배출량은 5,000 m^3/hr 이상
- 바닥면적 50 m^2 미만을 통로배출방식으로 하는 경우는 다음표를 따를 것

통로 보행중심선	수직거리[m]	배출량[m^3/h]	비고
~40m	~ 2.0	25,000 ~	벽으로 구획을 포함
	~ 2.5	30,000 ~	
	~ 3.0	35,000 ~	
	3,0 ~	45,000 ~	

※ 통로보행중심선이 60 m 이하이면 5,000 m^3/h 가산한다.

통로보행중심선의 길이가 40 m 이하인 경우 배출량

(2) 바닥면적 400 m^2 이상인 거실

- 거실인 예상제연구역이 직경 40 m인 원의 범위 안에 있을 경우 배출량은 40,000 m^3/h 이상으로 할 것. 다만, 제연경계로 구획된 경우에는 다음 표에 따른다.

수직거리[m]	배출량[m^3/h]
~ 2.0	40,000 ~
~ 2.5	45,000 ~
~ 3.0	50,000 ~
3,0 ~	60,000 ~

※ 직경 40 m~60 m 인 원의 안에 들 경우 5,000 m^3/h 가산한다.

(3) 통로의 경우

- 배출량은 45,000 m^3/h 이상으로 할 것. 다만, 제연경계로 구획된 경우에는 다음표에 따른다.

수직거리[m]	배출량[m^3/h]
~ 2.0	45,000 ~
~ 2.5	50,000 ~
~ 3.0	55,000 ~
3,0 ~	65,000 ~

3 덕트설계 및 스케줄작성

1) 배출구

• 예상제연구역의 각 부분으로부터 하나의 배출구까지의 수평거리는 10 m 이내가 되도록 해야 한다.

(1) 바닥면적 400 m^2 미만(통로 제외)

구분	내용
벽으로 구획	• 배출구는 천장 또는 반자와 바닥 사이의 중간 윗부분
(일부) 제연경계로 구획	• 천장 · 반자 또는 이에 가까운 벽의 부분 ※ 벽에 설치하는 경우는 하단이 폭이 가장 짧은 제연경계의 하단보다 높게 한다.

(2) 통로와 바닥면적이 400 m^2 이상인 거실의 예상제연구역

구분	내용
벽으로 구획	• 천장 · 반자 또는 이에 가까운 벽의 부분 ※ 벽에 설치하는 경우에는 배출구 하단이 바닥에서 최소 2 m 이상이어야 한다.
(일부) 제연경계로 구획	• 천장·반자 또는 이에 가까운 벽의 부분(제연경계를 포함한다.) ※ 벽 또는 제연경계에 설치하는 경우에는 하단이 폭이 가장 짧은 제연경계의 하단보다 높게 한다.

2) 공기유입방식

• 유입풍도를 경유한 강제유입

• 자연유입

• 인접한 제연구역, 통로에 유입되는 공기(가압의 결과를 일으키는 경우를 포함한다)가 유입되는 방식

3) 공기유입구

(1) 바닥면적 400 m^2 미만의 거실

• 제연경계에 따른 구획을 제외한다.

※ 다만, 거실과 통로와의 구획은 그렇지 않다

• 공기유입구와 배출구간의 직선거리는 5 m 이상 또는 구획된 실의 장변의 2분의 1 이상으로 할 것.

(2) 바닥면적이 400 m^2 이상의 거실

※ 공연장 · 집회장 · 위락시설의 용도로 사용되는 부분의 바닥면적이 200 m^2를 초과하는 경우를 포함한다.

• 제연경계에 따른 구획을 제외한다.

※ 다만, 거실과 통로와의 구획은 그렇지 않다

• 바닥으로부터 1.5 m 이하 높이에 장애가 없도록 설치할 것

(3) 제연경계로 구획하였고 거실과 통로와의 구획이 아닌 거실·통로

• 인접하는 구역의 유입공기가 당해 구역으로 유입

구분	내용
유입구를 벽에 설치할 경우	• 바닥으로부터 1.5 m 이하의 높이에 설치하고 그 주변은 공기의 유입에 장애가 없도록 할 것
벽 외의 장소에 설치할 경우	• 유입구 상단이 천장 또는 반자와 바닥 사이의 중간 아랫부분보다 낮게 되도록 하고, 수직거리가 가장 짧은 제연경계 하단보다 낮게 되록 설치할 것

(4) 인접구역 또는 통로에서 해당구역에 공기유입으로 하는데 그 유입구가 제연경계 하단보다 높은 경우에는, 다음 하나에 적합해야 한다.

- 각 유입구는 자동폐쇄 될 것 또는,
- 해당 구역 내 유입풍도에 설치된 댐퍼는 자동폐쇄 될 것

(5) 기타

- 예상제연구역에 공기가 유입되는 순간의 풍속은 5 m/s 이하
- 유입구의 구조는 상향으로 분출하지 않도록 설치

※ 유입구가 바닥에 설치되는 경우에는 1 m/s 이하로 상향분출이 가능

- 공기유입구의 크기는 배출량 1 m^3/min에 대하여 35 cm^2 이상
- 공기유입량은 배출량의 배출에 지장이 없는 양으로 해야 한다.

※ 일반적으로 공기유입량은 배출량과 동일하게 적용한다.

4) 배출기 및 배출풍도

(1) 배출기

- 배출기 능력은 배출량 이상이 되도록 할 것
- 배풍기 부분은 유효한 내열처리를 하고 전동기부분과 분리하여 설치할 것

(2) 배출풍도

- 아연도금강판 동등 이상의 내식성 · 내열성이 있는 것으로 한다.
- 비석면의 불연재료인 단열재로 풍도 외부에 단열처리를 한다.
- 강판의 두께는 다음 표 이상으로 한다.

장변 또는 직경 [mm]	~450	750	~1,500	~2,250	2,250~
강판 두께 [mm]	0.5	0.6	0.8	1.0	1.2

- 배출기의 흡입측 풍속은 15 m/s 이하
- 배출측 풍속은 20 m/s 이하로 할 것

5) 유입풍도 등

- 재질과 두께는 배출풍도와 같으며 단열처리는 하지 않는다.
- 풍속은 20 m/s 이하로 할 것
- 옥외에 면하는 배출구 및 공기유입구는 순환유입 되지 않도록 해야 한다.

6) 덕트설계

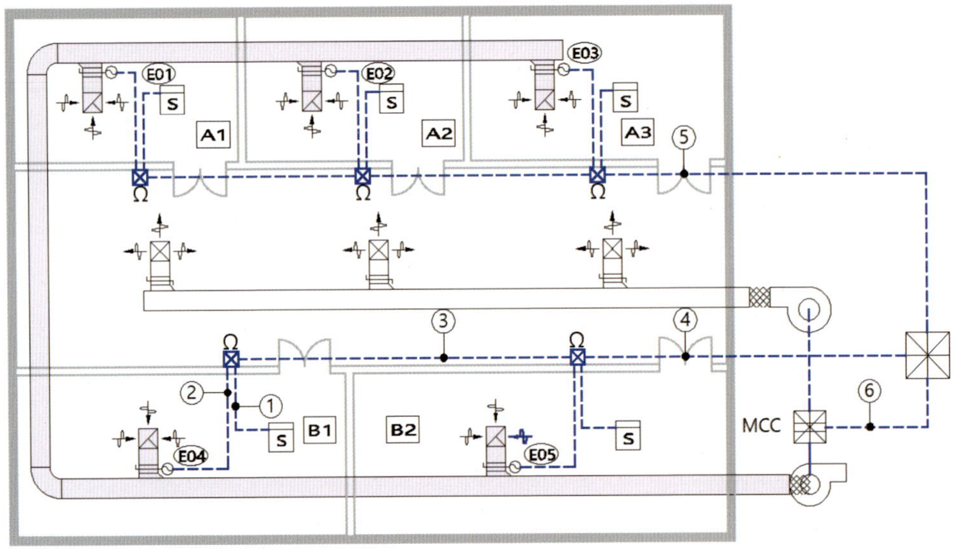

거실 제연덕트 평면도 예

- 화재실배출, 통로급기 방식의 거실제연설비 예이다.
- A구역과 B구역은 각각 공동예상제연구역으로 묶었다.

번호	가닥수	용도
①	4	회로2, 공통2
②	4	전원2, 기동1, 기동확인1
③	5	전원2, 회로1, 기동1, 기동확인1
④	8	전원2, (회로1+기동1+기동확인1)*2
⑤	11	전원2, (회로1+기동1+기동확인1)*3
⑥	5	기동1, 정지1, 공통1, 기동확인1, 전원표시1

거실 제연덕트 배선일람표 예

- 소방전기도면에는 배선의 가닥수와 용도를 적은 배선일람표를 작성한다.
- 소방기계도면에는 구역, 송풍기 및 화재 시 연동할 댐퍼를 구분한 제연스케줄을 작성한다.

구역	송풍기		공동예상 제연구역	배출댐퍼		유입	
	배출송풍기(배출량)	유입송풍기(유입량)		OPEN	CLOSE	OPEN	CLOSE
A1	FEF-1(5,000/15,000)	FSF-1(5,000/15,000)	A1+A2+A3	E01, E02, E03	E04, E05	N/O	-
A2	FEF-1(5,000/15,000)	FSF-1(5,000/15,000)	A1+A2+A3				
A3	FEF-1(5,000/15,000)	FSF-1(5,000/15,000)	A1+A2+A3				
B1	FEF-1(7,500/15,000)	FSF-1(7,500/15,000)	B1+B2	E04, E05	E01, E02, E03		
B2	FEF-1(7,500/15,000)	FSF-1(7,500/15,000)	B1+B2				

거실제연설비 화재 시 스케줄(SCHEDULE) 예

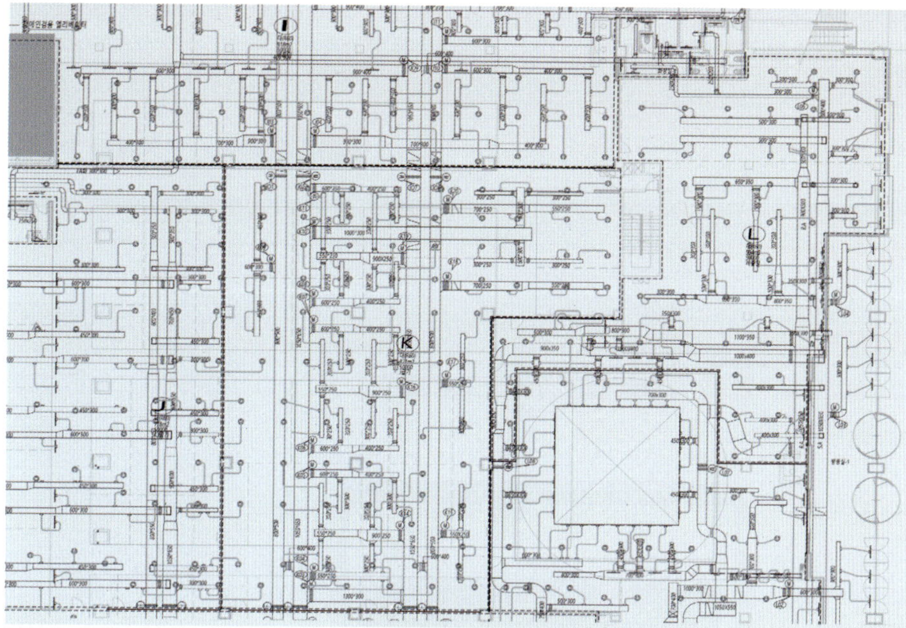

거실제연설비 평면도 예

화재시 SCHEDULE (제연)

구역	장비		구역				배출		유입		비고
	배출팬	급기팬	구역	실명	m2	CMH	OPEN	CLOSE	OPEN	CLOSE	
01	FEF-02 50000	AH-101 50000	A1	PRODUCTION	284 (소)(경)	30000	A02 A03 A04 A05 A07 A08 A21 A42 A43 A44 A45 A46 B01 R01	A01 A11 A41 A27 A28 A29 A30 A31 A32 A47 A48 A49 B02 B03 B04 B05 R02	A09 A19 A51 A52	A06 A10 A16 A17 A20 A50 A53 A54 A55 B27	
				COLD KITCHEN							
				KOREAN							
				COLD BACK							
			A2a	사무실(상)	11 (소)	1000					
			A2b	사무실(중)	8 (소)	1000					
			A2c	BUFFET KITCHEN	65 (소)	5000					
			A3a	사무실-2	47 (소)	5000					
			A3b	전실(사무실-2)	20 (소)(경)	5000					
			A3c	COMISSARY	32 (소)	3000					
02	FEF-02 50000	AH-101 50000	A3d	사무실(베이커리)	7 (소)	1000	A03 A04 A21 A43 A46 A27 A28 A29 A47 A30 A31 A49 A42 A05 R01	A01 A02 A07 A08 A11 A32 A41 A44 A45 A48 B01 B02 B03 B04 B05 R02	A09 A19 A50 A51 A53 A17	A06 A10 A16 ··· A20 A52 A07 A08 A55 B27	A3a 5000 A3b 5000 A3c 3000 A1 9000 22000 CMH TRANSFER
			A3e	BUTCHER	9 (소)	1000					
			A3f	갈비가공실	24 (소)(경)	3000					
			A3g	BAKERY	105 (소)(경)	10000					
			A3h	DISH WASHER	40 (소)(경)	5000					
			A3i	전실	8 (소)(경)	1000					
			A3j	복도	47 (소)(경)	5000					
			A3k	FISH BUTCHER	18 (소)	2000					
03	FEF-02 50000	AH-101 50000	B1	BUFFET	879 (대)(60)	50000	B04 B05 B06 R01	A03 A04 A05 A07 A08 A11 B01 B02 B03 B04 R02 B21 B11 B12 B13 B14 B15 B16 B18	B08 B20	A19 A50 A51 A52 A53 A20 A17 A16 A10 A09 A06 B07 A55 E16 E17 B27	
	FEF-02 50000	AH-101 50000	B2a	BUFFET INFO	91 (소)(경)	10000	A11 B05 B13 B14 B15 B16 B17 B18 R01	A03 A04 A05 A07 A08 B01 B02 B03 B04 B08 E01 E02 B12 R02	B08 B09 B19 B20 B27	A19 A50 A51 A52 A53 A20 A17 A16 A10 A09	B1 9000
			B2b	PDR-1(뷔페)	45 (소)	5000					

거실제연설비 화재 시 스케줄(SCHEDULE) 예

7) 실무에서 고려사항

(1) 제연스케줄 검토

- 거실제연설비는 넓은 평면과 복잡한 덕트 및 스케줄이 특징이다.
- 한 개의 제연구획에 수십 개의 제연댐퍼가 연동되기도 한다.
- 제연스케줄이 복잡하여도 여러 번의 검토를 거쳐 설비의 신뢰도를 확보한다.

(2) 덕트경로의 검토

- 거실제연설비는 대풍량 고정압의 설계로 덕트 size가 크고 대형의 송풍기가 반영된다.

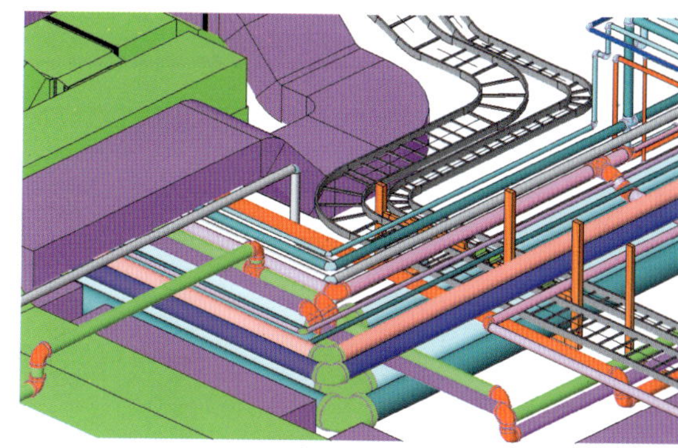

BIM을 이용한 전체 설비검토의 예

- 부피가 큰 만큼 평면 및 단면에서의 경로를 확보한 설계가 이뤄져야 한다.
- 실시설계 단계에서는 간섭되는 공종과 검토를 거쳐 시공이 가능하도록 설계되어야 한다.

12-3 화면녹화 실습

YouTube 첫걸음 소방CAD

1 부속실제연설비 설계

2 거실제연설비 설계

연습문제

01 다음 중 부속실 제연설비의 설계작업에 포함되지 않는 것은?

① 공동예상제연구역 선정
② 배출량 산정
③ 누설틈새면적 산출
④ 단면검토

정답 ①

해설 공동예상제연구역은 거실제연설비에 포함되는 용어이다.

02 다음 중 거실제연설비의 공기유입방식에 해당하지 않는 것은?

① 인접한 통로의 가압으로 유입
② 자연유입
③ 자동차압급기댐퍼
④ 유입풍도를 경유한 강제유입

정답 ③

해설 자동차압급기댐퍼는 부속실제연설비의 차압유지를 위한 기구이다.

03 다음은 거실제연스케줄(SCHEDULE)에 대한 설명이다. 가장 옳은 것은?

① 제연구역 마다의 제연풍량과 화재 시 연동하는 송풍기, 댐퍼의 세부명세를 나타낸다.
② 유입공기배출구의 규격 및 수량을 기입한다.
③ 연결되는 제연덕트의 size와 재질을 나타낸다.
④ 완공단계에서 최종검토를 위해 작성한다. 유지관리 시에는 필요 없게 된다.

정답 ①

해설 제연구역마다의 번호, 실명, 바닥면적, 제연풍량, 연동하는 송풍기와 댐퍼의 세부명세를 적는다.

학습정리

01 부속실제연설비 설계도

1) 자료수집 ⇒ 제연구역 선정 ⇒ 풍량산정 ⇒ 덕트설계 ⇒ 계통도 작성
2) 제연구역을 확인하고 휀룸 및 루버의 위치를 확인한다.
3) 틈새누설을 위한 누설량, 방연풍속을 위한 보충량을 산정한다.
4) 급기풍량을 산정한 후 덕트, 댐퍼, 루버 및 제연휀의 사양을 결정한다.
5) 수직덕트 및 평면덕트를 설계한 후에 계통도와 일람표를 작성한다.

02 부속실제연설비 실무에서 고려사항

1) 상당직경이 커질수록 철판의 두께와 면적은 줄고 유효단면적은 늘어난다.
2) 직사각형의 단면적을 그대로 적용하는 단순한 등속법의 설계를 상당직경으로 보완한다.
3) 송풍기와 덕트의 연결이 부적합하면 풍량 및 정압이 급격히 저하된다.
4) 송풍기와 기류의 특성을 고려한 설계가 필요하다.
5) 제연덕트의 설치 높이를 고려하면서 제연덕트의 경로를 결정한다.

03 거설제연설비 설계도

1) 자료수집 ⇒ 제연구획 ⇒ 배출량결정 ⇒ 덕트설계 ⇒ 스케줄 작성
2) 건축도면을 파악하여 수직거리, 바닥면적을 실별로 정리한다.
3) 제연구획을 나누고 구획마다의 배출량을 결정한다.
4) 배출구, 유입구, 입상덕트, 제연휀을 배치한다.
5) 제연댐퍼를 포함한 제연덕트 평면도를 작성한다.
6) 배출량 일람표 및 제연스케줄(SCHEDULE)을 작성한다.

04 거실제연설비 실무에서 고려사항

1) 제연스케줄이 복잡하더라도 여러 번의 검토를 거쳐 신뢰도를 확보한다.
2) 제연덕트가 간섭되는 공종과 검토를 거쳐 시공이 가능하도록 설계되어야 한다.

CHAPTER 13

소화용수 및 활동설비 실시설계

학습목표

1. 소화용수설비를 이해하며 판독할 수 있다.
2. 소화활동설비를 이해하며 판독할 수 있다.
3. 화면녹화 실습을 통해 학습내용을 그려낼 수 있다.

학습목차

1. 소화용수설비 설계도
2. 소화활동설비 설계도
3. 화면녹화 실습

복습점검

문제 1. 부속실제연설비에서 급기량은 누설량과 보충량을 합산하여 구한다.

정답 ○

해설 급기량은 차압 유지를 위한 누설량과 방연풍속을 위한 보충량을 합산해서 구한다.

문제 2. 거실제연설비의 공기유입방식은 화재실로 직접 유입되어야 한다.

정답 ×

해설 인접구역이나 통로에서의 유입, 자연유입, 유입풍도를 경유한 강제유입방식이 있다.

문제 3. 거실제연스케줄(SCHEDULE)은 완공단계에서 최종검토를 위해 작성한다. 유지관리 시에는 필요 없게 된다.

정답 ×

해설 제연운전의 세부명세를 적는 제연스케줄은 전 생애주기(Life Cycle)에 필요하며 제연설비 신뢰도의 성패를 결정한다.

13-1 소화용수설비 설계도

1. 상수도소화용수 설비 #자료수집 #상수도소화전 #소화수조 #대지경계선 #수평투영면
2. 소화수조 및 저수조 #대지경계선 #상수도관 #흡수관투입구 #채수구 #기준면적

1 상수도소화용수 설비

1) 작성순서

단계	내용		
자료수집	• 소방시설 선정표 검토 • 대지경계선 180 m 내에 75 mm 이상 상수도관 유무 파악		
⬇			
적용판단	• 상수도관 있다.	➜	• 상수도 소화전
	• 상수도관 없다.	➜	• 소화수조 또는 저수조
⬇			
상수도소화전 설계	• 건축설비 설계자에게 75mm 이상 상수도관 요청 • 상수도소화전 배치		

- 화재의 규모가 크고 지속시간이 길어지는 경우에 투입된 소방차의 소화용수를 되채우기 위한 설비이다.
- 상수도소화전이 설치 가능한 경우에는 소화수조를 적용할 수는 없는 것에 주의한다.

※ 상수도소화용수설비를 설치해야 하는 특정소방대상물의 각 부분으로부터 수평거리 140 m 이내에 공공의 소방을 위한 소화전이 화재안전기준에 적합하게 설치되어 있는 경우에는 설치가 면제된다. [소방시설법 시행령 별표 4]

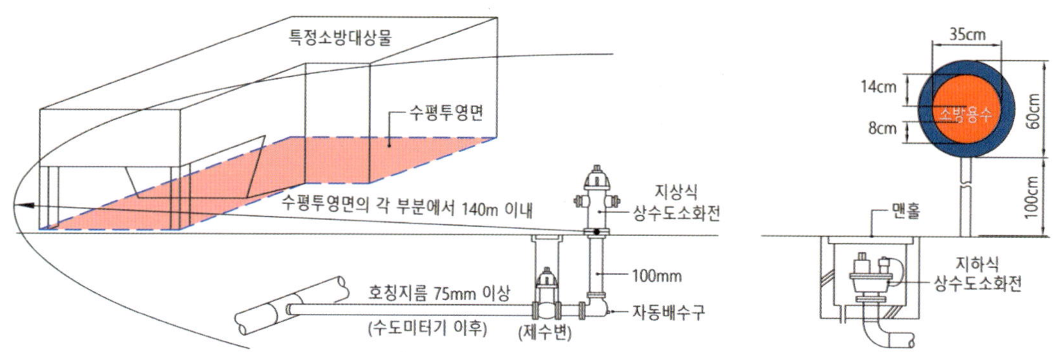

상수도소화전 상세도

2) 평면도 작성

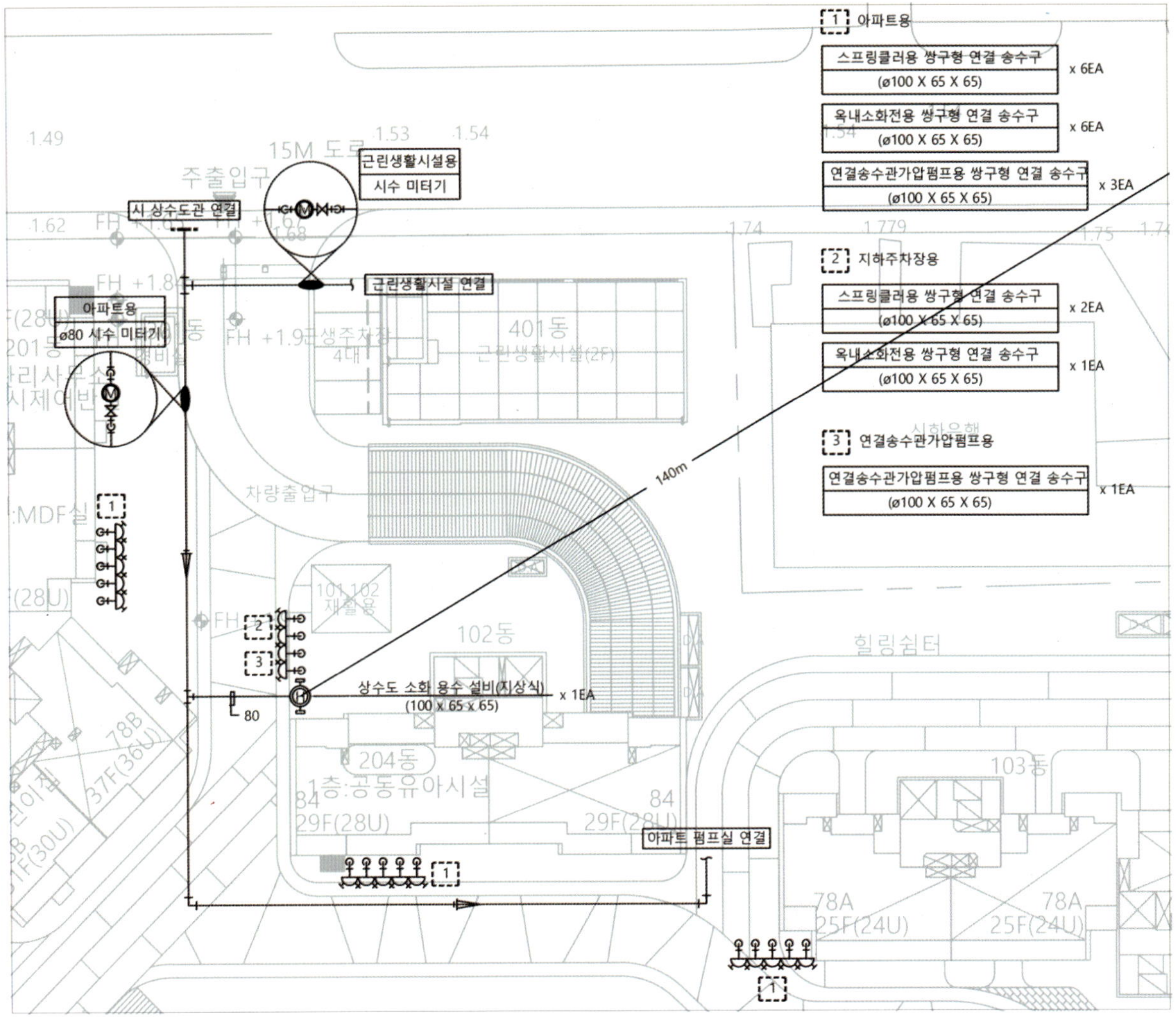

옥외 소화배관 평면도 예

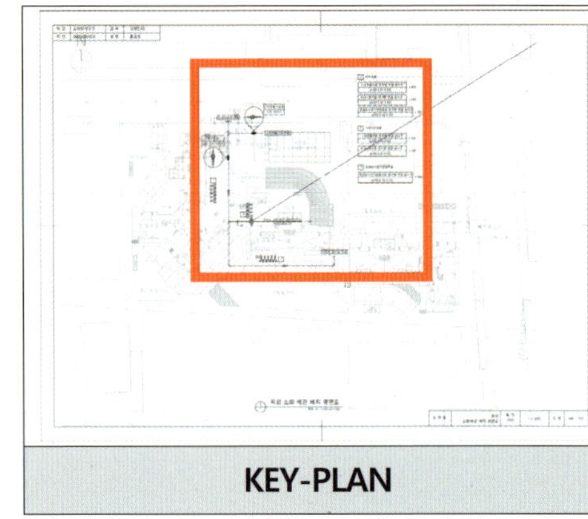

- 상수도 소화전은 소방대상물의 수평투영면이 140 m 이내에 포용되도록 배치한다.
- 지하식의 경우에는 식별이 용이하도록 소화용수 표지를 세운다.
- 수도 미터기 이후에서 분기하며 소방차의 접근이 용이한 위치에 배치한다.
- 연결송수구의 인근에 배치하면 좋다.

2 소화수조 및 저수조

1) 작성순서

자료수집

- 소방시설 선정표 검토
- 대지경계선 180 m 내에
- 75 mm 이상 상수도관 유무 파악

↓

적용판단

- 상수도관 있는 경우
  → 상수도소화전 적용
- 상수도관 없는 경우
  → 소화수조 또는 저수조 적용

↓

소화수조 또는 저수조 설계

- 저수량 산정
- 소화수조 또는 저수조 배치
- 연결배관 설계

※ 상수도 소화용수설비를 설치해야 하는 특정소방대상물의 대지 경계선으로부터 180 m 이내에 지름 75 mm 이상인 상수도용 배수관이 설치되지 않은 지역의 경우에는 화재안전기준에 따른 소화수조 또는 저수조를 설치해야 한다[소방시설법 시행령 별표4].

2) 저수조 상세도

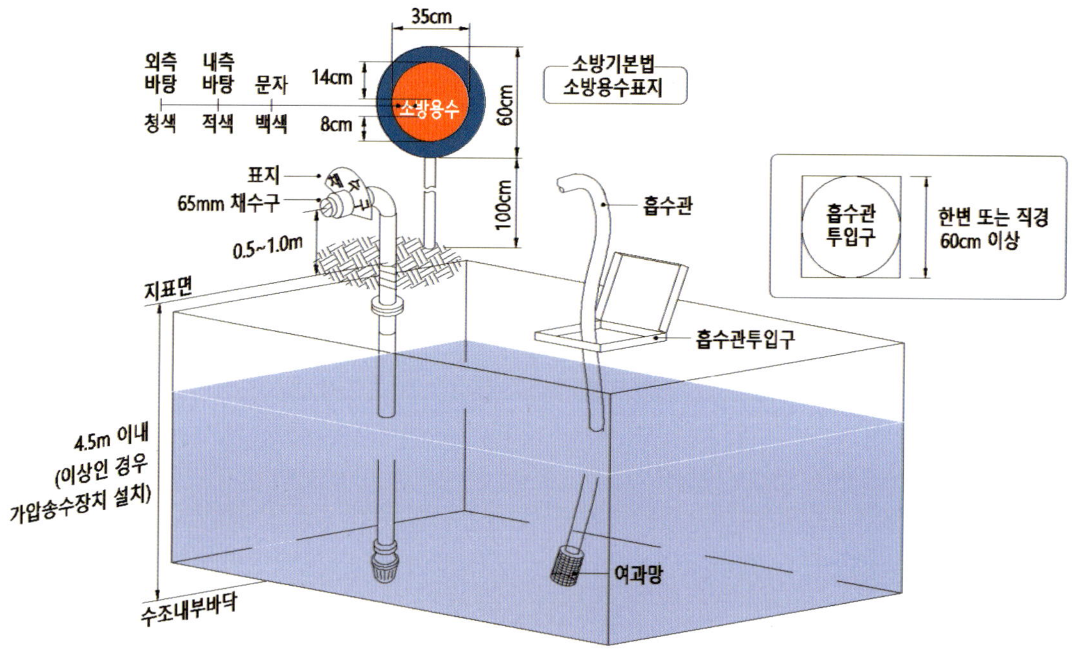

소화저수조 상세도

- 상수도소화전을 설치할 수 없는 경우에 적용할 수 있다.

3) 수량산정

(1) 저수량산정

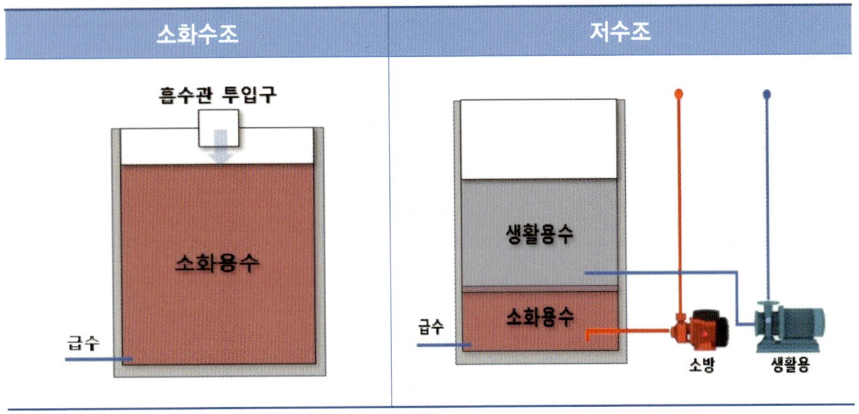

소화수조와 저수조(출처 : 화재안전기준 해설서(2020), 소방청)

- 연면적을 기준면적으로 나눈다.

  ※ 소숫점 이하의 수는 1로 본다.

- 얻은 수에 20 m^3을 곱한 양 이상으로 한다.

소방대상물의 구분	기준면적
1층 및 2층 바닥면적 합계가 15,000 m^2 이상인 경우	7,500 m^2
그 밖의 소방대상물	12,500 m^2

- 흡수관 투입구 또는 채수구 설치

(2) 흡수관 투입구

- 소요수량이 80 m^3 미만은 1개, 80 m^3 이상은 2개 이상 설치

(3) 채수구

소요수량	20～40 m^3	～100 m^3	100 m^3 ～
채수구의 수	1개	2개	3개

예제) 각층의 바닥면적이 8,000 m^2이고 지하층이 없는 지상 3층의 대상물에 소화수조를 설치한다면?

연면적이 24,000 m^2이므로

$\frac{24,000}{7,500} \simeq 3.2, \ \therefore 4 \times 20 = 80,$

- 소화수조의 수량은 80 m^3이다.
- 흡수관 투입구로 한다면 80 m^3 이상이므로 2개, 채수구로 설치한다면 2개가 된다.

(4) 가압송수장치

- 지표면으로부터 깊이 4.5 m 이상인 지하에 있는 경우

소요수량	20～40 m^3	～100 m^3	100 m^3～
가압송수장치 양수량(L/min)	1,100 이상	2,200 이상	3,300 이상

4) 평면도 작성

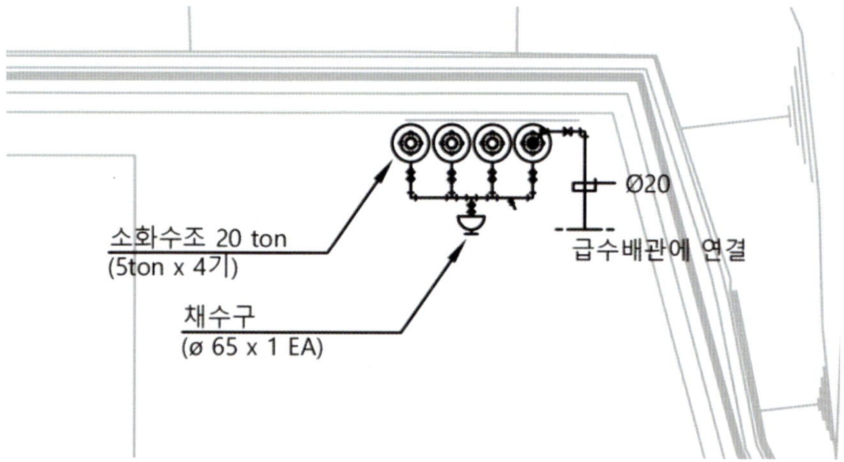

NOTE

소화수조 및 저수조의 화재안전기준(NFSC 402)
제4조(소화수조 등)

연면적 8,727.37 m2 / 12,500 = 0.69

확보하여야 할 소화수조의 양 : 1 x 20 m3 = 20 m3

유효수량 5 ton x 4기 = 20 ton

채수구 Ø65	x 2개
쌍구형 연결 송수구 Ø100x65x65	x 2개

[주위배관은 1층 소화배관 평면도[A,B동] 참조]

소화수조 평면도 예

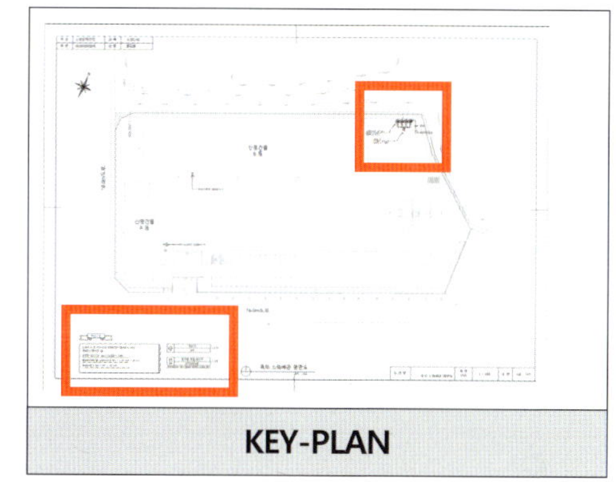

- 채수구 또는 흡수관투입구는 소방차가 2 m 이내까지 접근할 수 있는 위치에 배치한다.
- 한랭지역의 경우 소화수조의 동결을 방지할 수 있는 조치를 계획한다.
- 지표면으로부터 소화수조 내부 바닥까지의 높이가 4.5 m 이상이라면 가압송수장치를 설치한다.

13-2

소화활동설비 설계도

1. 연결송수관설비 #자료수집 #기구배치 #배관설계 #계통도 작성 #방수구 #방수기구함 #연결송수구
2. 연결살수설비 #자료수집 #기구배치 #배관설계 #계통도 작성 #시험장치 #살수구역
3. 비상콘센트설비 #자료수집 #비상콘센트배치 #회로구성 #계통도 작성 #전원반 #전력간선결선도 #배관·배선 일람표
4. 무선통신보조설비 #자료수집 #기구배치 #평면도 작성 #계통도 작성 #옥외안테나 #증폭기 #분배기 #접속단자
5. 연소방지설비 #자료수집 #기구배치 #배관설계 #살수구역도 작성 #통합감시시설 #지하구

1 연결송수관설비

1) 작성순서

단계	내용
자료수집	• 소방시설 선정표 검토 • 건축도면 파악
⬇	
기구배치	• 방수구, 송수구를 배치한다. • 방수기구함을 배치한다.
⬇	
배관설계	• 기구간 연결배관을 설계한다. • 가압송수장치 적용을 검토한다.
⬇	
계통도 작성	• 평면도 완성 후 계통도에 반영한다.

• 화재 시 지상의 소방차로부터 연결이 곤란한 경우에 소방펌프차에서 송수구로 압력 수를 보내 방수구에서 호스, 노즐에 의해 방수하여 진압하는 설비다.

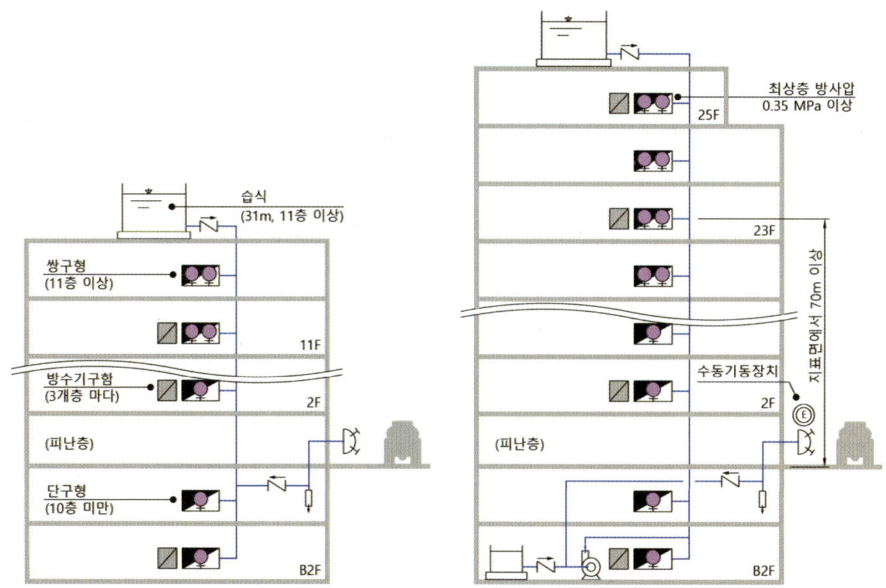

연결송수관설비의 계통도 예

2) 평면도 작성

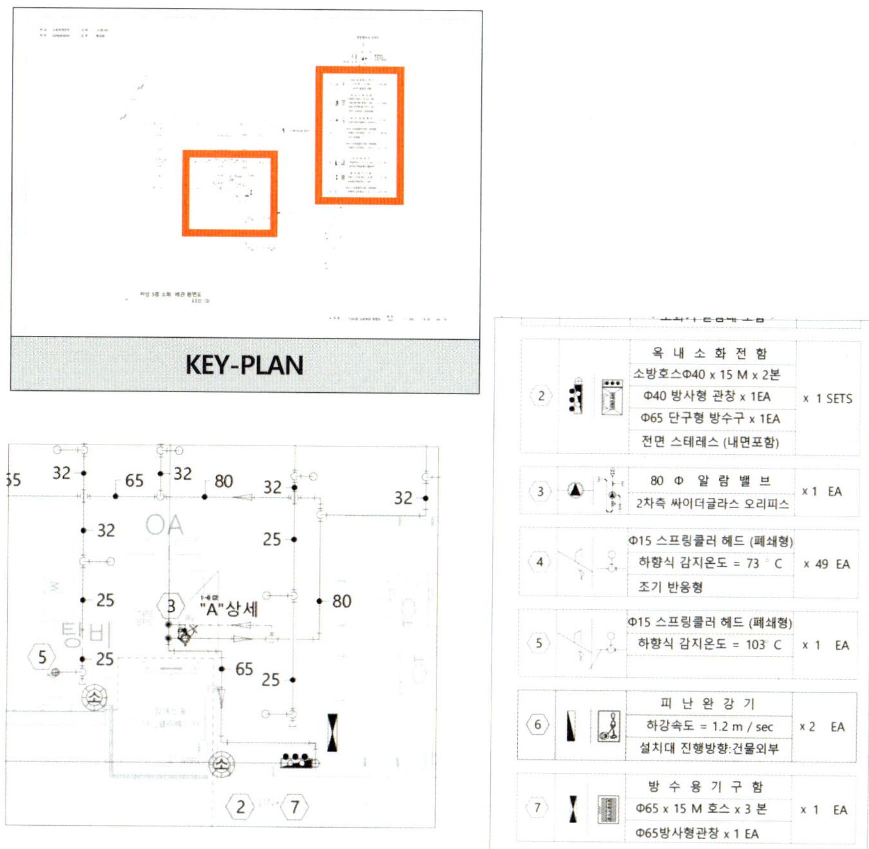

연결송수관설비 평면도 예

- 계단이 2이상일 때 그중 1개 계단으로부터 5 m 이내에, 방수기구함은 방수구로부터 5m 이내에 설치한다.
- 바닥면적이 1천 m^2 이상이며 계단이 3이상일 때 그중 2개의 계단으로부터 5m이내에 설치한다.

3) 계통도 작성

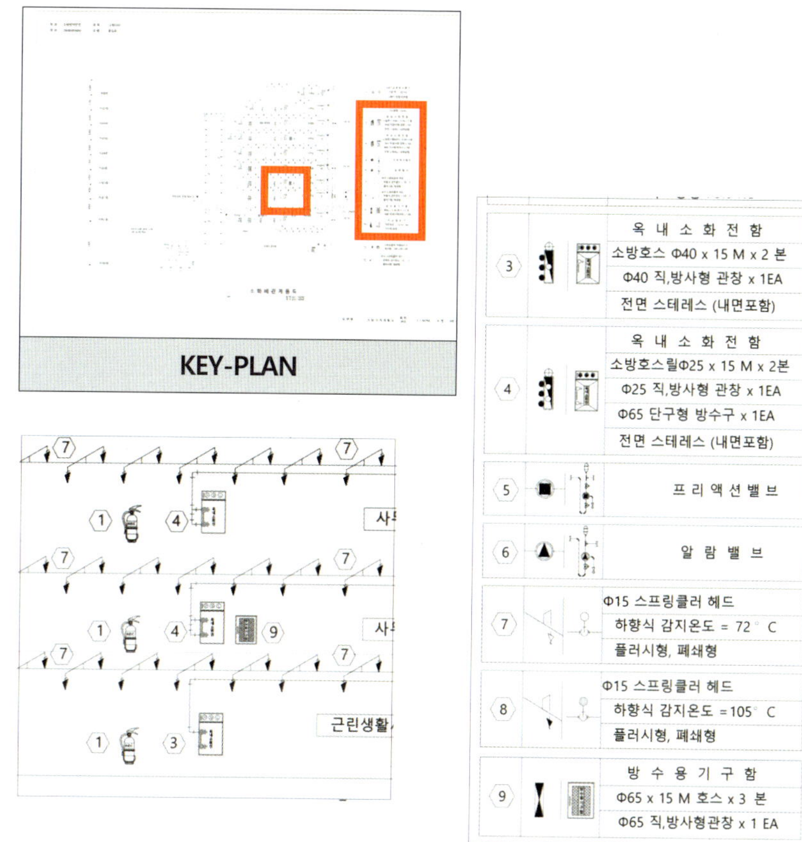

연결송수관설비 계통도 예

- 연결송수관설비의 주배관은 일반적으로 옥내소화전설비와 겸용으로 한다.
- 주배관의 구경은 100 mm 이상으로 한다.
- 지면에서 최상층의 방수구까지 높이가 70 m 이상인 경우에는 가압송수장치를 설계한다.

2 연결살수설비

1) 작성순서

자료수집
- 소방시설 선정표 검토
- 건축(설계)개요, 평면도 및 단면도, 실내재료마감표 파악

↓

기구배치
- 헤드배치
- 폐쇄형 헤드의 경우 시험장치 배치
- 송수구 배치

↓

배관설계
- 배관연결
- 헤드수 별 관경을 준수하여 주석 작성

↓

계통도 작성
- 평면도와 일치한 계통도 작성
- 도시기호, 기구명칭, 사양을 정리한 일람표 작성

- 소방대의 진입이 곤란한 화재의 경우 소방차가 연결송수구를 통해 소화용수를 공급하여 전용 또는 스프링클러헤드로 살수하여 진압하는 설비이다.
- 연결살수설비 대상에 스프링클러설비를 설치하면 면제할 수 있어 중복대상인 경우에는 일반적으로 스프링클러설비를 설치한다.

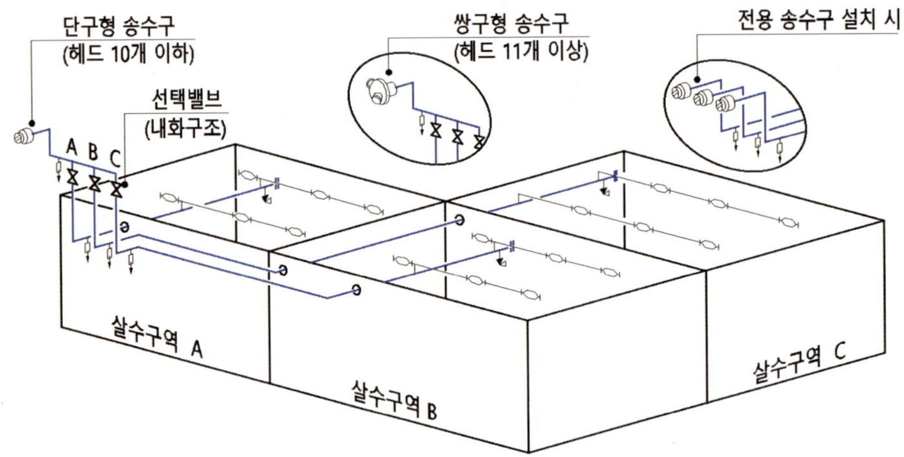

연결살수설비 계통도 예

- 살수구역을 구분하여 송수할 수 있도록 송수구 인근에 살수구역일람도를 부착하여야 한다.

2) 평면도 및 계통도 작성

(1) 헤드의 배치

- 수평거리 : 연결살수 전용헤드의 경우에는 3.7 m, 스프링클러헤드의 경우는 2.3 m
- 가스시설에 설치하는 경우에는 전용의 개방형 헤드로 3.7 m 이내의 간격으로 배치한다.

(2) 송수구의 배치

- 송수구역마다 송수구를 설치한다.
- 개방형 헤드 사용시 살수헤드 수는 10개 이하가 되도록 나눈다.
- 가스시설에 설치하는 경우에는 20 m 이상으로 이격하거나 철근 콘크리트벽으로 방호한다.

(3) 배관설계

- 전용헤드 개수별 관경

헤드 수	1	2	3	5	10
관경[mm]	32	40	50	65	80

- 스프링클러헤드의 경우에는 스프링클러 기준에 따른다.
- 도시기호와 명칭, 규격을 기입한 일람표를 작성한다.

(4) 계통도 작성

- 설계한 평면도와 일치하는 계통도를 작성한다.

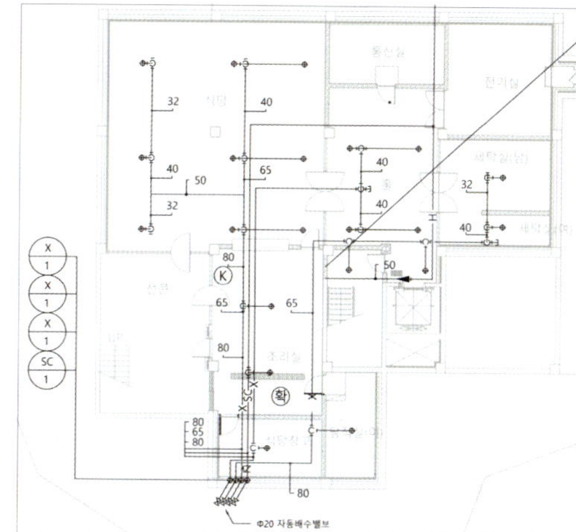

■ 집 계 표

범례	품 명	규 격	수량	비 고
(소)	ABC 분말 소화기	3.3 KG	5	
	옥내소화전	표준부속품 일체구비	1	
-O-	연결살수헤드		21	
(확)	자 동 확 산 소 화 기		1	
(K)	K급 소화기(주방화재용)		1	

연결살수설비 평면도 예

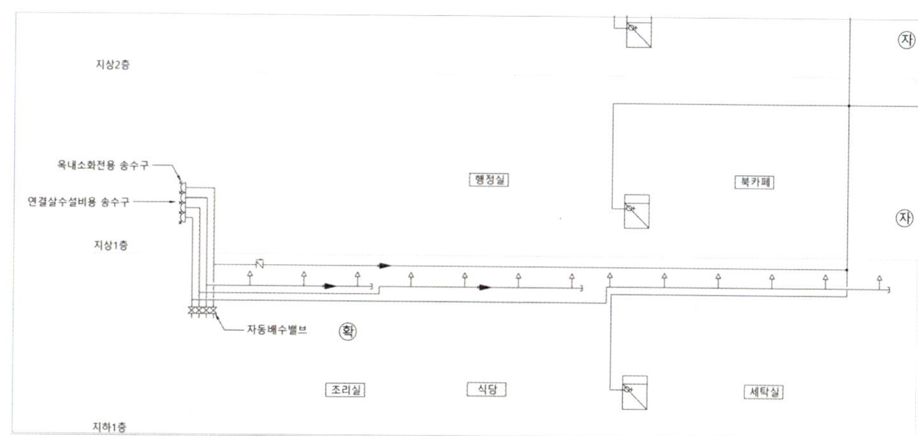

연결살수설비 계통도 예

3 비상콘센트설비

1) 작성순서

단계	내용
자료수집	• 소방시설 선정표 검토 • 건축(설계)개요, 평면도 파악 • 전력간선결선도 파악
⬇	
비상콘센트 배치	• 전원반 파악 • 비상콘센트 배치
⬇	
회로구성	• 전원반 회로구성 계획 • 비상전원 계통 확인
⬇	
계통도 작성	• 계통도 작성 • 배관 · 배선 일람표 작성

- 화재 이후에도 일정 시간 동안 전원을 공급받을 수 있게 하여 소화활동용 소방장비를 사용하기 위한 전원설비로 이용한다.
- 소방대의 진압작업 중에 상용전원이 정전이나 소손으로 공급이 차단되면 비상전원으로 전환된다.
- 외부에서 직접 전원을 공급하기 곤란한 고층이나 지하 심층에 설치한다.

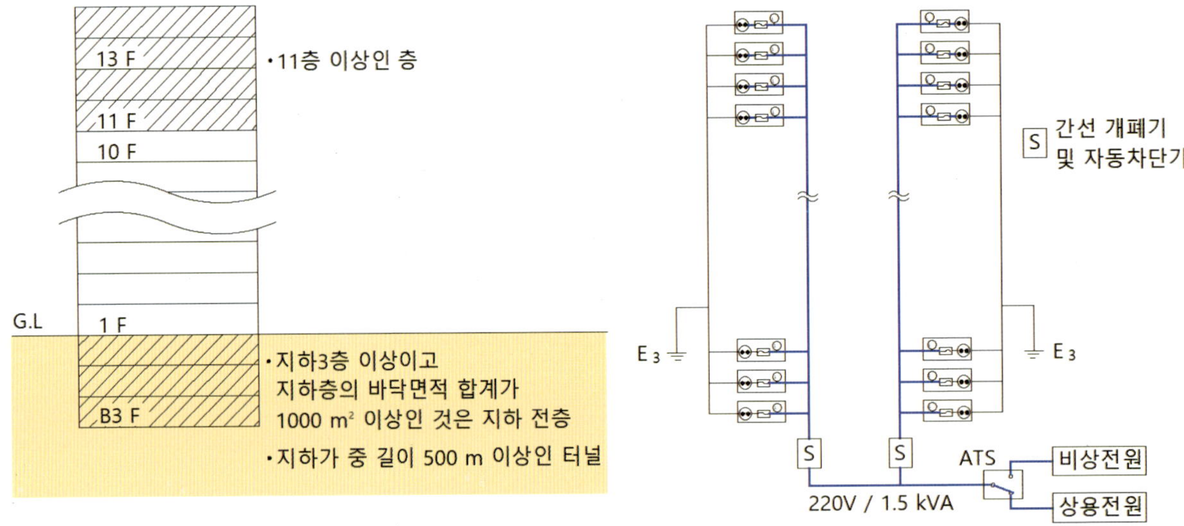

비상콘센트설비의 대상과 계통 예

2) 배치 및 회로

(1) 배치

- 계단출입구에서 5 m 이내에 배치한다.
- 전용의 보호함 또는 옥내소화전함에 설치하고 표지를 부착한다.

(2) 회로

- 1회로에 10개 이하로 연결한다.
- 층에 2개 이상인 경우는 별도로 회로를 구성한다.
- 전원반에 용도 및 용량 표기
- 전원은 내화성능을 확보한다.
- 비상전원을 확보한다.
- 전원은 단상 220 V이며 1.5 kVA 이상의 용량으로 한다.

3) 평면도 및 계통도 작성

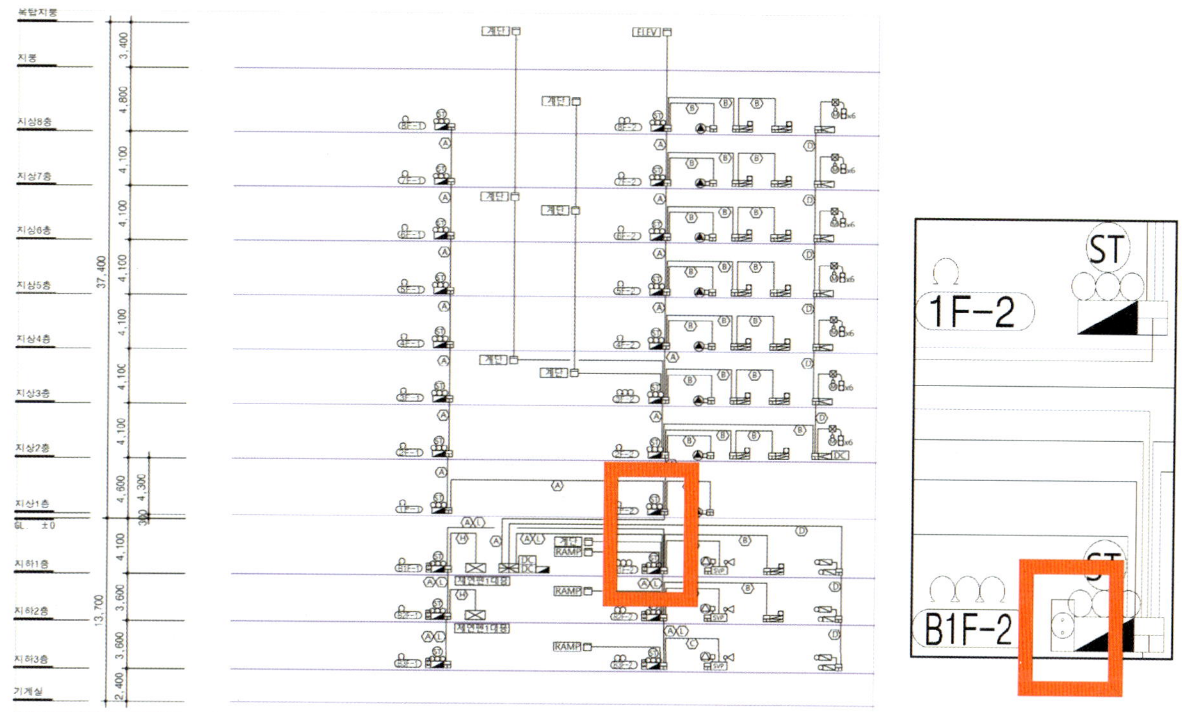

Ⓙ	FR3 4.0㎟ x 15	(36C)	(기동,정지,공통,기동확인표시등,정지확인표시등) x3
Ⓚ	FR3 4.0㎟ x 6	(22C)	한전감시2, 비상전원감시2, 기동2
Ⓛ	FR8- 6.0㎟ x 2 ,E-6.0㎟	(36C)	비상 콘센트
Ⓜ	FR3 2.5㎟ x 6	(22C)	기타간선

비상콘센트설비의 계통도 예

- 평면도와 일치하는 계통도를 작성한다.
- 배관에 일련번호를 표시하고 이와 연결되어 용도 및 가닥수를 기입한 배관·배선 일람표를 작성한다.
- 도시기호, 명칭 및 규격을 기입한 일람표를 작성한다.

4 무선통신보조설비

1) 작성순서

자료수집
- 소방시설 선정표 검토
- 건축(설계)개요, 평면도 및 단면도, 실내재료마감표 파악

⬇

기구배치
- 전원반, 증폭기, 분배기, 접속단자, 안테나 배치
- 옥외안테나 배치

⬇

평면도 작성
- 케이블과 기구 연결
- 전원연결

⬇

계통도 작성
- 평면도와 일치한 계통도 작성
- 도시기호, 명칭, 규격을 정리한 일람표 작성

- 소방대의 무선통신에 장애를 일으키는 지하, 지하가, 고층건축물 등에서 지하, 지상 및 대상물 내부의 소방대간 무선통신을 원활히 하기 위하여 보조하는 설비이다.

2) 옥외안테나 개정

소방대의 상호통신과 디지털무전기의 안정성 확보를 위해 안테나방식으로 개정되었다.

접속단자함과 옥외안테나 (출처 : 화재안전기준해설서(2020), 소방청)

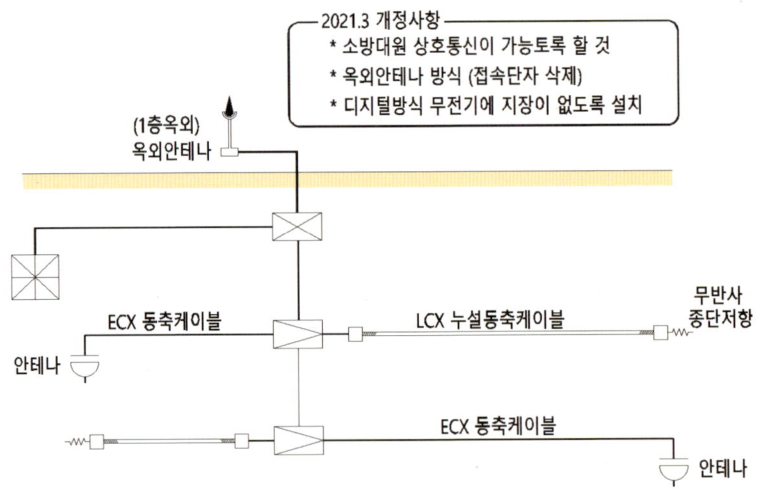

무선통신보조설비의 계통도 예

3) 평면도 작성

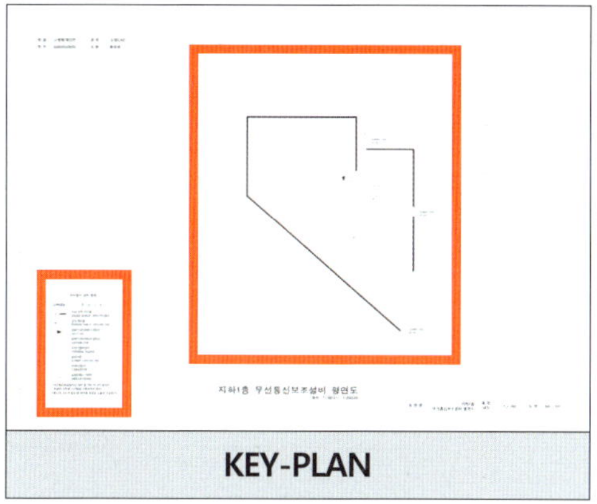

무선통신 설비 범례

SYMBOL	N O T E
(A) ━	누설 동축 케이블 RADIAX CABLE : RHX-FR-22D
(B) ---	급전 케이블 FEEDER CABLE : ECX-FR-10D
▶	공용기 [IP65(방수,방진)] SPLITTER
	분배기 [IP65(방수,방진)] DISTRIBUTOR
	무선기접속단자 TERMINAL BOARD
	종단저항 DUMMY LOAD (DL-50)
	콘넥터 [방수] CONNECTOR
	실내안테나-OMNI OMNI ANTENNA

* 무선통신보조설비는 UHF 및 TRS 두가지 방식이 호환이 되도록 시스템을 구축하여야 한다.
* 별도의 지시가 없는 한 케이블 포설은 노출로 시공한다.

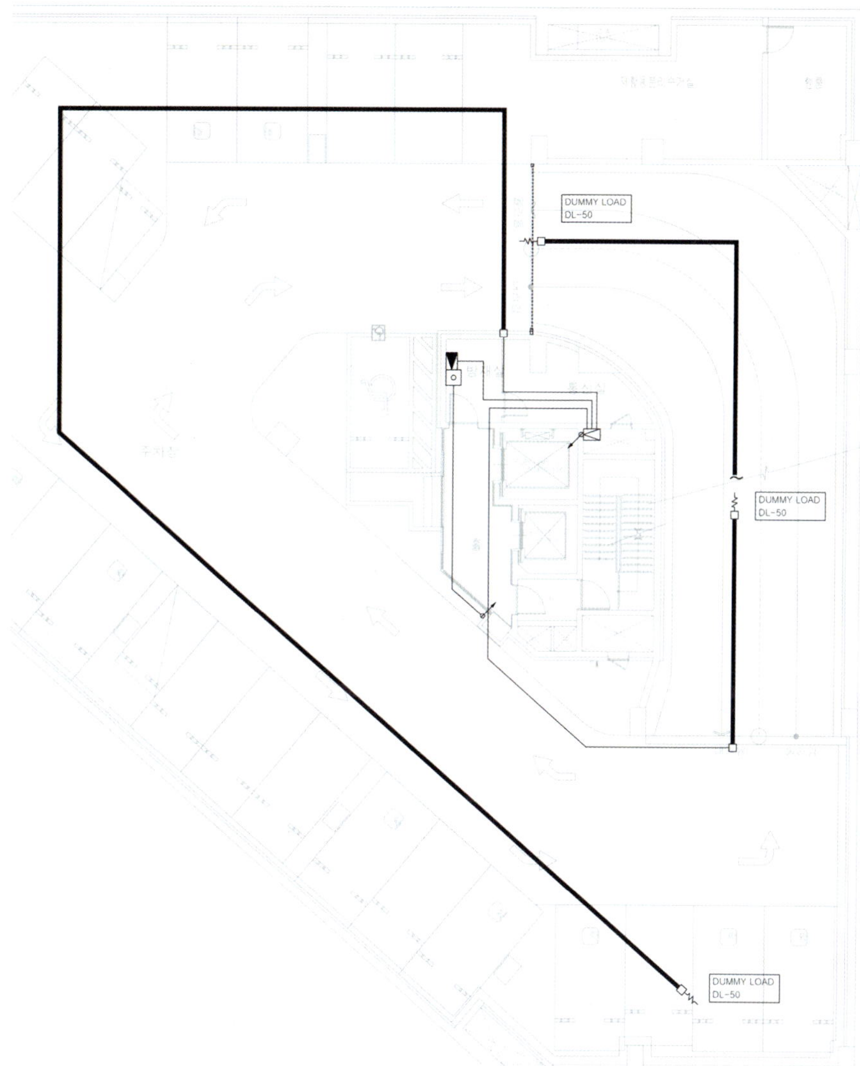

무선통신보조설비의 평면도 예

4) 계통도 작성

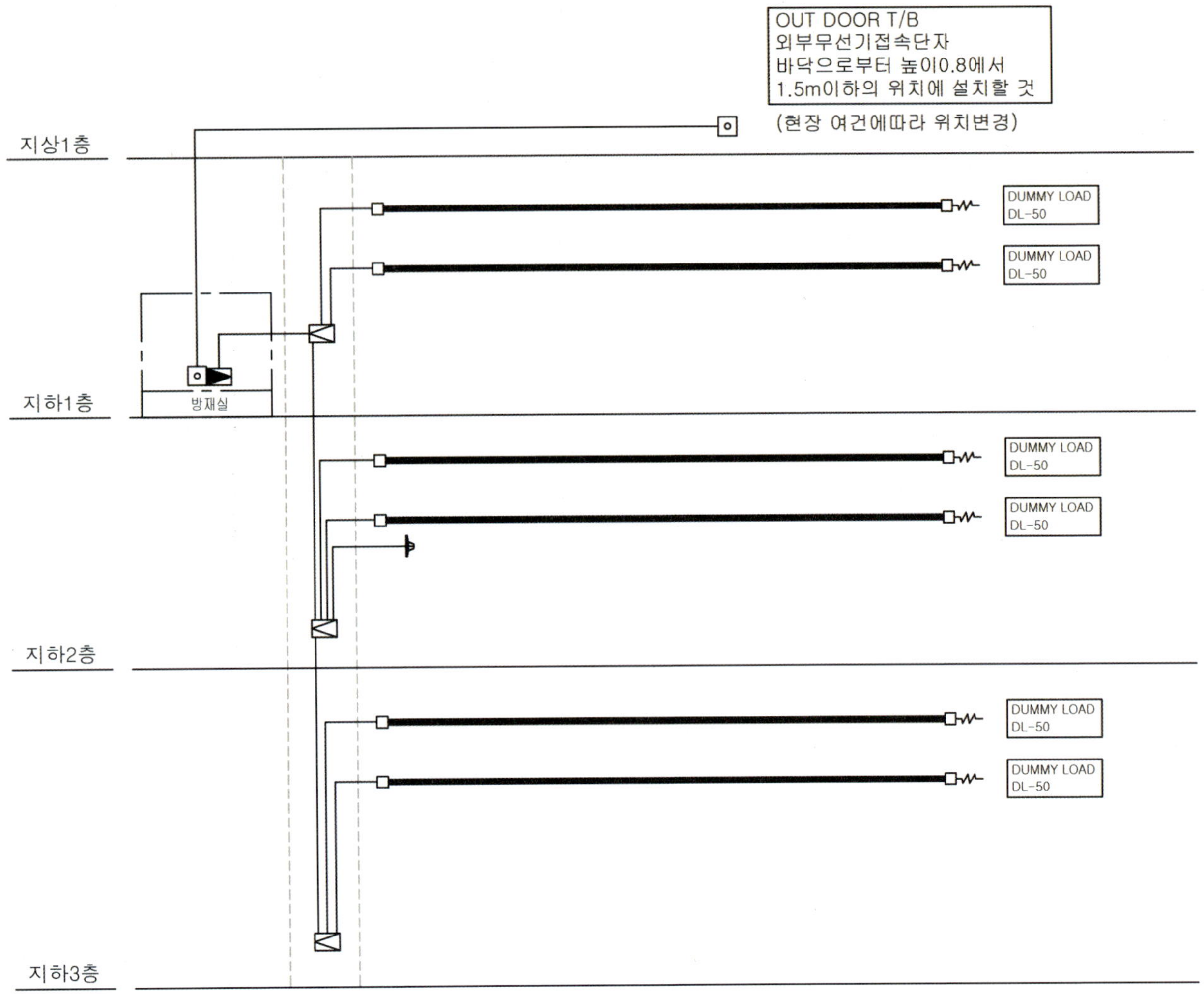

무선통신 설비 범례

SYMBOL	N O T E
Ⓐ ━	누설 동축 케이블 RADIAX CABLE : RHX-FR-22D
Ⓑ —	급전 케이블 FEEDER CABLE : ECX-FR-10D
	공용기[IP65(방수,방진)] SPLITTER
	분배기[IP65(방수,방진)] DISTRIBUTOR
	무선기접속단자 TERMINAL BOARD
	종단저항 DUMMY LOAD (DL-50)
	콘넥터[방수] CONNECTOR
	실내안테나-OMNI OMNI ANTENNA

* 무선통신보조설비는 UHF 및 TRS 두가지 방식이 호환이 되도록 시스템을 구축하여야 한다.
* 별도의 지시가 없는 한 케이블 포설은 노출로 시공한다

무선통신보조설비의 계통도 예

5 연소방지설비

1) 작성순서

자료수집
- 소방시설 선정표 검토
- 지하구 평면도 및 단면도 검토

⬇

기구배치
- 살수구역 결정
- 헤드 배치
- 송수구 배치

⬇

배관설계
- 헤드, 송수구 연결
- 습식 외의 방식으로 적용

⬇

살수구역도 작성
- 화재신호, 경보, 발화지점이 관할소방관서에 유효하게 통보되도록 하는 통합감시시설 구축
- 감시체계, 평면도와 일치하는 살수구역도 작성

- 전력, 통신용의 전선이나 가스, 배관 등을 집합하여 수용한 지하구 등에서 발생한 화재의 확산을 차단하고 진압하기 위한 설비이다.

  - 연소(燃燒; 낸쇼우) : 물질이 타는 현상 (≃화재)
  - 연소(延焼; 앤쇼우) : 이어 붙어 타는 현상 (≃화재확산)

- 연소延焼방지설비의 목적은 화재의 확산을 방지하는 것이다. 일본어로의 발음은 다르나 우리말로는 발음이 같아 혼란이 있으니 용어 정립이 필요하다.

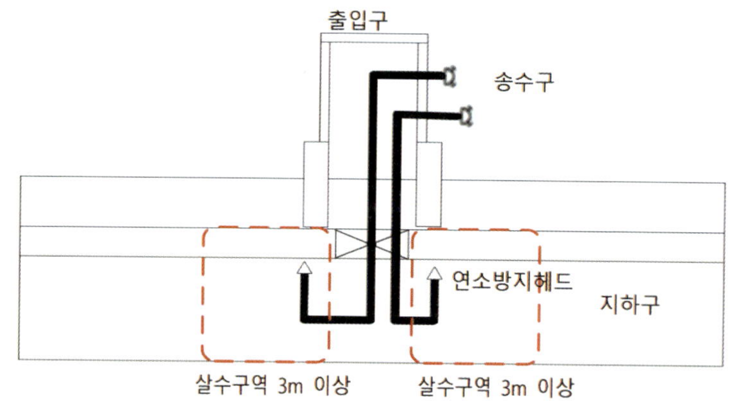

연소방지설비 설치 예 (출처 : 화재안전기준해설서(2020), 소방청)

- 좁고 긴 지하구에서 화재가 발생하면 화재지점의 양쪽에 연속적으로 송수하여 화재 확산을 억제한다.

2) 배관설계 및 살수구역도 작성

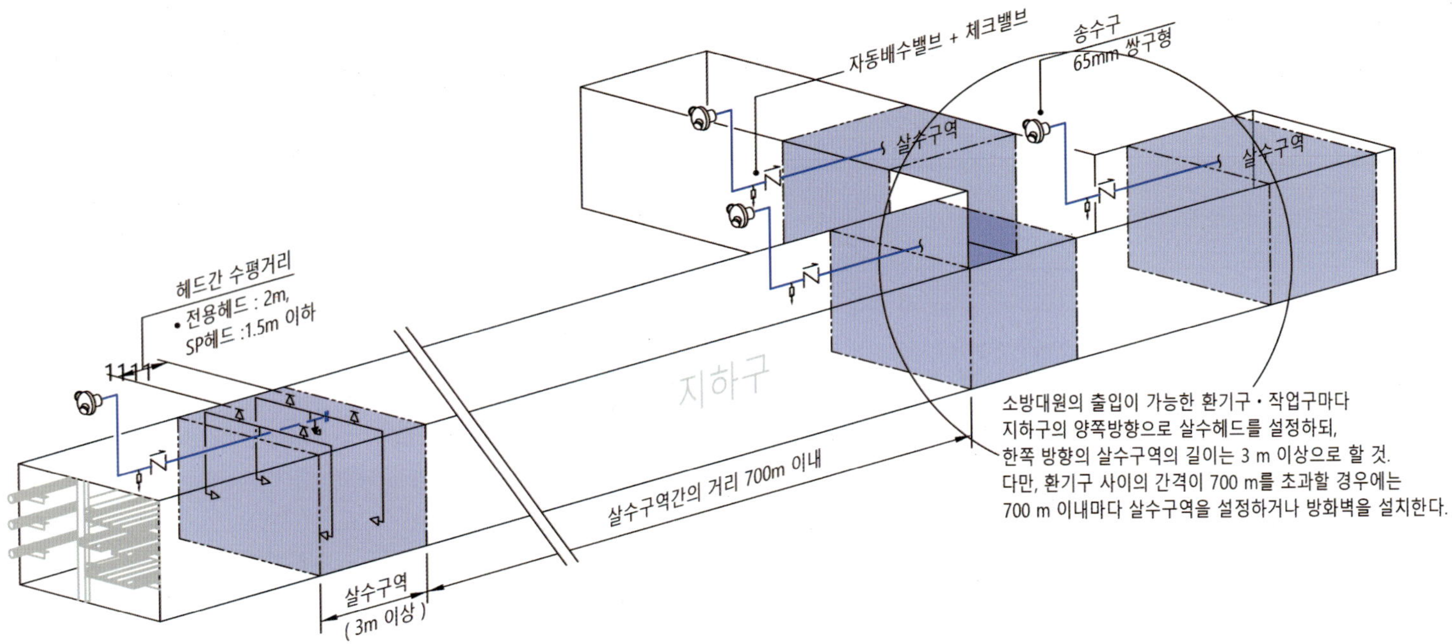

연소방지설비 계통도 예

(1) 배관설계

- 배관은 전용으로 하고 전용헤드의 경우는 다음에 따른다.

헤드 수	1	2	3	~5	6 이상
관경[mm]	32	40	50	65	80

- 개방형스프링클러헤드는 스프링클러 기준에 따를 것
- 교차배관은 40 mm 이상으로 할 것
- 헤드는 천장 또는 벽면에 설치할 것
- 헤드간의 수평거리는 전용헤드의 경우에는 2 m 이하, 개방형스프링클러헤드의 경우에는 1.5 m 이하로 할 것

(2) 송수구

- 소방차의 접근이 쉽고 눈에 잘 띄는 보도 또는 차도에 노출하여 설치할 것
- 구경 65 mm의 쌍구형으로 할 것
- 주배관에는 개폐밸브를 설치하지 않으며 자동배수조치를 할 것

(3) 살수구역도 작성

- 통합감시체계와 일치하는 살수구역도를 작성한다.
- 송수구로부터 1 m 이내에 살수구역 안내표지를 설치할 것

13-3 화면녹화 실습

YouTube 첫걸음 소방CAD

1 소화용수설비 설계

2 소화활동설비 설계

연습문제

01 다음 중 소화수조 및 저수조 설비의 구성품이 아닌 것은?

① 연결송수구 ② 채수구
③ 흡수관투입구 ④ 수조

정답 ①
해설 소방차의 소화용수를 보충하기 위한 소화용수설비에는 연결송수구가 없다.

02 연결송수관설비의 방수기구함은 3개층마다 설치한다. 설치하는 층의 방수구로부터 몇 m 이내에 설치하여야 하는가?

① 5 m ② 20 m
③ 25 m ④ 40 m

정답 ①
해설 방수구는 계단에서 5 m, 방수기구함은 방수구에서 5 m 이내에 설치한다.

03 다음은 무선통신보조설비에 대한 설명이다. 가장 옳은 것은?

① 무전기에 안정적인 전원을 공급해 성능을 확보하는 설비이다.
② 발신기마다 무선통신보조설비의 접속단자를 부착하여야 한다.
③ 소방대의 상호통신과 디지털무전기에 적합한 옥외안테나를 설치한다.
④ 앞으로 신축되는 특정소방대상물에는 옥외에 무선통신접속단자함을 반드시 설치하여야 한다.

정답 ③
해설 과거에는 무선통신접속단자함을 설치하였다. 지금은 옥외안테나를 설치한다.

학습정리

01 소화용수설비

1) 상수도소화용수설비는 소방차 용수를 되채우기 위해 설치한다.
2) 상수관은 75 mm 이상, 규격은 100 mm, 수평거리는 140 m 이내로 배치한다.
3) 공공의 소화전에서 140 m 이내에 포용되면 면제된다.
4) 대지경계선에서 180 m 이내에 75 mm 이상의 상수관이 없으면 소화수조를 설치한다.
5) 소화수조는 연면적을 기준면적으로 나누어 저수량을 결정하며 최소는 20 m^3이다.
6) 지표면에서 소화수조 바닥까지 4.5 m 이상이면 가압송수장치를 설치한다.

02 소화활동설비 설계순서

1) 연결송수관설비는 방수구, 송수구 및 방수기구함을 배치한 후 배관을 설계한 후에 계통도를 작성한다.
2) 연결살수설비는 헤드, 시험장치 및 송수구를 배치하고 배관을 설계한 후에 계통도를 작성한다.
3) 비상콘센트설비는 전력간선결선도를 파악한 후 콘센트를 배치하고 회로를 구성한 후에 계통도를 작성한다.
4) 무선통신보조설비는 전원반, 증폭기, 분배기 등을 배치하고 평면도를 작성한 후에 계통도를 작성한다.
5) 소방대의 상호통신과 디지털무전기의 안전성확보를 위해 옥외안테나 방식으로 개정되었다.
6) 연소방지설비는 평면도 및 단면도를 검토한 후에 기구배치, 배관설계를 작성한 후에 살수구역도를 작성한다.

03 소화활동설비 설치기준

1) 연결송수관설비의 방수구는 계단에서 5 m 이내에 배치하고 주배관의 구경은 100 mm 이상으로 한다.
2) 연결살수설비의 전용헤드는 3.7 m, 스프링클러헤드는 2.3 m의 수평거리로 배치한다.
3) 비상콘센트설비의 전원은 220 V이며 용량은 1.5 kVA이상으로 한다.
4) 무선통신보조설비는 옥외안테나방식을 적용하여 무선통신접속단자함을 설치하지 않아도 된다.
5) 연소방지설비의 교차배관은 40 mm 이상으로 하고 전용헤드는 2 m 이하, 개방형헤드는 1.5 m 이하로 할 것

참고문헌

- AUTODESK 社 (2010). AutoCAD Architecture 사용자 안내서
- AUTODESK 社 (2022). AutoCAD 단축키 안내서
- 정인수 외 (2020). AutoCAD 기계설계제도. 메카피아
- 박종복 외 (2022). 최신 전기설비설계. 태영문화사
- 대한건축학회 (2020). 건축설계 강의노트. 기문당
- 한국소방기술사회 외 (2014). NCS학습모듈/소방시설설계・감리. 교육부
- 소방시설협회 (2021). 소방시설설계절차서, 소방청
- 소방청 (2020). 소방시설화재안전기준해설서, 소방청

저자소개

백승주_01076290482@nate.com

소방기술사
건축기계설비기술사
현) 한국열린사이버대학교 소방방재안전학과 겸임교수
서영대학교 소방안전과 겸임교수
한국소방안전원 초빙교수
경기도 공동주택 기술자문위원
주식회사 지엠엔지니어링 부설연구소 소장

강경원_kkw2877@hanmail.net

한양대학교 졸업
서울시립대 석사·재난과학 박사
소방기술사
(주)진화이앤씨 설비팀
(주)토펙엔지니어링 기술본부
숭실사이버대·서울시립대 강사
화재소방학회 연구이사, 소방기술사회 사업이사, 소방기술사회 교육이사
2014 新지식경영 대상 수상
현) 건설기술연구원 객원연구원
서울시 메트로 심의위원
소방산업기술원 심의위원
서울시 원가 심의위원
KKW소방학원 원장, KKW소방학원 소방기술사 심화반/연구반 강의

함은구

공학박사(건축공학)
현) 한국열린사이버대학교 소방방재안전학과 교수
한국재난정보학회 상임이사, 논문편집위원위원회 편집위원
조달청 평가위원
문화재방재학회 이사 및 논문편집위원위원회 편집위원
국토교통과학기술진흥원 국토교통 분야 심의위원
소방기술사 자격시험 시험문제 출제위원, 검토위원
소방시설관리사 자격시험 시험문제 출제위원, 검토위원

첫걸음
소방CAD

1판 1쇄 발행 2023년 2월 28일

저자 백승주·강경원·함은구
발행인 서철종
발행처 도서출판 지우북스
주소 경기도 파주시 문발로 115 세종출판벤처타운 209호
전화 031-915-6670(代)
팩스 031-915-6671
이메일 jwbooks@nate.com
홈페이지 www.jwbooks.co.kr
출판등록 제406-251002017-000032호
ISBN 979-11-92639-07-9 93530

정가 27,000원